目　录

CONTENTS

校企合作计算机类技能实战系列丛书
互联网+创新型“十四五”精品教材

Python数据分析

（微课版）

主　编◎王　彬　杨怀磊　赵　妍
副主编◎阎旭东　董丹萍　常　刚
刘文武　余佳欣　杨立辉
谢　唯

哈爾濱工程大學出版社
Harbin Engineering University Press

内 容 简 介

本书基于 Python 3.10，以项目教学的方式，循序渐进地讲解 Python 数据分析的基本原理和具体应用的方法与技巧。全书分为 6 个项目， 包括 Python 数据分析基础、Python 数据分析开发环境、数组计算库 NumPy、数据分析库 Pandas、数据可视化库 Matplotlib、数据分析库 SciPy。本书侧重于培养学习者分析问题、解决问题的能力以及实际应用能力。

本书实例丰富、内容翔实、操作方法简单易学，既可作为应用型本科院校、职业院校、技工类院校相关专业的教材，也可作为从事计算机相关工作专业人士的参考用书。

图书在版编目（CIP）数据

Python 数据分析 ：微课版 / 王彬，杨怀磊，赵妍主编. -- 哈尔滨 ：哈尔滨工程大学出版社，2025. 8.

ISBN 978-7-5661-4821-6

Ⅰ. TP312.8

中国国家版本馆 CIP 数据核字第 2025X0F383 号

Python 数据分析（微课版）

Python SHUJU FENXI（WEIKE BAN）

选题策划 张林峰

责任编辑 苏 莉

出版发行 哈尔滨工程大学出版社

社　　址 哈尔滨市南岗区南通大街 145 号

邮政编码 150001

电　　话 0451-82519989

经　　销 新华书店

印　　刷 三河市中晟雅豪印务有限公司

开　　本 787 mm×1 092 mm 1/16

印　　张 16

字　　数 409 千字

版　　次 2025 年 8 月第 1 版

印　　次 2025 年 8 月第 1 次印刷

书　　号 ISBN 978-7-5661-4821-6

定　　价 49.80 元

http://www.hrbeupress.com

E-mail:heupress@hrbeu.edu.cn

前　言

党的二十大报告指出，“坚持尊重劳动、尊重知识、尊重人才、尊重创造，实施更加积极、更加开放、更加有效的人才政策”“着力形成人才国际竞争的比较优势。加快建设国家战略人才力量”“深化人才发展体制机制改革……把各方面优秀人才集聚到党和人民事业中来”。

数据分析是指用适当的统计分析方法对收集来的大量数据进行分析，为了提取有用信息和形成结论而对数据加以详细研究和概括总结的过程。这一过程也是质量管理体系的支持过程。在实际中，数据分析可帮助人们做出判断，以便采取适当行动。

本书以由浅入深、循序渐进的方式展开讲解，以合理的结构和经典的范例对 Python 数据分析功能进行了详细的介绍，具有较高的实用价值。通过本书的学习，读者可以掌握 Python 数据分析基本知识和应用技巧。本书特点如下。

（1）技能与思政教育紧密结合。本书结合大量网络设备配置和管理技术应用实例，详细讲解了网络设备配置和管理技术相关知识和操作要点，并融入全国职业院校技能大赛高职组“网络系统管理”赛项内容，岗课赛证结合。通过学习和训练使学习者掌握网络设备配置和管理技术应用操作技巧。

（2）实例丰富。本书的实例不管是数量还是种类，都非常丰富。从数量上说，本书结合大量的 Python 数据分析实例，详细讲解了 Python 数据分析原理与应用知识要点，让读者在学习案例的过程中潜移默化地掌握 Python 数据分析应用技巧。

（3）侧重提升技能。本书从全面提升读者的 Python 数据分析实际应用能力的角度出发，结合大量的案例来讲解如何使用 Python 进行数据分析，使读者了解 Python 数据分析基本原理并能够独立地完成 Python 数据分析各种应用操作。

本书中很多实例都是 Python 数据分析项目案例，经过作者精心提炼和改编，不仅保证了读者能够学好知识点，更重要的是能够帮助读者掌握实际的操作技能，同时培养其 Python 数据分析实践操作能力。

本书由王彬（江苏省徐州财经高等职业技术学校）、杨怀磊（郑州旅游职业学院）、赵妍（铁岭师范高等专科学校）担任主编，由阎旭东（广东岭南职业技术学院）、董丹萍（遂宁职业学院）、常刚（陕西职业技术学院）、刘文武（江西交通职业技术学院）、余佳欣（菏泽工程技师学院）、杨立辉 (河北女子职业技术学院)、谢唯（武汉光谷职业学院）担任副主编。本书的相关资料和售后服务可扫封底微信二维码或登录 www.bjzzwh.com 下载获得。

由于编者水平有限，书中难免存在疏漏和不当之处，敬请各位专家及读者批评指正。

编　者

项目1 Python数据分析基础

项目导读

Python数据分析功能可以完成很多专业软件的数据统计、分析，其中包括直方图、相关系数、协方差、各种概率分布、抽样与动态模拟、总体均值判断、均值推断、线性回归、非线性回归、多元回归分析、移动平均等内容。

学习目标

◆ 知识目标

- 理解数据分析的基本概念、流程及其在各个领域的应用。
- 熟悉Python内置函数与第三方库。
- 了解常用的数据分析工具。

◆ 技能目标

- 掌握常用的数据分析方法。
- 能够安装Python。
- 能够安装Python模块库。

◆ 素质目标

- 充分发挥创造力，主动拓宽自己的视野，避免思维局限性。
- 培养读者的自主学习能力和创新精神，鼓励探索Python编程的更多应用领域。
- 培养读者的逻辑思维能力，使读者能够从复杂的数据中梳理出清晰的脉络，通过合理的推理和判断得出准确的结论。

◆ 思政目标

- 引导读者树立正确的数据伦理观念，尊重数据隐私，遵守数据使用法律法规。
- 引导读者树立正确的编程伦理观念，遵守编程规范和代码风格，注重代码的可读性和可维护性。

任务 1　数据分析基础

任务描述

为了引导读者学习与思考结合、观察与思考结合、实践与思考结合，学校每学期开设课程设计。这学期小白跟着导师做调查报告，发现数据分析师需求量极大。于是进行深入调查，针对数据分析的方法、过程、工具进行统计。那么，什么是数据分析？如何进行数据分析？

任务分析

本任务详细讲解数据分析基础。首先介绍数据分析的方法，其次介绍数据分析的分类与数据分析过程；再次介绍数据分析工具；最后介绍数据结果呈现方法。通过本任务的学习，读者可以更好地掌握数据分析的核心技能，为未来的职业发展打下坚实的基础。

任务重点与实施

数据分析是指用适当的统计分析方法对收集来的大量数据进行分析，将它们加以汇总、理解并消化，以求最大化地开发数据的功能，发挥数据的作用。数据分析是为了提取有用信息和形成结论而对数据加以详细研究和概括总结的过程。

1.1.1　数据分析方法

数据分析的目的是把隐藏在杂乱无章的数据信息集中和提炼出来，从而找出所研究对象的内在规律。在实际应用中，数据分析可以帮助人们做出判断，以便采取适当行动。数据分析是有组织、有目的地收集数据、分析数据，使之成为信息的过程。

数据分析的基本流程如图 1-1 所示，数据分析方法是数据分析的核心。在统计学领域，有些人将数据分析划分为描述性数据分析、探索性数据分析及验证性数据分析；其中，探索性数据分析侧重于在数据中发现新的特征，而验证性数据分析则侧重于已有假设的证实或证伪。

1. 描述性数据分析

描述性数据分析不依赖于特定的数据模型或科研假设，而是直接从数据本身出发，对数据进行直观的展现和解释。主要通过统计量(如均值、方差等)来总结和呈现数据的特征。

2. 探索性数据分析

探索性数据分析是为了形成值得假设的检验而对数据进行分析的一种方法，是对传统统计学假设检验手段的补充。该方法由美国著名统计学家约翰·图基(John Tukey)命名。

3. 验证性数据分析

验证性数据分析是一种用于检验研究假设的统计方法，旨在通过严格的统计推断来验证研究者提出的假设，并为决策提供支持。常用的方法包括假设检验、置信区间、回归分析和因子分析等。

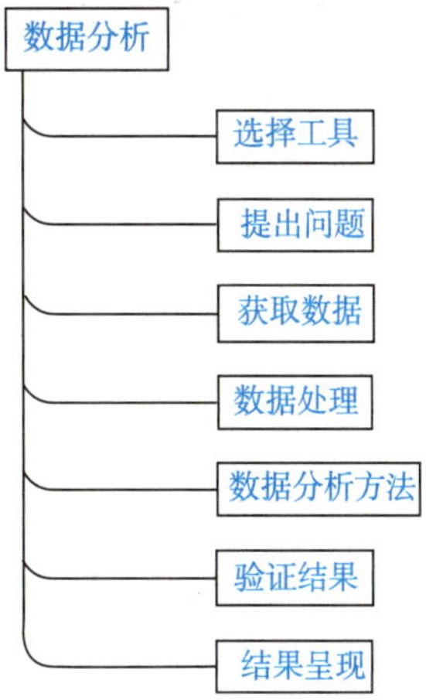

图 1-1　数据分析基本流程

1.1.2　数据分析的分类

数据分析的本质是通过对大量数据进行统计、分析、解释和挖掘，然后推动现实问题的决策制定。

1. 数据分析按方法和目的的分类

(1)描述性分析：用来表达这是一个什么情况很有效，但不能解释某种结果发生的原因或者未来会发生的事情。比如：某公司 2024 年的月度销售额报表表达了一个结果，而不能解释为什么有些月份的销售额猛增。

(2)预测性分析：是对数据特征和变量的关系进行描述，基于过去的数据对未来进行预测；一般步骤是：先确定变量之间的联系，然后基于这种联系来预测另一种现象出现的可能性。比如：用户看到啤酒后，顺便拿上尿布的可能性。

(3)规范性分析：偏向数据挖掘，通过实验等方式，以及多个变量的处理，得到实验环境，进而达到预期目标，在得到预期结果后，就施行实验环境而言，最终达到商业目标。比如：一件商品为某个价格时，大量顾客都会购买，但为了使商品具有较高的收益，这时会进行分析，在哪个价格区间其销量最大、收益最高。

2. 按分析方法以及收集和分析的数据类型分类

定性分析(非结构化数据)：定性的目的是深入了解某种现象出现的根本原因和诱因。是分析的最初阶段，也是探索性研究的有效工具。是探索初期识别是什么的问题的一个步骤。

定量分析(结构化数据)：通过统计、数学或者计算的方法或方式，对现象进行系统的实证研究。属于研究阶段，是一个分析过程，是验证猜想与实施的过程。

3. 按照研究者的目的分类

(1)统计。

(2)预测。

(3)数据挖掘。

(4)文本挖掘。

(5)优化。

(6)实验设计。

1.1.3 数据分析过程

数据分析过程由识别信息需求、收集数据、分析数据、评估数据分析的有效性组成。

1. 识别信息需求

识别信息需求是确保数据分析过程有效性的首要条件，可以为收集数据、分析数据提供清晰的目标。识别信息需求是管理者的职责，管理者应根据决策和过程控制的需求，提出对信息的需求。

2. 收集数据

有目的地收集数据，是确保数据分析过程有效的基础。组织需要对收集数据的内容、渠道、方法进行策划。策划时应考虑以下几点。

(1)将识别的需求转化为具体的要求，如评价供方时，需要收集的数据可能包括其过程能力、测量系统不确定度等相关数据。

(2)明确由谁在何时何处、通过何种渠道和方法收集数据。

(3)记录表应该便于使用。

(4)采取有效措施，防止数据丢失和虚假数据对系统的干扰。

3. 分析数据

分析数据是将收集的数据通过加工、整理和分析，使其转化为信息，通常用到的方法如下。

(1)老 7 种工具，即排列图、因果图、分层法、调查表、散布图、直方图、控制图。

(2)新 7 种工具，即关联图、系统图、矩阵图、KJ 法、计划评审技术、PDPC 法、矩阵数据图。

4. 评估数据分析的有效性

数据分析是质量管理体系的基础。组织的管理者应在适当时间，通过对以下问题的分析，评估数据分析的有效性。

(1)提供决策的信息是否充分、可信，是否存在因信息不足、失准、滞后而导致决策失误的问题。

(2)信息对持续改进质量管理体系、过程、产品所发挥的作用是否与期望值一致，是否在产品实现过程中有效运用数据分析。

(3)收集数据的目的是否明确，收集的数据是否真实和充分，信息渠道是否畅通。

(4)数据分析方法是否合理，是否将风险控制在可接受的范围。

(5)数据分析所需资源是否得到保障。

在大数据时代，数据分析的重要性显得更加突出，但是数据分析是一个相对比较专业的领域。数据分析的目的性很强，数据收集、数据处理和数据建模都要围绕数据分析的目的展开，同时数据分析又对专业知识和技巧要求比较高，如概率统计、数学建模等。典型的数据分析可能包含以下 3 个步骤。

(1)探索性数据分析。刚取得数据时，可能杂乱无章，看不出规律，通过作图、造表、用各种形式的方程拟合，计算某些特征量等手段探索规律性的可能形式，即往什么方向和用何种方式去寻找和揭示隐含在数据中的规律性。

(2)模型选定分析。在探索性分析的基础上提出一类或几类可能的模型，然后通过进一步的分析从中挑选一定的模型。

(3)推断分析。通常使用数理统计方法对所选模型或估计的可靠程度和精确程度做出推断。

1.1.4　数据分析工具

数据分析已成为 21 世纪最受欢迎的技术之一，由于行业对数据分析家的需求很高，因此其除了要掌握数学知识外，还要掌握编程专业知识。

尽管大多数语言都可以满足软件开发的需求，但数据分析编程的不同之处在于它可以帮助用户对数据进行预处理，分析和生成预测。这些以数据为中心的编程语言能够执行适合于大数据分析特定要求的算法。

1. Excel

Excel 是微软办公套装软件的一个重要的组成部分，是一种用于现代理财、数据分析的软件。Excel 集文字、数据、图形、图表及其他多媒体对象于一体，以电子表格的形式完成各种计算、分析和管理性工作，常被称为电子表格软件，广泛地应用于管理、统计、财经、金融等众多领域。

2. Smartbi

Smartbi 是一款商业智能工具，集数据链接、数据处理、可视化分析展现于一体，除了数据分析功能还拥有完善的企业级数据管控、数据分析挖掘等功能。Smartbi 是面向部门/企业的数据应用产品，一般在企业中被用作大数据前端展现的工具，对接 Hadoop、Spark 等平台，IT 部门只需要将数据按照业务模块分类准备好，业务部门就可以在前端进行自助分析。

3. SQL

SQL 被称为“数据分析的关键”，是用于从称为关系数据库的有组织数据源中检索数据的数据库语言。在数据分析中，SQL 用于更新、查询和操作数据库。SQL 是数据分析的“辅助武器”，它具有多种实现，例如 MySQL，SQLite，PostgreSQL 等。

4. Matlab

数据分析和处理是各种理工学科应用中非常关键、重要的问题。Matlab 是一套高性能的数值计算和可视化软件，是实现数据分析与处理的有效工具。

5. R 语言

对于面向统计的任务，R 是理想的语言，专门用于统计分析。因此，它非常受统计学家欢迎。如果用户想深入了解数据分析和统计信息，那么 R 是用户可以选择的语言。R 的唯一缺点是它不是通用编程语言，这意味着它不用于统计编程以外的任务。

6. Python

Python 丰富的第三方库，包括 NumPy、Pandas 等为开发提供便利，处理标准更加规范。Python 结合了 R 语言的快速、处理复杂数据采集的能力以及更务实的语言等各个特质，迅速地成为主流，Python 比起 R 语言学起来更简单也更直观，而且它的生态系统近几年来快速成长，在统计分析上比 R 语言功能更强。

7. ChatGPT

ChatGPT 是 OpenAI 研发的一款聊天机器人程序，不仅能够帮助数据分析师提高数据处理的效率，还能通过其强大的自然语言处理能力，使非专业人士也能够参与到数据分析的过程中来。随着技术的不断进步和应用的深入，预计未来 ChatGPT 将在更多领域中发挥更大的作用。

1.1.5 数据结果呈现方法

下面介绍常用的数据结果呈现方法。

1. 列表法

将数据按一定规律用列表方式表达出来，是记录和处理数据最常用的方法。表格的设计要求对应关系清楚，简单明了，有利于发现相关量之间的关系；还要求在标题栏中注明各个量的名称、符号、数量级和单位等；还可根据需要列出除原始数据外的计算栏目和统计栏目等。

2. 作图法

作图法可以最醒目地表达各个物理量间的变化关系。从图线上可以简便求出实验需要的某些结果，还可以把某些复杂的函数关系，通过一定的变换用图形表示出来。

图表和图形的生成方式主要有两种：手动制表和用程序自动生成，其中用程序制表是通过相应的软件，例如，SPSS、Excel、MATLAB 等。将调查的数据输入程序中，通过对这些软件进行操作，得出最后结果，结果可以用图表或者图形的方式表现出来。

图形和图表可以直接反映出调研结果，这样大大节省了设计师的时间，帮助设计者们更好地分析和预测市场所需要的产品，为进一步的设计做铺垫。同时这些分析形式也运用在产品销售统计中，这样可以直观地给出最近的产品销售情况，并可以及时地分析和预测未来的市场销售情况等。

任务评价

评价内容	评价标准	分值	自评	师评
数据分析方法	掌握数据分析的方法	20		
数据分析的分类	掌握数据分析的分类	20		
数据分析过程	掌握数据分析的过程	20		
数据分析工具	掌握数据分析的工具	20		
数据结果方法	掌握数据结果呈现的方法	20		
总分		100		

任务 2　Python 基础

任务描述

小白是一名数据分析师，可以使用不同的软件进行数据分析。公司新成立一个项目组，统一要求使用 Python，让小白带领全组完成。本着团队协作的人文精神和严谨的科学精神，小白开始做基本的准备工作，统一要求进行软件下载安装、第三方库的安装与加载。那么，怎样下载软件？如何安装软件？软件界面是什么样的？

任务分析

本任务详细讲解 Python 基础。首先是 Python 简介，其次讲解 Python 的安装与 Python 内置函数；再次介绍集成库 Anaconda；最后讲解 Python 库安装。通过本任务的学习，读者能够快速上手，并为后续的深入学习打下坚实基础。

任务重点与实施

Python 是一门简单易学且功能强大的编程语言，拥有高效的数据结构，并且能够用简单且高效的方式进行面向对象编程。

1.2.1 Python 简介

Python 由荷兰数学和计算机科学研究学会的 Guido van Rossum 于 1990 年代初设计，作为一门叫作 ABC 语言的替代品。Python 提供了高效的高级数据结构，还能简单有效地面向对象编程。

1989 年，荷兰人 Guido van Rossum 为了克服 ABC 语言非开放的缺点，并受 Modula-3 的影响，结合了 Unix shell 和 C 语言的习惯，开发了一个新的脚本解释程序——Python。

1995 年，Guido van Rossum 在美国弗吉尼亚州的国家创新研究公司(CNRI)继续他在 Python 方面的工作，发布了该软件的多个版本。

2000 年 5 月，Guido van Rossum 和 Python 核心开发团队转到 BeOpen. com 并组建了 BeOpen PythonLabs 团队。同年 10 月，BeOpen PythonLabs 团队转到 Digital Creations(现为 Zope Corporation)。

2000 年 10 月 16 日，Python 发布了 Python 2，该系列稳定版本是 Python 2. 7。2004 年以后，python 的使用率呈线性增长。

2001 年，Python 软件基金会(PSF)成立，这是一个专为保护 Python 相关知识产权而创建的非营利组织。

2008 年 12 月 3 日，python 发布了 Python 3，该版本不兼容 Python 2。2011 年 1 月，Python 3 被 TIOBE 编程语言排行榜评为 2010 年度语言。

2021 年 10 月 4 日，Python 正式发布了 3. 10 版本。

1.2.2 Python 安装

Python 是一门解释性脚本语言，因此要想编写的代码得以运行，需要先安装 Python 解释器，具体操作步骤如下。

1. Python 下载

打开 Python 官方下载页面 https：//www. python. org/downloads/，如图 1-2 所示，向下滑动页面，如图 1-3 所示。在“Looking for a specific release?”选项组下显示不同版本的 Python(Python 2. 0. 1— Python 3. 9. 9)。

若需要下载最新版本 3. 10. 0，直接在官网最上端单击“Download Python 3. 10. 0”按钮，下载 Python 3. 10. 0 的安装程序 Python-3. 10. 0-amd64. exe(64 位的完整的离线安装包)。

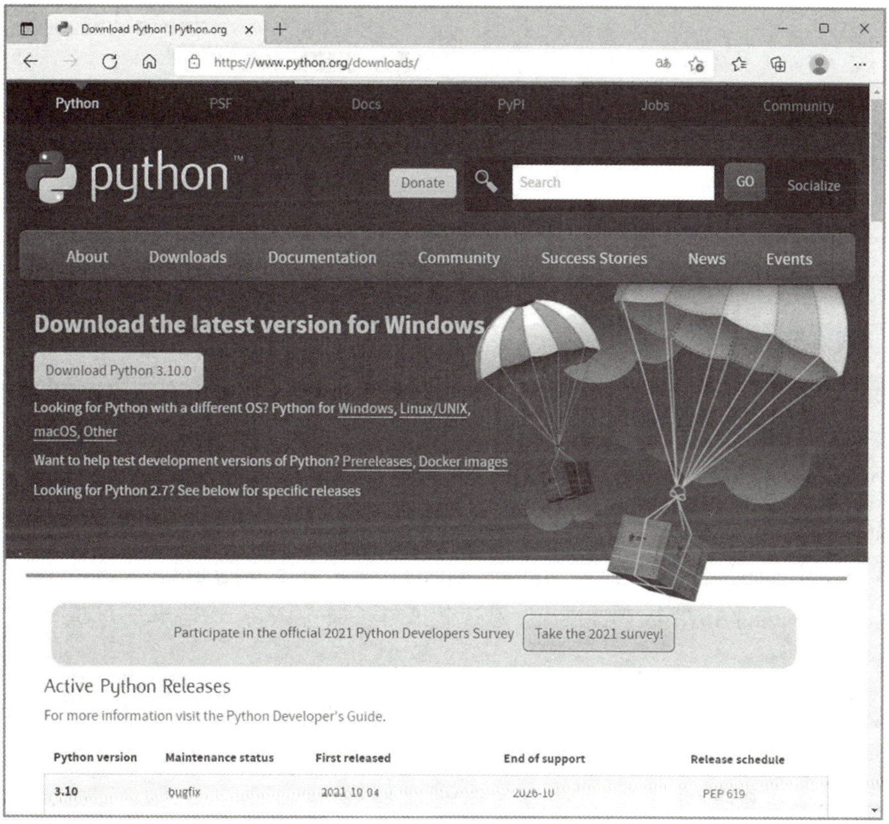

图 1-2　python 官网下载界面

> **提示**
>
> 每个版本的 Python 根据不同的计算机安装系统，分为不同的安装软件。计算机安装系统包括 Windows、Linux/UNIX、macOS、Other。一般的读者都使用 windows 系统，因此这里只介绍 Windows 环境下下载 Python 3. 10. 0 软件及其安装过程。本书中介绍的程序也是在该系统下进行演示的。

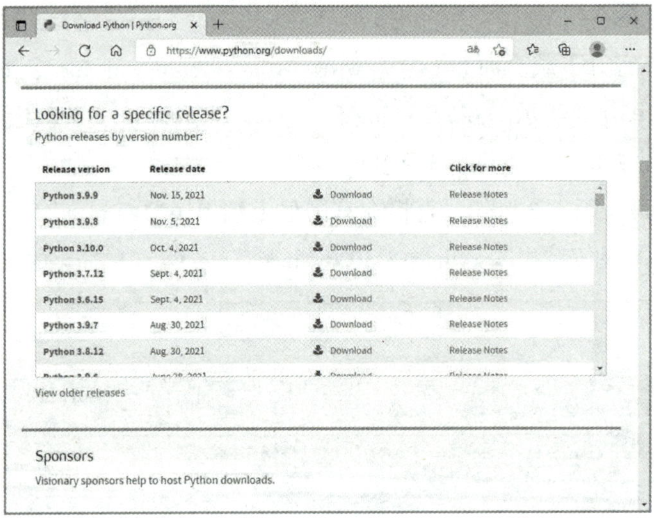

图 1-3　选择 Python 版本

2. 软件安装

步骤01 双击安装文件 Python-3.10.0-amd64.exe，弹出 Python 3.10.0(64-bit) Setup 对话框中的安装界面 Install Python 3.10.0(64-bit)，下面介绍该界面中的选项。

① Install Now：默认安装且默认安装路径不能更改(一般默认安装在 C 盘)。

② Customize installation：自定义安装。

③ Install launcher for all users(recommended)：默认勾选该复选框，为用户安装启动器。

④ Add Python 3.10 to PATH：勾选该复选框，将 Python 自动加到环境变量中，默认未勾选该复选框。

步骤02 在该界面中勾选“Add Python 3.10 to PATH”复选框，如图 1-4 所示。这样可以将 Python 命令工具所在目录添加到系统 Path 环境变量中，以后开发程序或运行 Python 命令会非常方便。

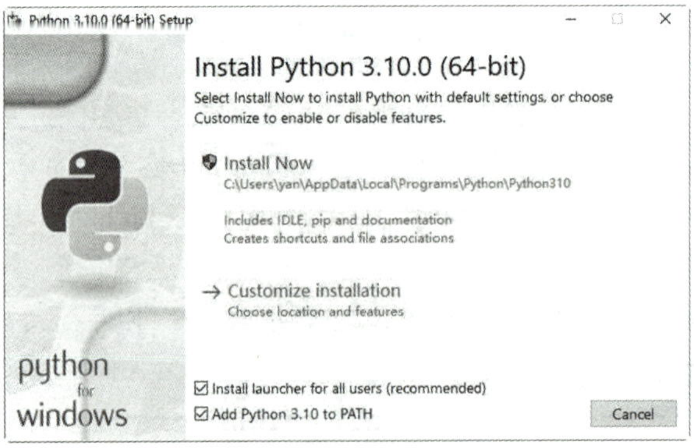

图 1-4　安装界面

提示

勾选“Add Python 3.10 to PATH”复选框这步非常重要，若不勾选该选项，软件安装完成后进行检查时，命令行提示符显示“Python 不是内部或外部命令，也不是可运行的程序或批处理文件”，如图 1-5 所示。若要解决这种问题，还需要手动在计算机的环境变量中添加 Python 安装路径。

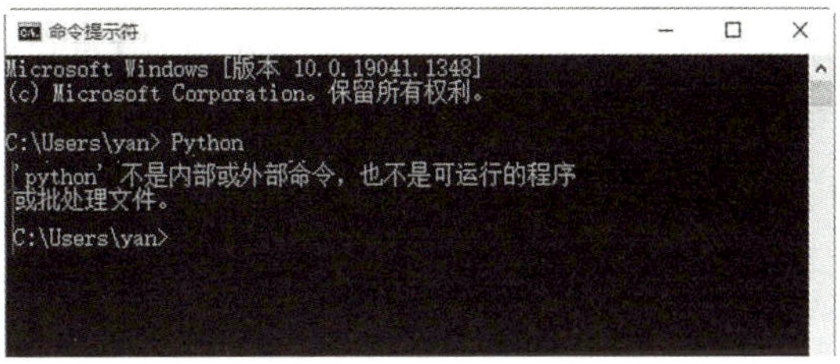

图 1-5　安装错误信息

步骤03 单击“Next(下一步)”按钮，弹出 Python 3.10.0(64-bit) Setup 对话框中的选项设置界面 Optional Features，选择默认参数设置，如图 1-6 所示。

① Documentation：勾选该复选框，安装 Python 帮助文档。

② pip：勾选该复选框，安装下载 Python 的工具 pip，pip 是现代通用的 Python 包管理工具，英文全称是 Python install packages。

③ td/tk and IDLE：安装标准库测试套件，tkinter 和 IDLE。

④ py launcher：安装 Python 的发射器。

⑤ for all users(requires elevation)：适用所有用户。

步骤04 单击“Next(下一步)”按钮，进入下一个高级设置画面 Advanced Options，在“Customize install location”文本框中更改安装地址(不建议安装在 C 盘)，其余选择默认设置，设置完毕后如图 1-7 所示。

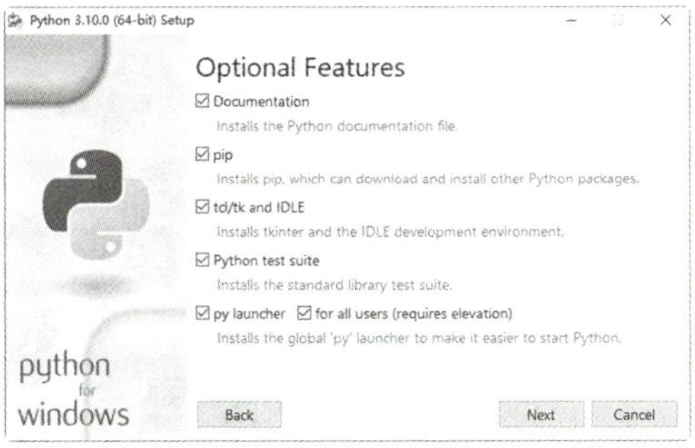

图 1-6　选项设置对话框

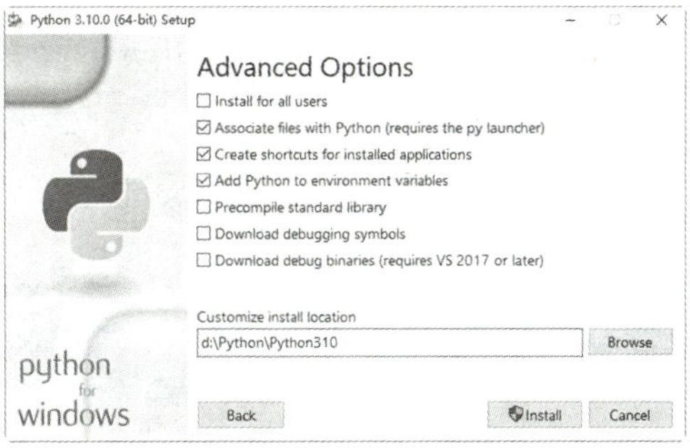

图 1-7　高级设置

步骤05 确定好安装路径后，单击“Next(下一步)”按钮，此时对话框内会显示安装进度，如图 1-8 所示。由于系统需要复制大量文件，所以需要等待几分钟。在安装过程中，可以随时单击 Cancel 按钮来终止安装过程。

步骤06 安装结束后，会出现一个 Setup was successful(安装成功)对话框，如图 1-9 所示。单击“Close(关闭)”按钮，即可完成 Python 3. 10. 0 的安装工作。

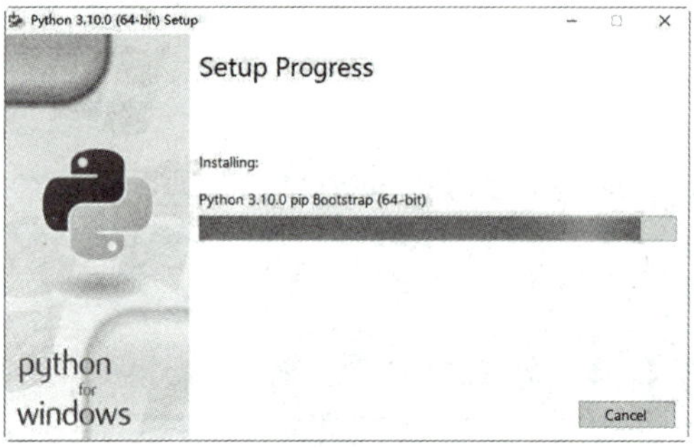

图 1-8　安装进度对话框

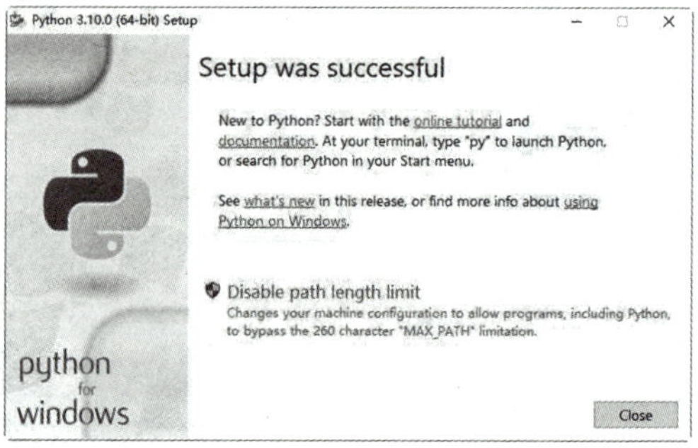

图 1-9　Setup was successful(安装成功)对话框

3. 安装检查

Python 安装结束后，需要检查安装是否成功。安装结束后，在电脑“开始”界面输入“cmd”打开命令提示符，输入“Python”，单击回车键，出现如图 1-10 所示的运行结果，表示 Python 安装成功。

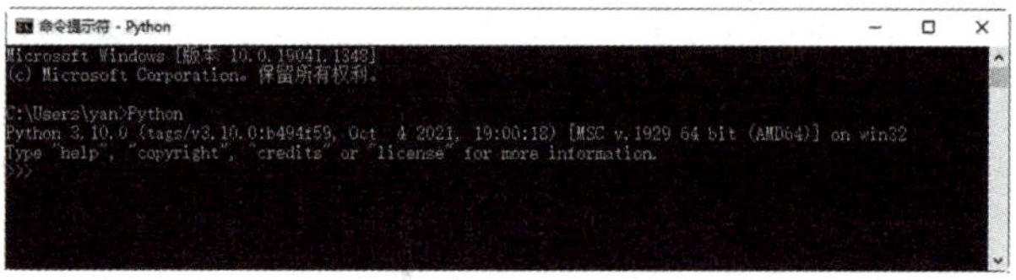

图 1-10　安装检查

1. 2. 3　Python 内置函数

Python 内置函数分为下面几大类。

1. 数学运算类

数学运算类 Python 内置函数见表 1-1。

表 1-1　数学运算类 Python 内置函数

函数格式	说明
abs(x)	求绝对值 ① 参数可以是整型，也可以是复数； ② 若参数是负数，则返回负数的模
complex([real[, imag]])	创建一个复数

（续表）

函数格式	说明
divmod(a, b)	分别取商和余数，注意：整型、浮点型都可以
float([x])	将一个字符串或数转换为浮点数。如果无参数将返回 0.0
int([x[, base]])	将一个字符转换为 int 类型，base 表示进制
long([x[, base]])	将一个字符转换为 long 类型
pow(x, y[, z])	返回 x 的 y 次幂
range([start], stop[, step])	产生一个序列，默认从 0 开始
round(x[, n])	四舍五入
sum(iterable[, start])	对集合求和
oct(x)	将一个数字转化为 8 进制
hex(x)	将整数 x 转换为 16 进制字符串
chr(i)	返回整数 i 对应的 ASCII 字符
bin(x)	将整数 x 转换为二进制字符串
bool([x])	将 x 转换为 Boolean 类型
basestring()	str 和 unicode 的超类； 不能直接调用，可以用作 isinstance 判断

2. 集合操作类

集合操作类 Python 内置函数见表 1-2。

表 1-2　集合操作类 Python 内置函数

函数格式	说明
format(value [, format_spec])	格式化输出字符串； 格式化的参数顺序从 0 开始，如“I am {0}, I like {1}”
unichr(i)	返回给定 int 类型的 unicode
enumerate(sequence [, start = 0])	返回一个可枚举的对象，该对象的 next()方法将返回一个 tuple
iter(o[, sentinel])	生成一个对象的迭代器，第二个参数表示分隔符
max(iterable[, args...][key])	返回集合中的最大值
min(iterable[, args...][key])	返回集合中的最小值
dict([arg])	创建数据字典
list([iterable])	将一个集合类转换为另外一个集合类
set()	set 对象实例化

(续表)

函数格式	说明
frozenset([iterable])	产生一个不可变的 set
str([object])	转换为 string 类型
sorted(iterable [, cmp[, key[, reverse]]])	队集合排序
tuple([iterable])	生成一个 tuple 类型
xrange([start], stop[, step])	xrange()函数与 range()类似，但 xrnage()并不创建列表，而是返回一个 xrange 对象，它的行为与列表相似，但是只在需要时才计算列表值，当列表很大时，这个特性能节省内存

3. 逻辑判断类

逻辑判断类 Python 内置函数见表 1-3。

表 1-3 逻辑判断类 Python 内置函数

函数格式	说明
all(iterable)	① 集合中的元素都为真的时候为真； ② 特别的，若为空串返回为 True
any(iterable)	① 集合中的元素有一个为真的时候为真； ② 特别的，若为空串返回为 False
cmp(x, y)	如果 x<y，返回负数；x == y，返回 0；x>y，返回正数

4. 反射类

反射类 Python 内置函数见表 1-4。

表 1-4 反射类 Python 内置函数

函数格式	说明
callable(object)	检查对象 object 是否可调用 ① 类是可以被调用的； ② 实例是不可以被调用的，除非类中声明了__call__方法
classmethod()	① 注解用来说明这个方式是个类方法； ② 类方法即可被类调用，也可以被实例调用； ③ 类方法类似于 Java 中的 static 方法； ④ 类方法中不需要有 self 参数

（续表 1）

函数格式	说明
compile(source, filename, mode [, flags[, dont_inherit]])	将 source 编译为代码或者 AST 对象。代码对象能够通过 exec 语句来执行或者 eval()进行求值 ① 参数 source：字符串或者 AST(Abstract Syntax Trees)对象； ② 参数 filename：代码文件名称，如果不是从文件读取代码则传递一些可辨认的值； ③ 参数 mode：指定编译代码的种类。可以指定为'exec'，'eval'，'single'； ④ 参数 flag 和 dont_inherit：这两个参数暂不介绍
dir([object])	① 不带参数时，返回当前范围内的变量、方法和定义的类型列表； ② 带参数时，返回参数的属性、方法列表； ③ 如果参数包含方法_dir_()，该方法将被调用。当参数为实例时； ④ 如果参数不包含_dir_()，该方法将最大限度地收集参数信息
delattr(object, name)	删除 object 对象名为 name 的属性
eval(expression [, globals [, locals]])	计算表达式 expression 的值
execfile(filename [, globals [, locals]])	用法类似 exec()，不同的是 execfile 的参数 filename 为文件名，而 exec 的参数为字符串
Zfilter(function, iterable)	构造一个序列，等价于[item for item in iterable if function(item)] ① 参数 function：返回值为 True 或 False 的函数，可以为 None； ② 参数 iterable：序列或可迭代对象
getattr(object, name[, defalut])	获取一个类的属性
globals()	返回一个描述当前全局符号表的字典
hasattr(object, name)	判断对象 object 是否包含名为 name 的特性
hash(object)	如果对象 object 为哈希表类型，返回对象 object 的哈希值
id(object)	返回对象的唯一标识
isinstance(object, classinfo)	判断 object 是否是 class 的实例
issubclass(class, classinfo)	判断是否是子类
len(s)	返回集合长度
locals()	返回当前的变量列表
map(function, iterable, ...)	遍历每个元素，执行 function 操作
memoryview(obj)	返回一个内存镜像类型的对象
next(iterator[, default])	类似于 iterator. next()
object()	基类
property([fget [, fset[, fdel[, doc]]]])	属性访问的包装类，设置后可以通过 c. x = value 等来访问 setter 和 getter

(续表 2)

函数格式	说明
reduce(function, iterable[, initializer])	合并操作，从第一个开始是前两个参数，然后是前两个的结果与第三个合并进行处理，以此类推
reload(module)	重新加载模块
setattr(object, name, value)	设置属性值
repr(object)	将一个对象变幻为可打印的格式
slice()	引用类型，用于数组切片
staticmethod	声明静态方法，是个注解
super(type[, object-or-type])	引用父类
type(object)	返回该 object 的类型
vars([object])	返回对象的变量，若无参数与 dict()方法类似
bytearray([source [, encoding [, errors]]])	返回一个 byte 数组 ① 如果 source 为整数，则返回一个长度为 source 的初始化数组； ② 如果 source 为字符串，则按照指定的 encoding 将字符串转换为字节序列； ③ 如果 source 为可迭代类型，则元素必须为[0，255]中的整数； ④ 如果 source 为与 buffer 接口一致的对象，则此对象也可以被用于初始化 bytearray
zip([iterable, ...])	实在是没有看懂，只是看到了矩阵的变幻方面

5. IO 操作类

I/O 操作类 Python 内置函数见表 1-5。

表 1-5　I/O 操作类 Python 内置函数

函数格式	说明
file(filename [, mode [, bufsize]])	file 类型的构造函数，作用为打开一个文件，如果文件不存在且 mode 为写或追加时，文件将被创建。添加'b'到 mode 参数中，将对文件以二进制形式操作。添加'+'到 mode 参数中，将允许对文件同时进行读、写操作 ① 参数 filename：文件名称； ② 参数 mode：'r'(读)，'w'(写)，'a'(追加)； ③ 参数 bufsize：如果为 0 表示不进行缓冲，如果为 1 表示进行行缓冲，如果是一个大于 1 的数表示缓冲区的大小
input([prompt])	获取用户输入； 推荐使用 raw_input，因为该函数将不会捕获用户的错误输入

（续表）

函数格式	说明
open（name[，mode[，buffering]]）	打开文件； 与 file 有什么不同？推荐使用 open
print（）	打印函数
raw_input（[prompt]）	设置输入，输入都是作为字符串处理

1.2.4　集成库 Anaconda

Anaconda 是一个专门用于统计和机器学习的 IDE，它集成了 Python 和许多基础的库，包含 NumPy 和 Pandas 等库，直接安装 Anaconda 可省去许多复杂的配置过程。

1. 安装 Anaconda

步骤01 登录 Anaconda 的官网：https：//www. anaconda. com/products/individual # macos，单击“Download（下载）”按钮，下载 Anaconda3－2021. 11－Windows－x86_64. exe 文件，如图 1-11 所示。这里默认下载的版本同时适用于 64 位的版本和 32 位的版本。

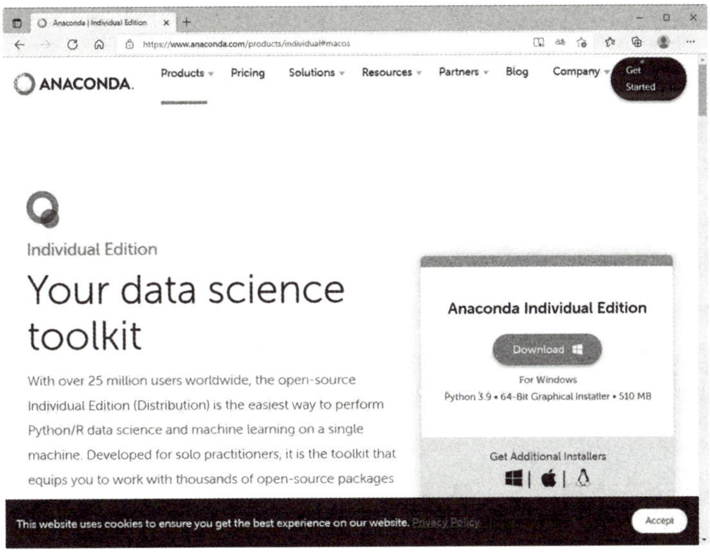

图 1-11　官网下载

步骤02 双击安装文件 Anaconda3－2021. 11－Windows－x86_64. exe，弹出 Anaconda3 2021. 11（64－bit）Setup 对话框中的安装界面 Welcome to Anaconda3 2021. 11（64－bit）Setup，如图 1-12 所示。

步骤03 单击“Next（下一步）”按钮，弹出 Anaconda3 2021. 11（64－bit）Setup 对话框中的安装协议界面 License Agreement，如图 1-13 所示。

步骤04 单击“I Agree（同意安装）”按钮，进入下一个画面，出现安装类型信息的对话框 Select Installation Type，如图 1-14 所示。

步骤05 选择“Just Me(recommended)”单选钮，为我这个用户安装，单击“Next(下一步)”按钮，进入下一个对话框。在该对话框中，用户需要选择安装路径。系统默认 Anaconda 的安装路径为 C：\ Userslyan lanaconda3，用户可以通过单击“Browse(搜索)”按钮来自定义其安装路径，如图 1-15 所示。目标路径中不能含有空格，同时不能是“unicode”编码。

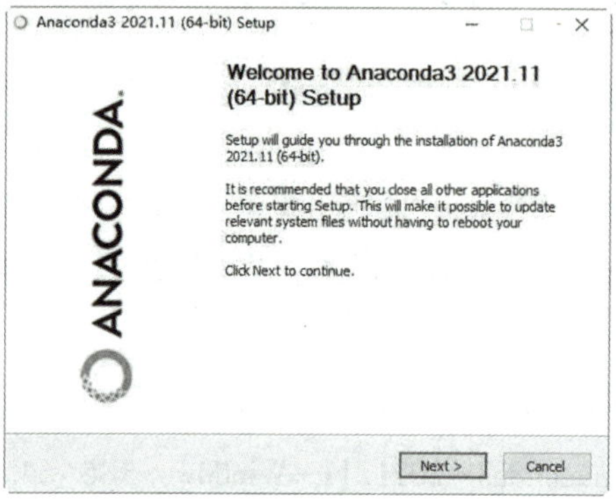

图 1-12　安装界面

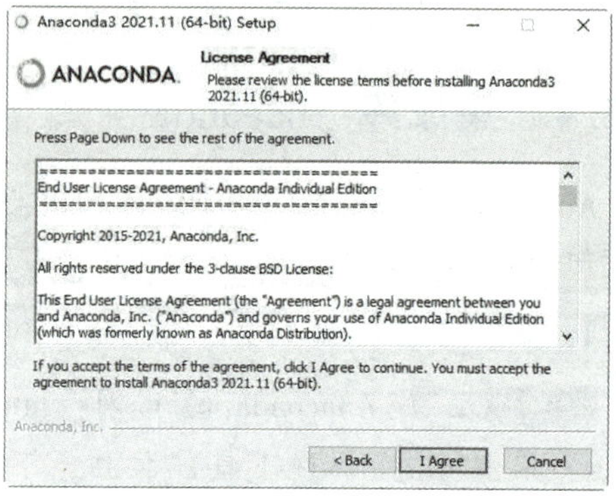

图 1-13　安装协议对话框

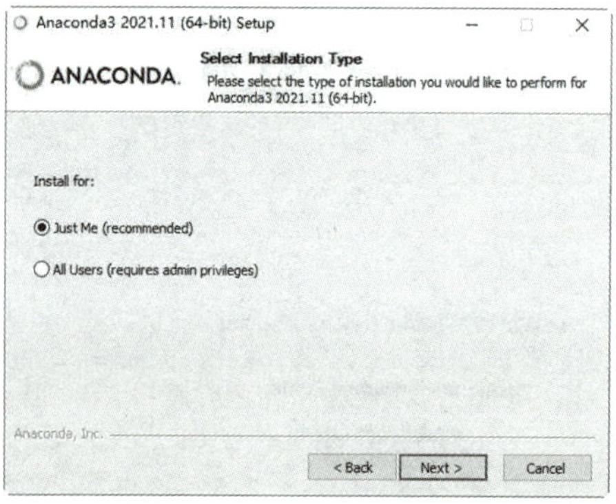

图 1-14　选择安装类型对话框

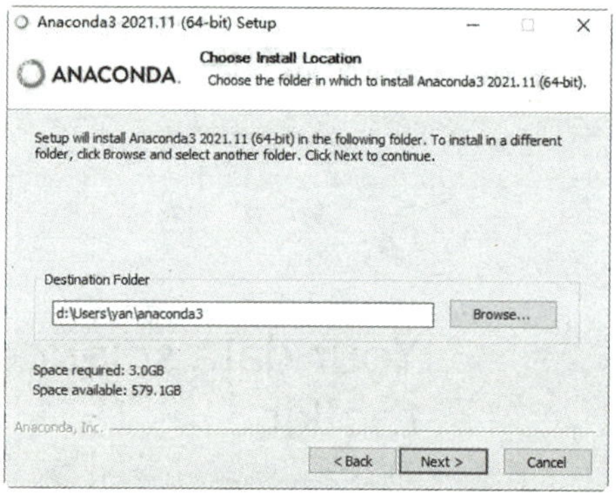

图 1-15　安装路径对话框

步骤06 确定好安装路径后，单击“Next(下一步)”按钮，弹出安装选项设置界面“Advanced Installation Options”，取消勾选“Add Anaconda to my PATH environment variable.(添加 Anaconda 至环境变量)”复选框，否则，会影响其他程序的使用。默认勾选“Register Anaconda as my default Python 3.9”复选框，如图 1-16 所示。

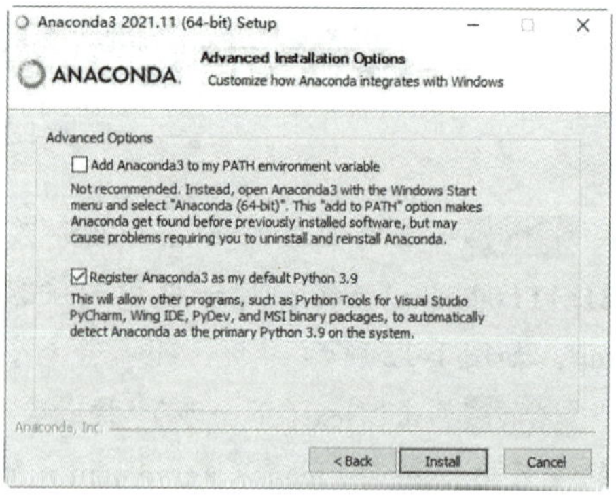

图 1-16　安装选项设置界面

步骤07 单击“Install”按钮，进入安装界面 Installing 开始安装，如图 1-17 所示。单击“Show details”按钮可以查看安装细节。由于系统需要复制大量文件，所以需要等待几分钟。安装结束后会出现一个安装完成界面 Installation Complete，如图 1-18 所示。

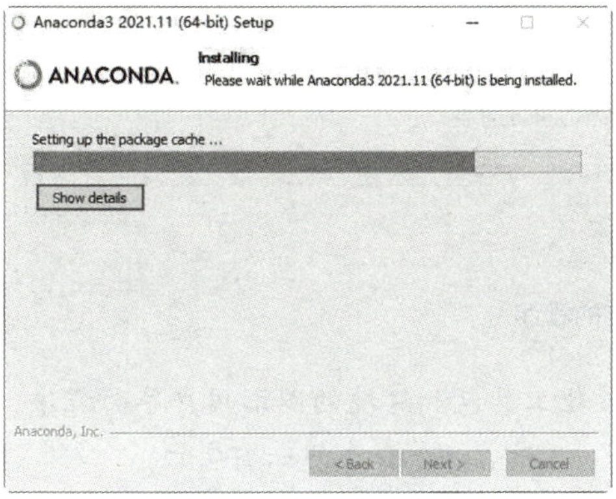

图 1-17　安装过程界面

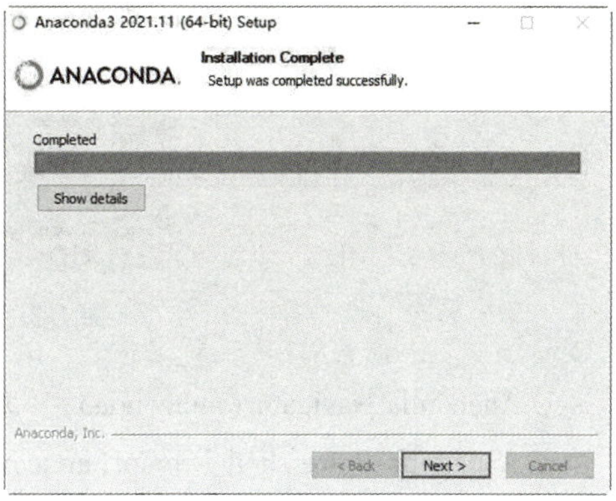

图 1-18　安装完成界面

步骤08 单击“Next（下一步）”按钮，进入安装信息显示界面 Anaconda3 2021. 11 (64-bit)，如图 1-19 所示，继续单击“Next(下一步)”按钮，进入安装完成界面 Completing Anaconda3 2021. 11 (64-bit) Setup，显示“Thank you for instaling Anaconda Individual Edition.”，表示安装成功。取消勾选“Learn more about Anaconda Cloud”和“Learn more about Anaconda Support”，单击“Finish”按钮，完成安装，如图 1-20 所示。

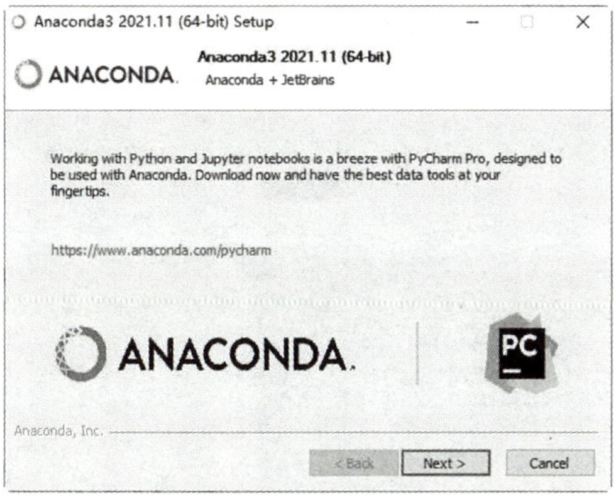

图 1-19　安装信息显示界面

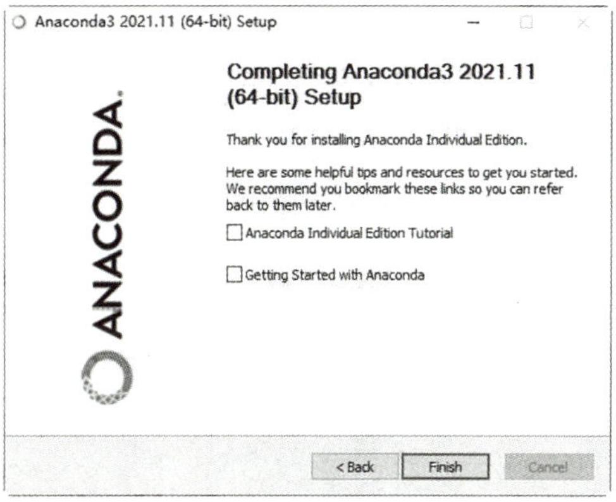

图 1-20　安装完成界面

2. 验证安装结果

步骤01 安装完成后，在开始 → Anaconda3(64-bit)下显示安装后的 6 个图标，如图 1-21 所示。

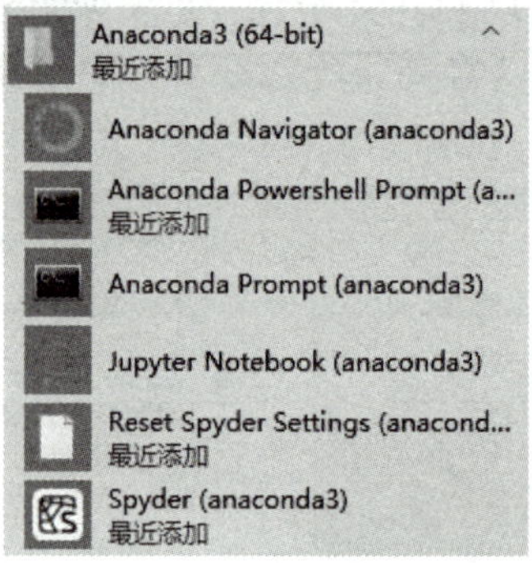

图 1-21　安装的程序

① Anaconda Navigator(anaconda3)：用于管理工具包和环境的图形用户界面程序。

② Anaconda Powershell Prompt(anaconda3)：Anaconda3 命令提示符窗口。

③ Anaconda Prompt(anaconda3)：Anaconda3 命令提示符窗口、卸载及更新包等程序。

④ Jupyter Notebook(anaconda3)：交互式开发工具，基于 Web 的交互式 Python 开发环境。

⑤ Reset Spyder Settings(anaconda3)：重置 Spyder 程序。

⑥ Spyder(anaconda3)：Python 集成开发环境，以表格方式浏览变量，方便查看数据。

步骤02 可选以下任意方法进行验证。

① 选择“开始 → Anaconda3(64-bit) → Anaconda Navigator”，成功启动 Anaconda Navigator，如图 1-22 所示，安装成功。

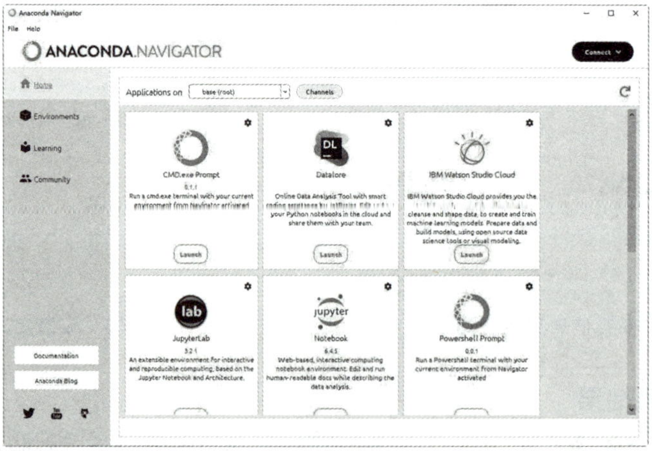

图 1-22　启动 Anaconda Navigator

② 在“开始 → Anaconda3(64-bit) → Anaconda Prompt”上单击鼠标右键，选择“以管理员身份运行”命令，在 Anaconda Prompt 中输入 conda list，可以查看已经安装的包名和版本号，如图 1-23 所示，结果正常显示，说明安装成功。

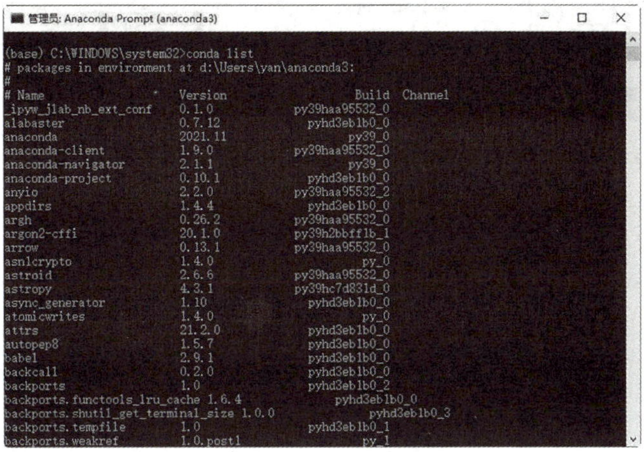

图 1-23　运行程序

1.2.5　Python 库安装

Python 的一大特色是其丰富的模块，关于数据分析的模块库包括 NumPy、Pandas、Matplotlib、SciPy 等，下面介绍如何安装数据分析的模块。

1. pip 工具安装

pip 是一个现代的、通用的 Python 包管理工具。提供了对 Python 包的查找、下载、安装、卸载的功能，install 命令用于安装包安装，安装 Python 时已经安装 pip 工具。所有第三方库都需要下载、安装、导入后才可以应用。下载、安装 NumPy 最简单的方法就是使用 pip 工具。

(1)安装 NumPy

NumPy(Numerical Python)是 Python 的一种开源的数值计算扩展库，用来存储和处理大型矩阵，比 Python 自身的嵌套列表(nested list structure)结构要高效得多，支持大量的维度数组与矩阵运算，此外也针对数组运算提供大量的数学函数库。

在“开始”下面的搜索栏中输入“cmd”，打开命令提示符界面，显示下面的用户名(不同的用户显示的用户名不同)。

```
C:\Users\yan>
```

在窗口中输入如下内容。

```
pip3 install numpy
```

出现 NumPy 的安装过程信息，显示程序如下。

```
C:\Users\yan>pip3 install numpy
Collecting numpy
  Downloading numpy-1.21.4-cp310-cp310-win_amd64.whl (14.0 MB)
     |████████████████████████████████| 14.0 MB 218 kB/s
```

安装进度结束后，显示安装成功信息。

```
Installing collected packages: numpy
Successfully installed numpy-1.21.4
```

安装结束后，启动 Python，在 IDLE Shell 3.10.0 中输入下面的程序，验证安装是否成功。

```
>>> from numpy import *
>>> eye(4)
    array([[1., 0., 0., 0. ],
        [0., 1., 0., 0. ],
        [0., 0., 1., 0. ],
        [0., 0., 0., 1. ]])
```

提示

from numpy import ＊表示为导入 NumPy 库。
eye(4)用于生成对角矩阵。

若未安装成功，显示下面的程序。其中，警告信息显示字体颜色为红色。

```
>>> from numpy import *
Traceback (most recent call last):
  File "<pyshell#19>", line 1, in <module>
    from numpy import *
ModuleNotFoundError: No module named 'numpy'
```

(2)安装数据处理库 Pandas

Pandas 是基于 NumPy 的一种工具，该工具是为解决数据分析任务而创建的。Pandas 纳入了大量库和一些标准的数据模型，提供了高效操作大型数据集所需的工具。Pandas 提供了大量能使我们快速便捷地处理数据的函数和方法。

在“开始”下面的搜索栏中输入“cmd”，打开命令提示符界面，显示下面的用户名(不同的用户显示的用户名不同)。

```
C:\Users\yan>
```

在窗口中输入如下内容。

```
pip3 installpandas
```

Pandas 的安装过程信息与安装结果如图 1-24 所示。

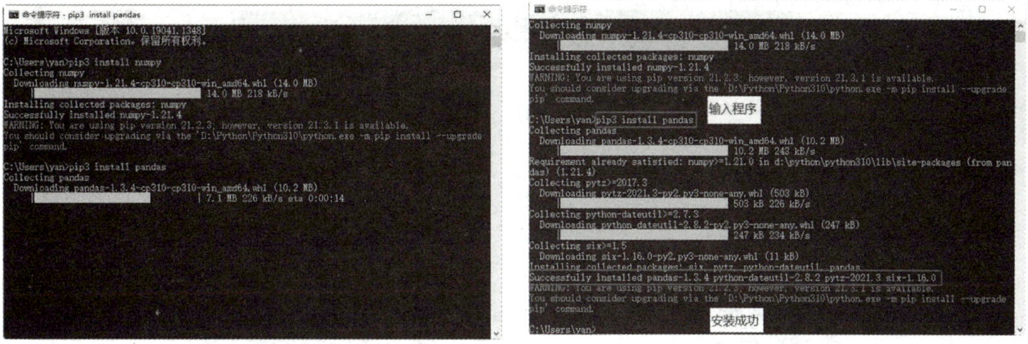

（a）安装过程信息　　（b）安装结果

图 1-24　安装 Pandas

2. Anaconda 安装

双击 Anaconda Navigator 图标，启动 Anaconda Navigator。单击“Environments（环境）”选项卡，显示 Anaconda 定义的两个 Python 环境 base（root）、anaconda3，右侧显示在该环境下的第三方库。

在顶端的下拉列表中显示第三方库的分类，包括 Installed（已安装）、Not installed（未安装）、Updatable（可更新）、Selected（已选中）、All（全部）。在下拉列表中选择 All（全部），开始确定需要用到的库是否已安装。

（1）安装数据可视化库 Matplotlib

步骤01 在右上角搜索框中输入“Matplotlib”，显示未安装该图形绘制模块库，如图 1-25 所示。勾选库名称前的复选框，单击“Apply（应用）”按钮，弹出“Install Packages（安装包）”对话框，如图 1-26 所示。

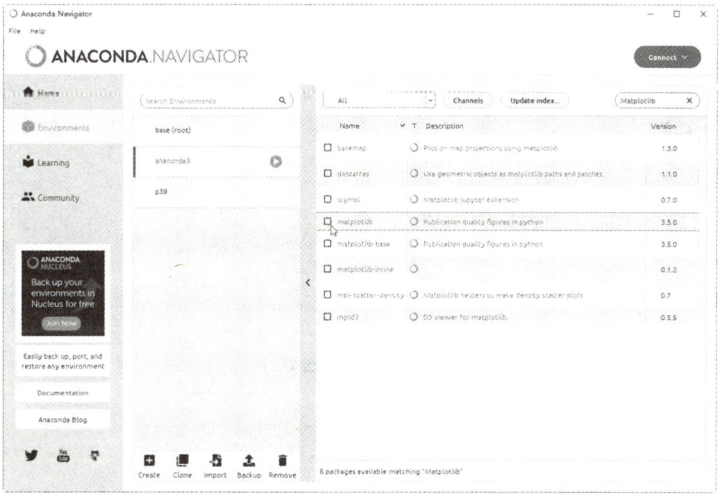

图 1-25　搜索数据图形化库 Matplotlib

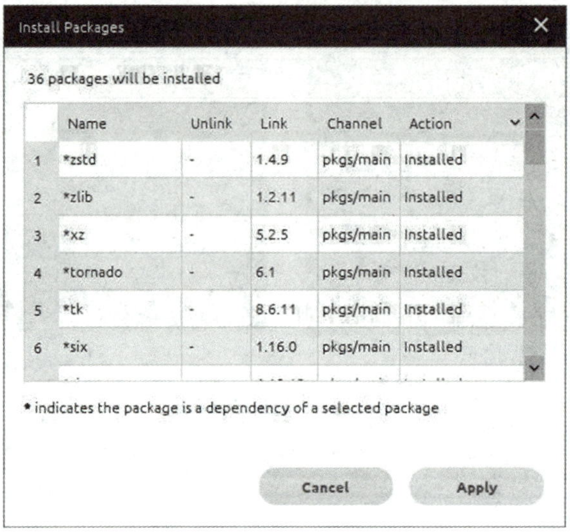

图 1-26 “Install Packages(安装包)”对话框

步骤02确定需要安装的软件包，单击“Apply(应用)”按钮，开始安装该库。安装结束后，自动勾选库名称前的复选框，显示已安装，如图 1-27 所示。

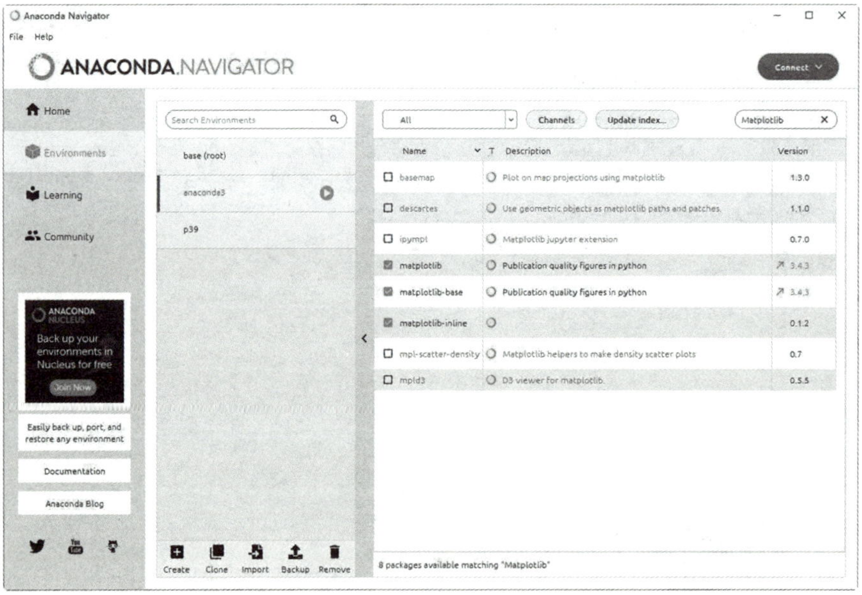

图 1-27 安装成功 1

(2)高级科学计算库 SciPy

在右上角搜索框中输入“SciPy”，勾选库名称前的复选框，单击“Apply(应用)”按钮，安装该库，安装结束后，自动勾选库名称前的复选框，显示已安装，如图 1-28 所示。

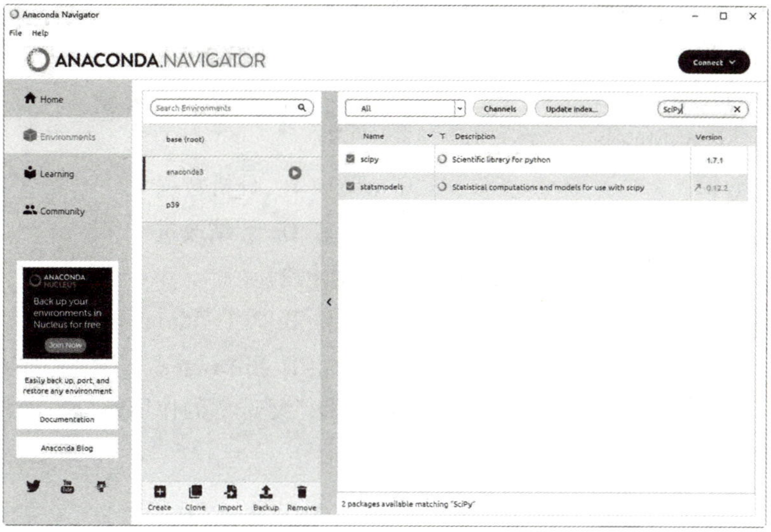

图 1-28　安装成功 2

任务评价

评价内容	评价标准	分值	自评	师评
Python 简介	了解 Python 的基本概念	20		
安装 Python	掌握 Python 的安装方法	20		
Python 内置函数	熟悉 Python 的内置函数	20		
集成库 Anaconda	掌握 Anaconda 的安装方法和验证安装结果的方法	20		
安装 Python 库	掌握 Python 库的安装方法	20		
总分		100		

项 目 小 结

本项目主要介绍了数据分析基础与 Python 基础。首先介绍了数据分析的方法和分类；其次介绍了数据分析工具和结果呈现；最后介绍了 Python 的安装。通过本项目的学习，读者可以在数据分析领域更好地发挥自己的才能，为解决实际问题提供有力的支持。

项 目 习 题

选择题

1. 数据分析的主要目的是什么？(　　)

A. 随意收集数据并展示　　B. 找出研究对象的内在规律

C. 仅仅为了数据可视化　　D. 随意猜测数据中的信息

2. 预测性分析主要基于什么进行预测？(　　)

A. 过去的数据　　B. 当前的数据

C. 未来的数据　　D. 假设的数据

3. 数据分析过程的首要活动是什么？(　　)

A. 收集数据　　B. 分析数据

C. 识别信息需求　　D. 评估改进

4. Python 是由哪位科学家在 1990 年代初设计的？(　　)

A. Linus Torvalds　　B. P. T. Barnum

C. Guido van Rossum　　D. Bill Gates

5. 在安装界面中，“Add Python 3. 10 to PATH”复选框的作用是(　　)。

A. 将 Python 安装到特定路径

B. 为用户安装启动器

C. 将 Python 命令工具所在目录添加到系统 Path 环境变量中

D. 安装 Python 帮助文档

项目 2　Python 数据分析开发环境

项目导读

集成开发环境(integrated development environment，IDE)是用于提供程序开发环境的应用程序，一般包括代码编辑器、编译器、调试器和图形用户界面等工具。所有具备这一特性的软件或者软件套(组)都可以叫集成开发环境。如微软的 Visual Studio 系列，Borland 的 C++ Builder、Delphi 系列等。集成开发环境程序可以独立运行，也可以和其他程序并用。

学习目标

◆ 知识目标

- 熟悉 PyCharm 编辑环境。
- 理解 Python 中基本数据类型的概念和用途。
- 理解 Python 中的表达式和语句的概念及其区别。

◆ 技能目标

- 掌握 PyCharm 的下载、安装和基本配置方法。
- 掌握 Python 中常量和变量的定义、命名规则和使用方法。
- 学会使用 break、continue 等关键字控制循环流程。

◆ 素质目标

- 培养读者的逻辑思维能力，使其能够编写结构清晰、易于理解的 Python 代码。
- 提高读者的实践能力，通过实际操作掌握 PyCharm 的使用方法和 Python 编程技巧。
- 增强读者的团队协作意识，通过团队合作完成项目开发任务。

◆ 思政目标

- 培养读者的数据意识和信息素养，使其能够认识到数据在现代社会中的重要性。
- 增强读者的社会责任感和使命感，使其能够运用所学知识为社会发展和国家建设做出贡献。

任务 1　集成开发环境 PyCharm

任务描述

小白经过调查，发现虽然 Python 集成开发环境有很多，但是常用的只有几种。经过综合考虑，小白决定下载 PyCharm 编辑器。PyCharm 作为一款面向初学者的 Python 编辑器，配置简单、功能强大、使用起来省时省心。那么，什么是 IDLE？如何安装 PyCharm 编辑器？PyCharm 编辑器怎样进行 Python 编程？

任务分析

本任务详细讲解集成开发环境 PyCharm。首先讲解如何安装 PyCharm；其次讲解如何配置 PyCharm；接下来讲解 PyCharm 编辑环境；再次介绍加载模块；最后讲解模块导入。通过本任务的学习，读者能够掌握 PyCharm 的基本使用技巧，为后续 Python 开发打下坚实的基础。

任务重点与实施

PyCharm 是由 JetBrains 打造的一款 Python IDE。PyCharm 具备一般 Python IDE 的功能，比如：调试、语法高亮、项目管理、代码跳转、智能提示、自动完成、单元测试、版本控制等。PyCharm 还提供了一些很好的功能用于 Django 开发，同时支持 Google App Engine，同时还支持 IronPython。

2.1.1　安装 PyCharm

1. 下载软件

登录 PyCharm 的官网，下载时有 Professional(专业版，收费)和 Community(社区版，免费)两个版本可以选择。

一般来说，下载免费社区版。在“Community”下面单击“Download(下载)”按钮，下载 PyCharm2021.3 版本 PyCharm-community-2021.3.exe 文件，如图 2-1 所示。

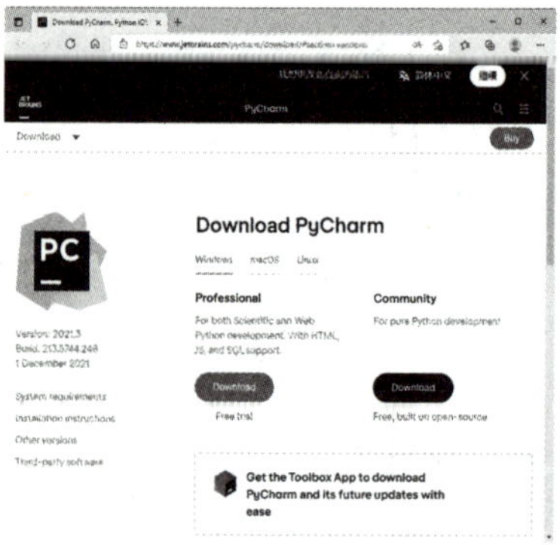

图 2-1　PyCharm 官网下载地址

2. 安装PyCharm

步骤01 双击PyCharm-community-2021.3.exe文件，弹出PyCharm-community的安装界面，如图2-2所示。

步骤02“Next(下一步)”按钮，进入下一个对话框。在该对话框中，用户需要选择PyCharm的安装路径，用户可以通过单击“Browse...(搜索)”按钮，自定义其安装路径，如图2-3所示。

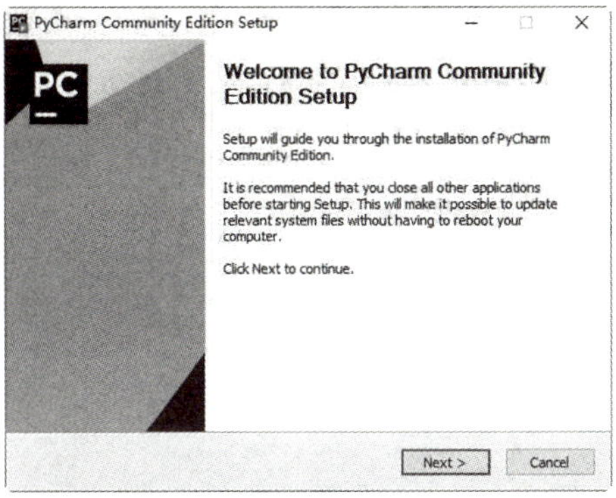

图2-2　安装界面

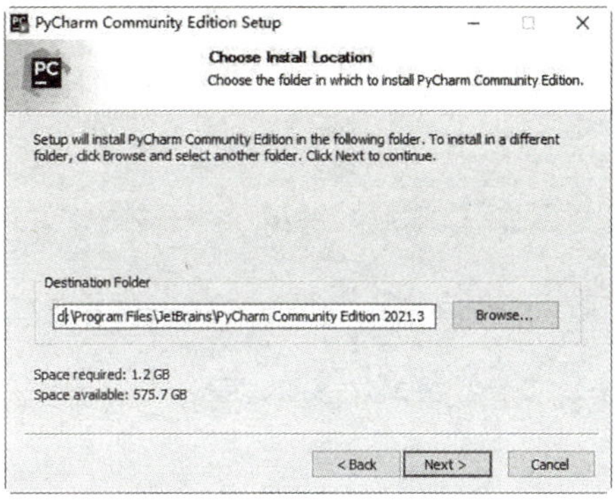

图2-3　安装路径对话框

步骤03 单击“Next(下一步)”按钮，出现安装选项信息的对话框，需要进行一些设置，如图2-4所示。

① PyCharm Community Edition：勾选该复选框，创建桌面快捷方式。

② Add"bin"folder to the PATH：勾选该复选框，将PyCharm的启动目录添加到环境变量，执行该操作过后，需要重启计算机。

③ Add"Open Folder as Project"：勾选该复选框，添加鼠标右键菜单，使用打开项目的方式打开此文件夹

④ .py：勾选该复选框，选择以后打开.py文件就会用PyCharm打开。勾选该选项后，PyCharm每次打开的速度会比较慢。

步骤04 单击“Next(下一步)”按钮，默认选择JetBrains，如图2-5所示，单击“Install(安装)”按钮，此时对话框内会显示安装进度，如图2-6所示，然后等待安装完毕。

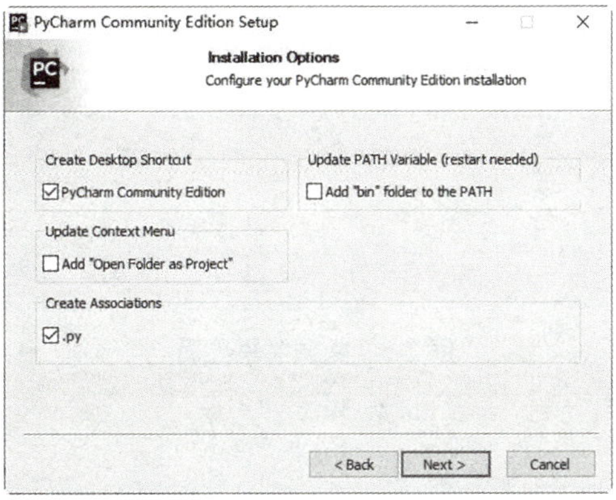

图2-4　安装选项设置对话框

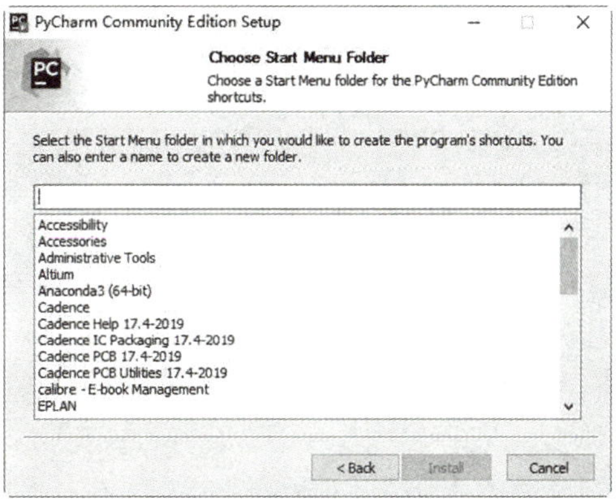

图2-5　选择安装菜单文件

步骤05 安装结束后会出现一个 Finish(完成)对话框，如图 2-7 所示。单击“Finish(完成)”按钮即可完成 PyCharm 的安装工作。

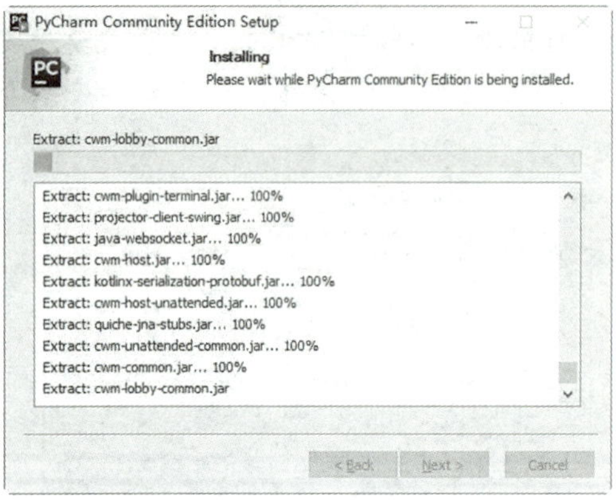

图 2-6　安装过程

图 2-7　“Finish”对话框

2.1.2　配置 PyCharm

步骤01 双击运行桌面上的 PyCharm 图标，进入用户协议界面，勾选“I confirm that I have read and accept the terms of this User Agreement”复选框，同意用户使用协议，如图 2-8 所示。

步骤02 单击“Continue(继续)”按钮，弹出数据共享界面 DATA SHARING，如图 2-9 所示，确定是否进行数据共享，选择“Don't send”按钮，激活 PyCharm 启动界面，如图 2-10 所示。

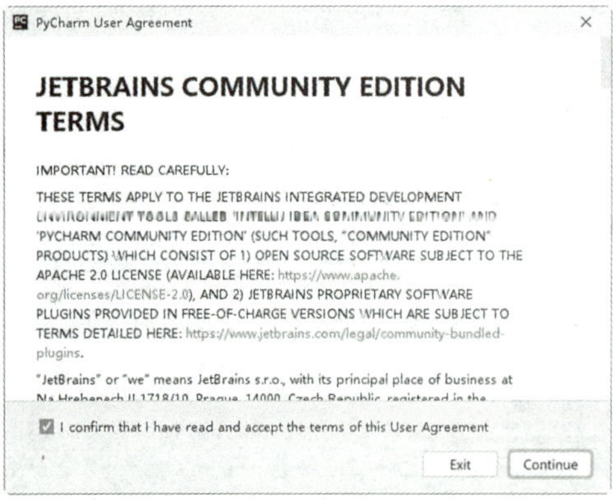

图 2-8　协议对话框

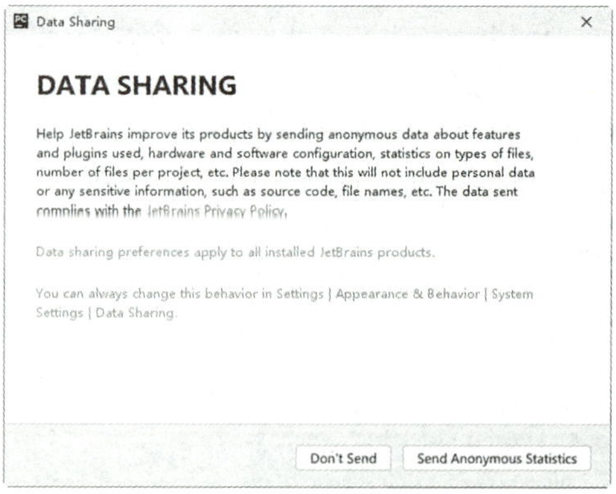

图 2-9　数据共享界面

图 2-10　启动界面

步骤03 PyCharm 激活之后会自动跳转到编辑界面，如图 2-11 所示。该界面包括 Projects(项目)、Customize(自定义)、Plugins(插件)、Learn PyCharm(学习文档)4 个选项卡。

步骤04 单击“Customize(自定义)”选项卡，设置编辑区参数。在“Color theme(颜色主题)”选项下拉列表中显示 4 个主题，根据需要选择“IntelliJ Light(白色主题)”，自动更新界面颜色，如图 2-12 所示。

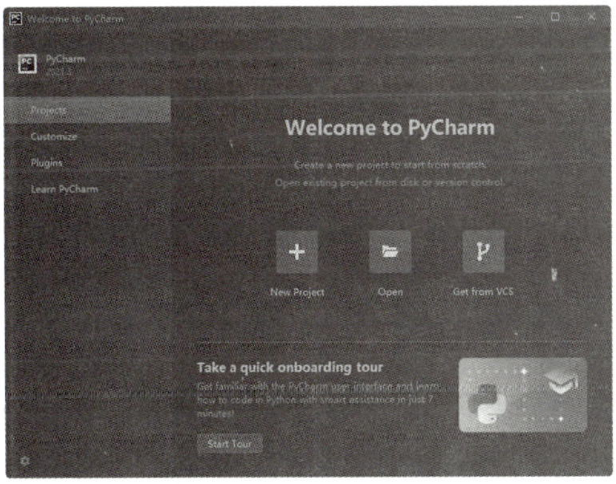

图 2-11　编辑界面

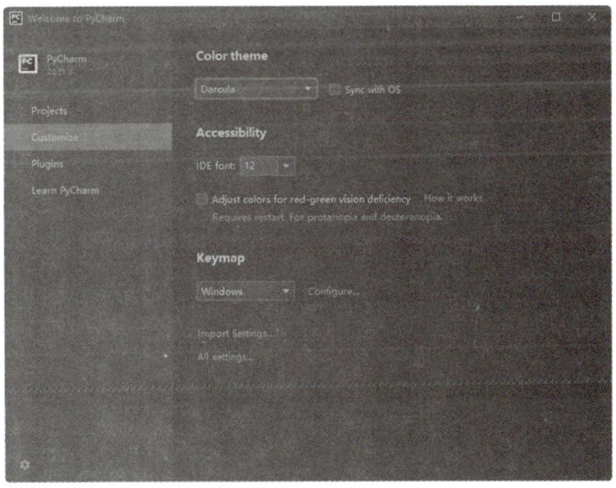

图 2-12　“Customize(自定义)”选项卡

① IntelliJ Light：白色主题，如图 2-13 所示。

② Windows 10 Light：白色高亮主题。

③ Darcula：黑色主题，默认选择该项。

④ High contrast：黑色高对比度主题。

步骤05“Accessibility(辅助功能)”选项组下“IDE font(开发环境字体)”默认为 12，在 i 下拉列表中选择“14”，增大界面大小与字体。

2.1.3 PyCharm 编辑环境

进入 PyCharm 项目文件后，需要创建 Python 文件，才可以进入 PyCharm 与 Python 交互代码编译界面。

Python 文件的创建包含以下两种方式。

1. 通过菜单命令创建

在 PyCharm 中创建一个新文件最简便的方法，是在“File(文件)”→“New(新建)”子菜单中选择一种适当的文件类型。

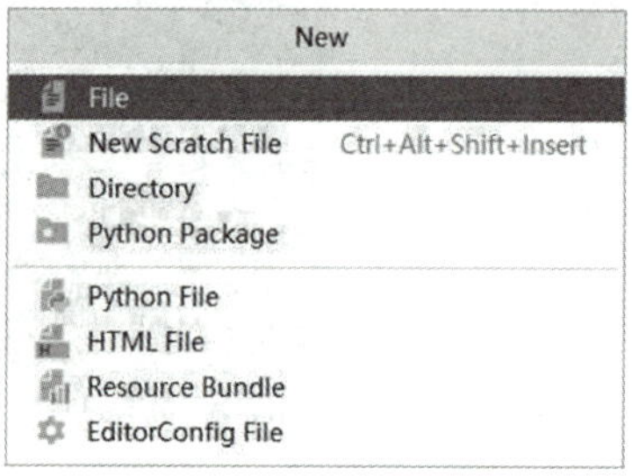

图 2-13 IntelliJ Light 主题

步骤01 选择菜单栏的“File(文件)”→“New(新建)”命令，打开如图 2-14 所示的子菜单。

步骤02 选择“Python File(Python 文件)”命令，弹出“New Python file(新建 Python 文件)”对话框，Python 文件包含下面 3 种类型：Python file(Python 文件)、Python unit test(Python 单元测试文件)、Python stub(Python 存根文件)。

步骤03 选择 Python file，输入文件名称“Python file 01”，单击回车键，进入新建的文件 Python file 01. py 的编辑界面，如图 2-15 所示。

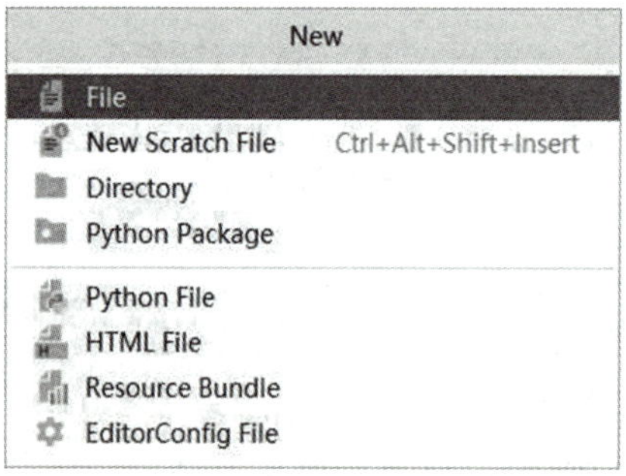

图 2-14 新建文件类型

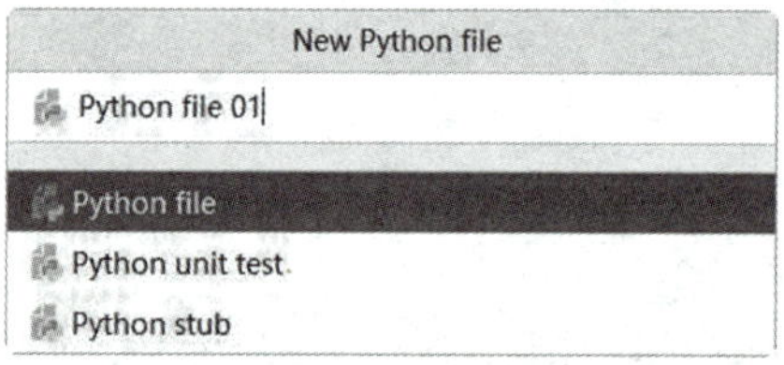

图 2-15 “New Python file(新建 Python 文件)”对话框

2. 利用右键快捷命令

在项目文件上单击鼠标右键选择“New(新建)”→“Python File(Python 文件)”命令。

PyCharm 的编辑环境如图 2-16 所示，其工作界面由标题栏、菜单栏、工具栏、命令行窗口、命令行窗口、Project(项目)面板、Run(程序运行结果)面板、状态栏组成。

Python 的程序运行包含以下 4 种方式。

(1)在命令行窗口中，在需要运行的代码上单击鼠标快捷命令“Run”。

(2)单击菜单栏下方工具栏中的“Run(运行)”按钮▷。

(3)单击“Run(运行)”面板左侧工具栏中的“Run(运行)”按钮▷。

(4)快捷键[ctrl+shift+F10]。

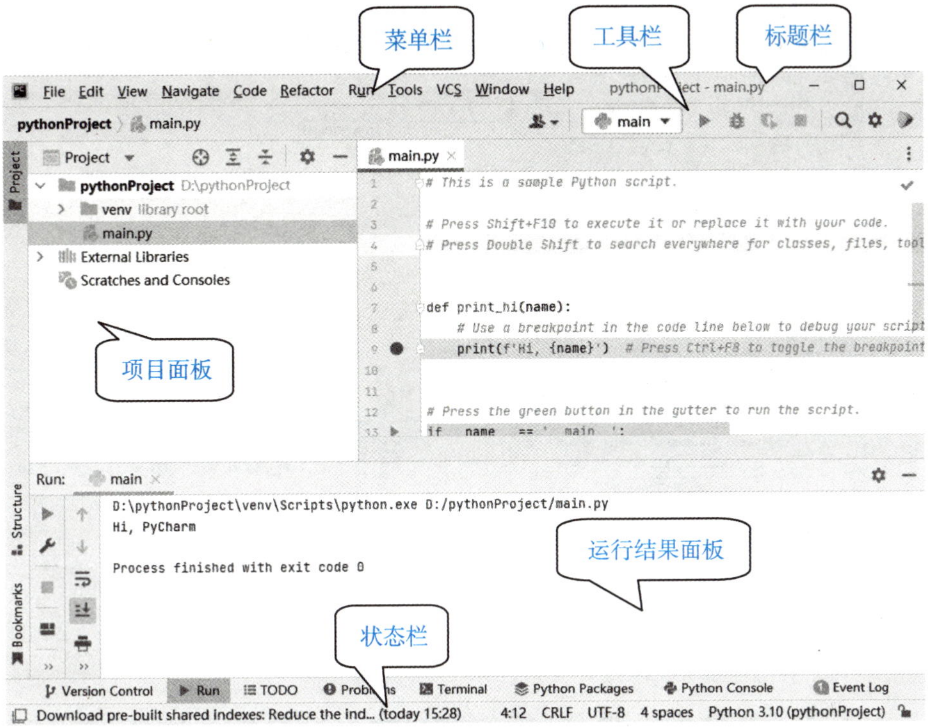

图 2-16　工作界面

案例　程序运行演示

打开 PyCharm，在 Python file 01. py 的命令行窗口中输入下面的程序。

```
print('PyCharm')
```

按下快捷键[ctrl+shift+F10]，“Run(运行)”面板中显示运行结果，如图 2-17 所示。

选择菜单栏中的“Tool(工具)”→“Python or Debug Console(Python 控制器调试)”命令，在 PyCharm 中打开 Python Console(Python 终端窗口)，在“Run(运行)”面板中显示命令行提示符“>>>”，如图 2-18 所示。

扫码看视频

输入下面的程序。

```
>>> print('PyCharm')
```

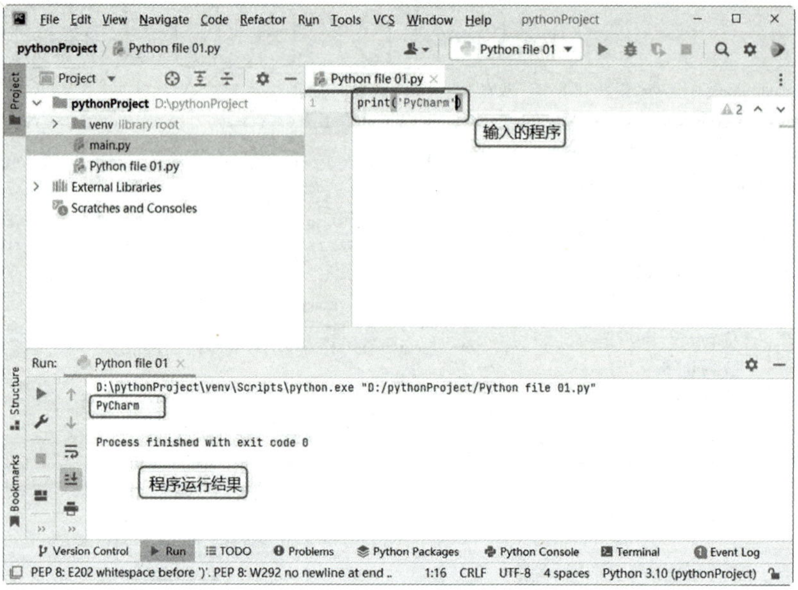

图 2-17　程序运行

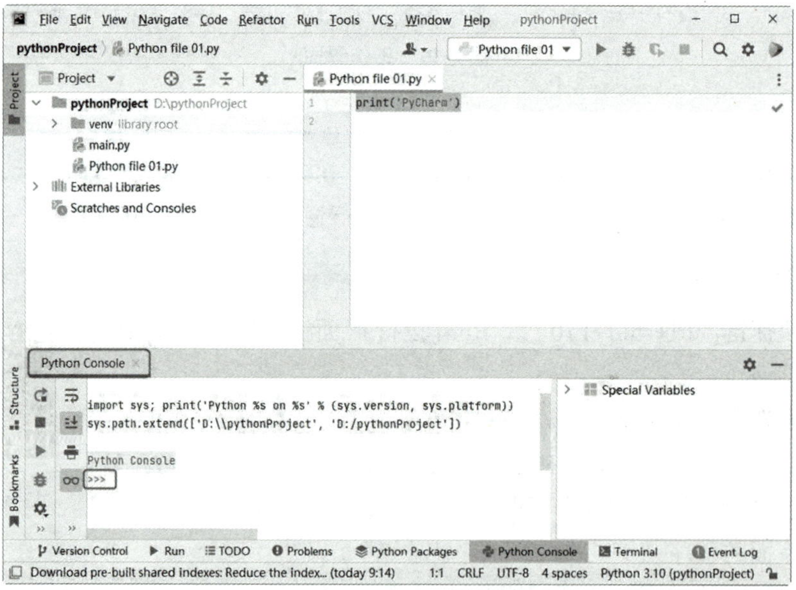

图 2-18　进入 Python Console 编辑环境

运行结果如下。

```
PyCharm
```

PyCharm 中的部分快捷键如下。

(1)[Ctrl + Enter]：在下方新建行但不移动光标。

(2)[Shift + Enter]：在下方新建行并移到新行行首。

(3)[Ctrl + /]：注释(取消注释)选择的行。

(4)[Ctrl+d]：对光标所在行的代码进行复制。

2.1.4　加载模块

用 Python 进行数据分析时常用的模块有 NumPy、SciPy、Pandas、Matplotlib，在使用 pip3 工具或 Anaconda 下载、安装这些模块后，可以在 Shell IDLE 中抵用使用关于数组、矩阵的函数，但若在 PyCharm 中使用数据分析模块，需要另行安装。

打开 PyCharm，选择菜单栏中的“File(文件)”→“Setting(设置)”命令，打开“Setting(设置)”对话框，打开“Project：pythonProject”→“Python Interpreter”窗口，单击“Install(安装)”按钮，弹出“Available Package(有用的安装包)”对话框。

在搜索框中输入需要安装的数组矩阵模块库 NumPy，在列表中选择模块库 NumPy，如图 2-19 所示。单击“Install Package(安装软件包)”按钮，即可安装该模块。弹出“Packages installed successfully”对话框并显示如下内容，表示安装成功。

```
Installed packages:'numpy'
```

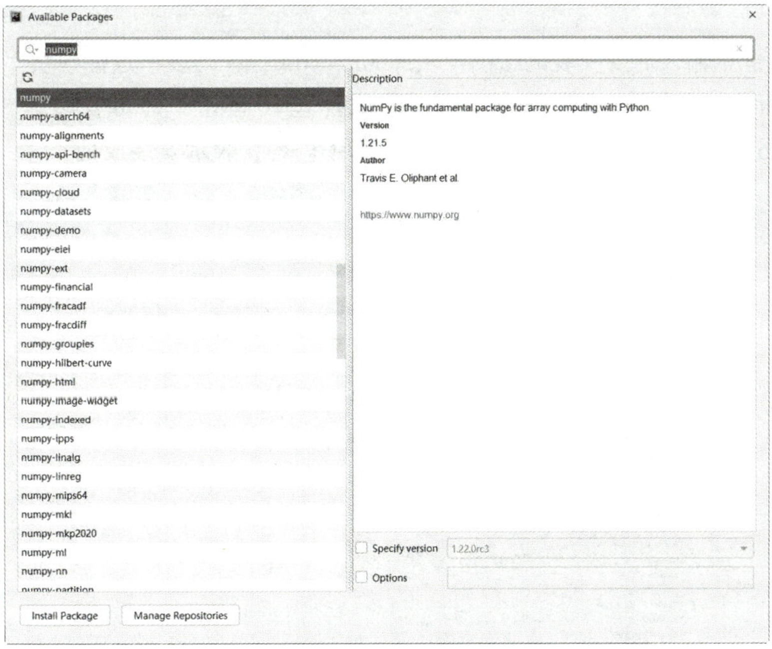

图 2-19　“Available Package(有用的安装包)”对话框

在搜索框中输入需要安装的数据导入模块库 Pandas，在列表中选择模块库 Pandas，如图 2-20 所示。单击“Install Package(安装软件包)”按钮，即可安装该模块。弹出“Packages installed successfully”对话框并显示如下内容，表示安装成功。

```
Installed packages:'pandas'
```

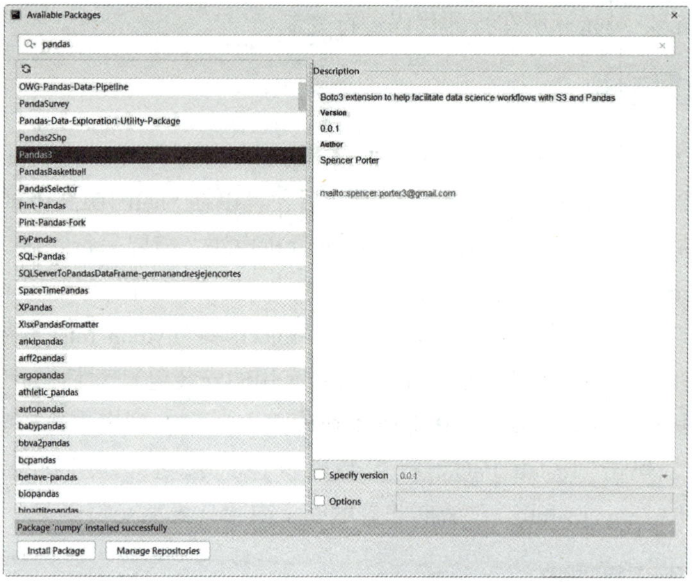

图 2-20 “Available Package(有用的安装包)”对话框

在搜索框中输入需要安装的绘图模块库 Matplotlib，在列表中选择模块库 Matplotlib，如图 2-21 所示。单击“Install Package(安装软件包)”按钮，即可安装该模块。弹出“Packages installed successfully”对话框并显示如下内容，表示安装成功。

```
Installed packages:'matplotlib'
```

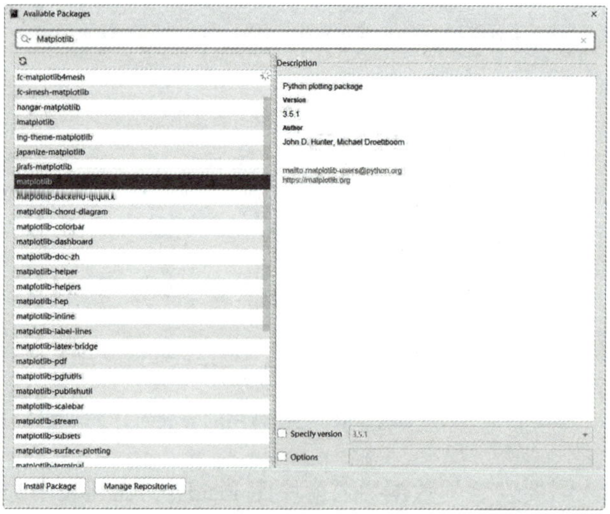

图 2-21 “Available Package(有用的安装包)”对话框

在搜索框中输入需要安装的高级数学计算模块库 SciPy，在列表中选择模块库 SciPy，如图 2-22 所示。单击“Install Package(安装软件包)”按钮，即可安装该模块。弹出如图 2-23 所示的“Packages installed successfully”对话框并显示如下内容，表示安装成功。

```
Installed packages:'scipy'
```

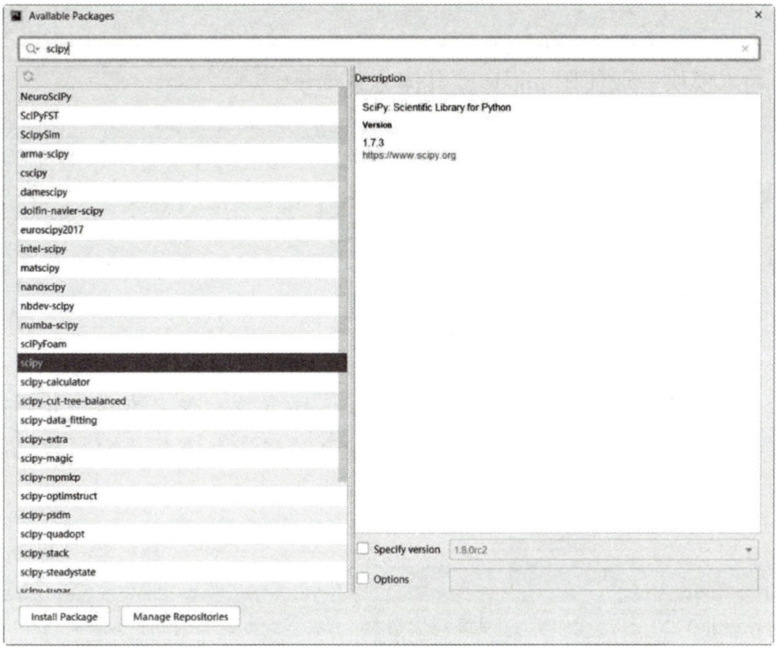

图 2-22　“Available Package(有用的安装包)”对话框

图 2-23　安装信息

2.1.5　模块导入

在计算机程序的开发过程中，随着程序代码，在一个文件里代码就会越来越长，越来越不容易维护。为了编写可维护的代码，可以把很多函数分组，分别放在不同的文件里，使得每个文件包含的代码相对较少，很多编程语言都采用这种组织代码的方式。在 Python 中，一个“ *. py”文件成称为一个模块。

模块分为 3 类：Python 标准库、第三方模块、应用程序自定义模块。对于一个复杂的功能来说，可能需要多个函数才能完成(函数又可以在不同的 . py 文件中)，

多个 . py 文件组成的代码集合也称为模块。

模块的应用提高了代码的可维护性(可能性更好)；编写代码不必从零开始，当一个模块编写完毕，就可以被其他地方引用，也经常引用其他模块，包括 Python 内置的模块和来自第三方的模块。使用模块还可以避免函数名和变量名冲突。相同名字的函数和变量完全可以分别在不同的模块中，尽量不要与内置函数名字冲突。

(1)使用 import

Python 导入模块一般使用 import，具体方式如下。

```
import modname
```

import 导入方法适合在导入内置模块(如：os，sys. time 等)或者导入第三方库时使用，例如：

```
import sys
```

提示

一个模块可以在当前位置 import 多次，但只有第一次导入会执行源文件内的代码，第一次导入就会将模块包含的内容统统加载到内存了。第二次调用不会再次执行该模块，只是完成了一次引用。

```
import module1                          #第一次引用
import module1                          #第二次引用
```

为了简化程序、方便维护，运用 as 不仅可以重命名代码模块，还可以重命名文件名，例如：

```
import numpy as np                      #导入 numpy 模块简化为 np
#调用模块中的函数

np. linspace()
np. empty()
```

(2)from…import

从一个模块中用 import * 导入所有模块，通常会导致可读性很差，使用该语句只导入 module1 模块中的部分变量，其调用格式如下。

```
from modname import funcname
```

将 from 函数用于模块文件的导入(相对导入)，例如：

```
from os import chown,chmod
```

若需要导入一个模块里的某个子模块，其调用格式如下。

```
from A. b import c
```

案例　绘制三角函数图形

数据分析方法包括列表法和作图法，作图法可以最醒目地表达各个物理量间的变化关系。从图线上可以简便求出实验需要的某些结果，还可以把某些复杂的函数关系，通过一定的变换用图形表示出来。下面利用作图法显示随机变量正弦函数曲线图形。

扫码看视频

在 PyCharm 命令行窗口中输入以下程序。

```
#! /usr/bin/env python3
# -* - coding: UTF-8 -* -
#绘制正弦函数
import math                              #导入 numpy 模块
import numpy as np                       # 导入 numpy 模块,使用变量 np 替代
import matplotlib. pyplot as plt         # 导入 matplotlib 中的 pyplot 模块,使用变量 plt 替代

x=np. linspace(0, 2* np. pi, 6)          # 创建包含 6 个元素的等差数列
#计算正弦函数
fx = np. sin(x)
print('6 个元素的等差数列 x: ', '\n', x)
print("="* 20)
print('正弦函数 fx: ', '\n', fx)
#绘制正态分布
plt. plot(x, fx, "r- ", linewidth=2)
plt. grid(True)                          # 图形添加网格
plt. show()
```

运行结果如下。

```
个元素的等差数列 x:
[0.          1. 25663706 2. 51327412 3. 76991118 5. 02654825 6. 28318531]
====================
正弦函数 fx:
[ 0. 00000000e+00   9. 51056516e-01   5. 87785252e-01  -5. 87785252e-01
-9. 51056516e-01  -2. 44929360e-16]
```

运行结果如图 2-24 所示。

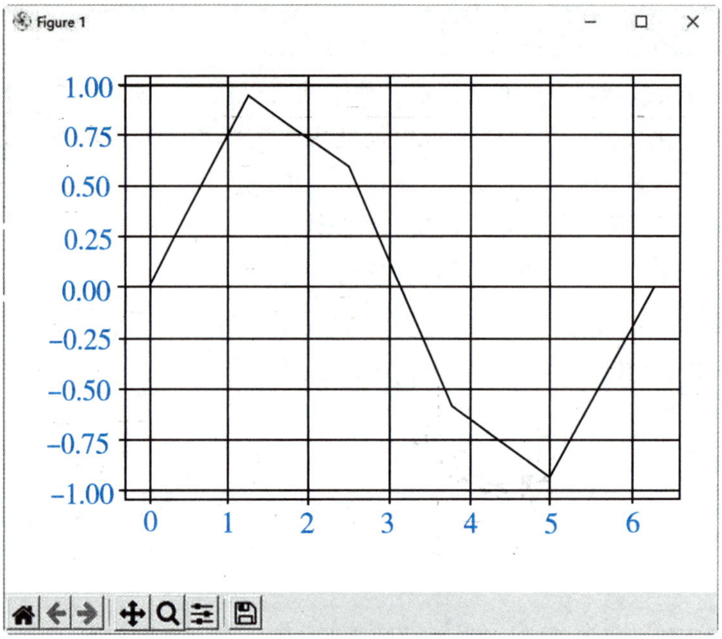

图 2-24　正态分布曲线

任务评价

评价内容	评价标准	分值	自评	师评
安装 PyCharm	掌握安装 PyCharm 的方法	20		
配置 PyCharm	掌握配置 PyCharm 的方法	20		
PyCharm 编辑环境	掌握 PyCharm 编辑环境	20		
加载模块	掌握加载模块的方法	20		
模块导入	掌握模块导入的方法	20		
总分		100		

任务 2　Python 数据类型

任务描述

小白已经跟组员完成了 Python 的安装，下面需要进行编程，首先需要定义指定类型的数据。Python 的数据类型有哪些？在 Python 中如何应用？如何根据函数进行转换？

任务分析

本任务将详细讲解 Python 的数据类型。首先介绍数据类型；其次讲解常量与变量，接下来介绍数值类型；再次讲解数据迭代输出；最后讲解数据类型转换。通过本任务的学习，读者能够全面深入地理解 Python 的数据类型体系，掌握常量与变量的使用技巧，熟练运用数值类型进行数学运算，学会数据的迭代输出方法，以及灵活进行数据类型转换，为后续学习 Python 编程打下坚实基础。

任务重点与实施

数据类型一般指数据元。数据元也称为数据元素，是用一组属性描述其定义、标识、表示和允许值的数据单元。在一定语境下，通常用于构建一个语义正确、独立且无歧义的特定概念语义的信息单元。

2.2.1　数据类型

按数据结构进行分类，Python 中数据主要包括：数值(Number)、字符串(String)、列表(list)、区间(range)、元组(tuple)、集合(sets)、字典(dictionary)。

1. 数值

这里的数值指单个的由阿拉伯数字及一些特殊字符组成的数值，而不是由一组组的数值组成的对象。

2. 字符串

字符串主要由 26 个英文字母及空格等一些特殊符号组成，可以使用单引号、双引号和三引号(三个单引号或三个双引号)创建。

(1)用一对单引号引起来的单个字符或多个字符，如 'Mikle，Hi'。

(2)用一对双引号引起来的单个或多个字符序列，如" Who are you"。

(3)用一对三引号引起来的单个或多个字符序列，可以作为多行注释使用，例如：

```
'''Where are you?
Mikle '''
```

提示

单引号与双引号的作用其实是一样的，但是当引号里包含单引号时，则该引号需使用双引号，例如：如"what's your name? "。

Python 的字符串列表有 2 种取值顺序。

(1)从左到右索引默认从 0 开始的，最大范围是字符串长度少 1。

(2)从右到左索引默认从-1 开始的，最大范围是字符串开头。

例如：

```
>>> name = 'xiao bai'                    # 创建字符变量
>>> name                                 #显示字符变量
'xiao bai '
>>> name[3]                              # 显示变量从左到右索引为 3 的元素,即第四个
元素
'o'
>>> name[-3]                             # 显示变量右到左索引为-3 的元素,即右到左第三
个元素
'b'
```

3. 列表

Python 列表是任意对象的有序集合，列表通常由中括号[ ]创建，元素之间用逗号隔开。这里的任意对象，既可以是列表嵌套列表，也可以是字符串，例如：

```
>>> student = ['name',['Wanq','Li'],'Aqe',[20,23]]
>>> student
```

运行结果如下。

```
['name',['Wang','Li'],'Age',[20, 23]]
```

每个列表变量中的元素从 0 开始计数，如下代码可以选取列表中的元素。

```
>>> student[1]
['Wang','Li']
>>> student[0]
'name'
```

remove 函数用于列表删除操作，只需要在变量名字后面加个句号就可以轻松调用。

案例　列表的创建与删除

Python 程序如下。

```
>>> A = [1, 2, 3, 4]            # 创建列表变量 A
>>> C = 'efg'                   # 创建字符变量 C
>>> D = 2                       # 创建数值变量 D
>>> E = [A, C, D]               # 创建列表变量 E
>>> E                           #显示列表变量 E
[[1, 2, 3, 4], 'efg', 2]
>>> E[2]                        #显示列表变量 E 中索引为 2 的元素,即第三个元素
2
>>> E.remove(2)                 #删除列表变量 E 中索引为 2 的元素,即第三个元素
>>> E
[[1, 2, 3, 4], 'efg']
```

扫码看视频

提示

Python 有自动补全功能，选中目标方法或者函数，按[Tab]键即可快速键入，如图 2-25 所示。

4. 区间

区间类似于一个整数列表，是一个可迭代对象(类型是对象)，区间也是一种数据结构，区间函数调用格式如下。

```
range(start, stop[, step])
```

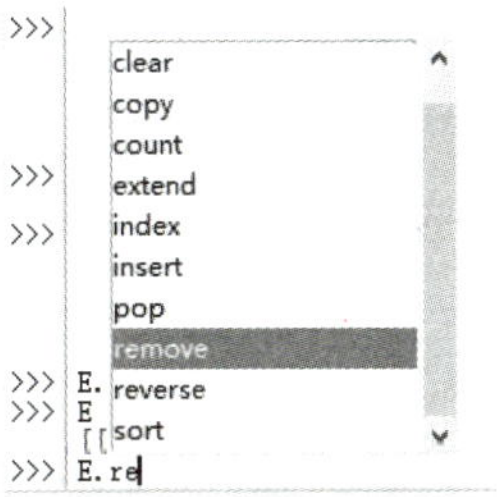

图 2-25　Python 自动补全功能

区间参数说明介绍如下。

(1) start：从 start 开始计数。默认是从 0 开始。如 range(5)等价于 range(0, 5)。

(2) stop：到 stop 结束计数，但不包括 stop。例如，range(0, 5)是[0, 1, 2, 3, 4]没有 5。

(3) step：步长，默认为 1。例如，range(0, 5)等价于 range(0, 5, 1)。

代码如下。

```
>>> range(10)                          #从 0 开始到 10
[0, 1, 2, 3, 4, 5, 6, 7, 8, 9]
>>> range(1, 11)                       #从 1 开始到 11
[1, 2, 3, 4, 5, 6, 7, 8, 9, 10]
>>> range(0, 30, 5)                    #步长为 5
[0, 5, 10, 15, 20, 25]

>>> range(0, 10, 3)#步长为 3
[0, 3, 6, 9]
>>> range(0, -10, -1) #负数
[0, -1, -2, -3, -4, -5, -6, -7, -8, -9]
>>> range(0)
[]
>>> range(1, 0)
[]
```

5. 元组

元组与列表类似，不同之处在于元组的元素不能修改。元组变量通过小括号( )创建，元素之间用逗号隔开。

接下来建立一个元组，代码如下。

```
#创建元组变量
>>> Information = ('school', ('No 1', 'No 2' ,'No 3', 'No 4'), 'grade', (1, 2, 3, 4))
>>> type(Information)                  #显示变量的类型
```

运行结果如下。

```
<class 'tuple'>
```

显示创建的变量类型为元组“tuple”。

6. 集合

集合是一个无序不重复元素的序列，可以使用大括号{ }或者 set( )函数创建。

注意

空集必须使用 set( )函数创建而不能使用大括号{ }。

接下来建立一个集合，代码如下。

```
#创建集合变量
>>> Number = {'No 1', 'No 2', 'No 3', 'No 4'}
>>> type(Number)                       #显示变量的类型
```

运行结果如下。

```
<class 'set'>
```

显示创建的变量类型为集合“set”。

7. 字典

字典是一种可变容器模型，且可存储任意类型对象，通常由“{}”创建。字典是 Python 之中除列表以外最灵活的内置数据结构类型。{}定义空字典。

字典是一个无序的键(key)值(value)对的集合，格式如下。

```
dic = {key1 : value1, key2:value2}
```

接下来建立一个字典，代码如下。

```
>>> information = {'name':'li', 'age':24'}
>>> print(information)
```

运行结果如下。

```
{'name': 'liming', 'age': 24'}
```

name 是一个 key(键)，li 是一个 value(值)。

提示

列表是有序的对象结合，字典是无序的对象集合。两者之间的区别在于：字典当中的元素是通过键来存取的，而不是通过偏移存取。

2.2.2　常量与变量

常量和变量都是用于存储数据的容器，在定义时都需要指明数据类型。常量与变量唯一的区别是：常量中存放的值不允许更改，而变量中存放的值是允许更改的。

常量可以看作一种特殊的变量，只不过这种变量在定义时必须被赋值，且之后不能重新赋值或更改。

以常量作为研究对象的数学称为常量数学或初等数学，主要包括算术、初等代数、几何等学科。常量数学主要是在形式逻辑的范围内活动的，虽然适应了一定生产力发展的需要，但又有一定的局限性。变量的引进以及它成为数学的研究对象，加速了变量数学的主要部分即微积分的产生。

1. 常量

常量是程序运行中值不改变的量，比如身份证号、出生年月等数值固定不变的为常量。在 Python 中并没有提供定义常量的保留字，不过在 PEP8 中定义了常量的命名规范为大写字母和下划线组成。

常用的数学常数圆周率就是一个常量。

```
>>> PI = 3.14159265359
>>> PI
3.14159265359
```

目前采用命名全为大写字母的方式来识别常量，但实际上这种方式并不能起到防止修改的作用，而只是从语义和可读性上做了区分。在实际项目中，常量首次赋值后，还是可以被其他代码修改的。

但事实上，给 PI 赋值为 3，不会弹出任何错误。所以，用全部大写的变量名表示常量只是一个习惯上的用法。

```
>>> PI = 3
>>> PI
3
```

2. 变量

变量是任何程序设计语言的基本元素之一，Python 语言当然也不例外。与常规的程序设计语言不同的是，Python 并不要求事先对所使用的变量进行声明，也不需要指定变量类型，Python 语言会自动依据所赋予变量的值或对变量所进行的操作来识别变量的类型。在赋值过程中，如果赋值变量已存在，则 Python 将使用新值代替旧值，并以新值类型代替旧值类型。

在 Python 中变量的命名应遵循如下规则。

(1) 变量名必须以字母或下划线开头，之后可以是任意的字母、数字或下划线。

(2) 变量名区分字母的大小写。

(3) 应选择有意义的单词作为变量名。

(4) 变量名不超过 31 个字符，第 31 个字符以后的字符将被忽略。

(5) 不能把变量赋值给变量，只能把常量赋值给变量，例如：a=b 是错误表达。

变量的命名建议尽量使用能描述变量作用的英文单词，并遵循驼峰命名法(CamelCase)。

驼峰命名法是程序代码编写时的一套命名规则(惯例)，是指混合使用大小写字母来构成变量和函数的名字。当变量名或函数名是由一个或多个单词连接在一起构成的唯一标识符时，第一个单词以小写字母开始，从第二个单词开始每个单词的首字母采用大写，例如：myFirstPage、allStudentName，这样的变量名看上去就像驼峰一样此起彼伏，故得名。

每个变量在使用前都必须赋值，变量赋值以后才会被创建。

例如：

#如果没有赋值而直接使用，会显示变量未定义的异常。

```
>>> sell
Traceback (most recent call last):
  File "<pyshell#9>", line 1, in <module>
    sell
```

```
NameError: name 'sell' is not defined
#新的变量通过赋值的动作,创建并开辟内存空间,保存值,但不会显示结果。
# Python 的变量无须提前声明,赋值的同时也就声明了变量。
>>> sell  = 10000                              #定义商品销量
>>> age
10000
```

3. 变量的输入输出函数

(1) input 函数

input 函数是用来提示用户从键盘输入数据、字符串或者表达式，并接收输入值。其调用格式如下。

```
input([ prompt ])
```

这种格式的功能是以文本字符串 prompt 为信息给出用户提示，将用户键入的内容赋值给变量，返回字符串类型。

(2) print 函数

print 函数是用于打印输出。其调用格式如下。

```
print(*  objects, sep = ' ', end = '\n', file = sys. stdout, flush = False)
```

print 函数参数选项介绍如下。

① objects：复数，表示可以一次输出多个对象。输出多个对象时，需要用 , 分隔。

② sep：用来间隔多个对象，默认值是一个空格。

③ end：用来设定以什么结尾。默认值是换行符 \ n，我们可以换成其他字符串。

④ file：要写入的文件对象。

⑤ flush：输出是否被缓存通常取决于 file，但如果 flush 关键字参数为 True，流会被强制刷新。

变量输入输出时，可以自定义其格式，Python 的格式化符号见表 2-1。

表 2-1　Python 的格式化符号

占位符字符	说明
%s	字符串 ,%20s 表示格式化成 20 位长度，不足前面用空格补齐，如果原始数据长度大于 20 输出不受影响
%d	有符号十进制整数,%06d 表示输出的整数显示位数，不足的地方使用 0 从高位补全 ,%6d 表示输出的整数显示位数，不足的地方使用空格从高位补全
%f	浮点数,%.02f 表示小数点后只显示两位
%%	输出百分号 %

案例　输出不同格式变量

在 PyCharm 命令行窗口中输入以下程序。

```
#! /usr/bin/env python3                 # 定义头文件
s1 = 'Good '                            # 定义变量
s2 = 'Morning'
print(s1, s2)                           # 输出变量
print("%s%20s" % (s1, s2))              # 输出指定间隔的变量
```

扫码看视频

运行结果如下。

```
Good  Morning
Good                 Morning
```

在使用 Python 语言编制程序时，掌握常用的操作函数或技巧，可以起到事半功倍的效果。Python 语言编制程序时，常用命令见表 2-2。

表 2-2　常用的操作函数

函数	该函数的功能	函数	该函数的功能
dir	显示当前目录下文件	exit	退出命令
print	显示变量或文字内容	type	显示数据类型

Python 语言中，还包括一些标点符号被赋予特殊的意义，下面介绍常用的几种键盘按键与符号，见表 2-3 和表 2-4。

表 2-3　键盘操作技巧表

键盘按键	说明	键盘按键	说明
↑	重调前一行	Home	移动到行首
↓	重调下一行	End	移动到行尾
←	向前移一个字符	[Alt+N]	前进至下一次编辑的代码
→	向后移一个字符	Del	删除光标处字符
[Ctrl+←]	左移一个字	Backspace	删除光标前的一个字符
[Ctrl+→]	右移一个字	[Alt+Backspace]	删除到行尾
TAB	自动补全	[Alt+P]	回退到上一次编辑的 Python 代码

表 2-4　标点表

标点	定义	标点	定义
>>>	输入提示符	#	注释符号
.	小数点：小数点及域访问符	'	单引号：字符串标记符

（续表）

标点	定义	标点	定义
=	等号：赋值标记	/	续行符号
,	逗号：区分列及函数参数分隔符等	#	井号：注释标记
( )	圆括号：指定运算过程中的优先顺序	{ }	大括号：用于构成字典
[ ]	方括号：列表定义的标志		

4. 运算符

Python 提供了丰富的运算符，能满足用户的各种应用。这些运算符包括算术运算符、比较(关系)运算符、逻辑运算符、位运算符、成员运算符和身份运算符。本节将简要介绍各种运算符的功能。

Python 语言的算术运算符见表 2-5。

表 2-5　Python 语言的算术运算符

运算符	定义	运算符	定义
+	算术加	*	算术乘
-	算术减	/	除
//	取商	**	幂次方
%	取余		

5. 基本数学函数

在 Python 中，数学运算常用的函数基本都在 math 模块、cmath 模块中，math 模块提供了许多对浮点数的数学运算函数，cmath 模块包含了一些用于复数运算的函数。Python 常用的三角函数及角度转换函数见表 2-6。

表 2-6　三角函数及角度转换函数

名称	说明
sin(x)	返回的 x 弧度的正弦值
cos(x)	返回 x 的弧度的余弦值
tan(x)	返回 x 弧度的正切值
asin(x)	返回 x 的反正弦弧度值
acos(x)	返回 x 的反余弦弧度值
atan(x)	返回 x 的反正切弧度值
atan2(y, x)	返回给定的 x 及 y 坐标值的反正切值
hypot(x, y)	返回欧几里德范数 sqrt(x * x + y * y)

(续表)

名称	说明
degrees(x)	将弧度转换为角度，如 degrees(math. pi/2)，返回 90. 0
radians(x)	将角度转换为弧度

2. 2. 3　数值类型

数值是数学中常见的数据类型，是 Python 程序设计运行的基础。在程序设计进程中，根据不同的需求，定义对应的数值类型，也可以将指定的数值进行转换。Python 支持下面几种不同的数值类型。

(1)int(有符号整型)。

(2)float(浮点型)。

(3)complex(复数)。

提示

整型数据是不包含小数部分的数值型数据，用字母 I 表示。整型数据只用来表示整数，以二进制形式存储。

1. 有符号整数型

int(有符号整型数据)属于整型数据的一种。

2. 浮点型

浮点型数据只采用十进制，有两种形式：十进制数形式和指数形式。

(1)十进制数形式

由数码 0 ~9 和小数点组成。如 0. 0、. 25、5. 789、0. 13、5. 0、300. 、-267. 8230。

(2)指数形式

由十进制数加阶码标志“e”或“E”，以及阶码(只能为整数，可以带符号)组成，其一般形式如下。

```
a E n
```

a 为十进制数，*n* 为十进制整数，表示的值为 $a * 10n$。

2. 1E5 等于 2. 1 * 10 的 5 次方，3. 7E-2 等于 3. 7 * 10 的-2 次方，0. 5E7 等于 0. 5 * 10 的 7 次方，-2. 8E-2 等于-2. 8 * 10 的-2 次方。

浮点型变量还可分为两类：单精度型和双精度型。

① 单精度说明符：float，占 4 个字节(32 位)内存空间，其数值范围为 3. 4E-38 ~ 3. 4E+38，只能提供七位有效数字。

② 双精度说明符：double，占 8 个字节(64 位)内存空间，其数值范围为 1. 7E-308 ~ 1. 7E+308，可提供 16 位有效数字。

3. 复数类型

Python 还支持复数，把形如 $a+bi$(a，b 均为实数)的数称为复数，其中 a 称为实部，b 称为虚部，i 称为虚数单位。

当虚部等于零时，这个复数可以视为实数；当 z 的虚部不等于零时，实部等于零时，常称 z 为纯虚数。

复数中的实数 a 称为复数 z 的实部(real part)，记作 $\mathrm{Re}z=a$，实数 b 称为复数 z 的虚部(imaginary part)，记作 $\mathrm{Im}z=b$。

当 $a=0$ 且 $b\neq0$ 时，$z=bi$，将该复数称为纯虚数。

在 Python 中，complex 函数用来创建复数，其调用格式如下。

```
complex(real [,imag])
```

复数的四则运算规定如下。

(1)加法法则：$(a+bi)+(c+di)=(a+c)+(b+d)\mathrm{i}$。

(2)减法法则：$(a+bi)-(c+di)=(a-c)+(b-d)\mathrm{i}$。

(3)乘法法则：$(a+bi)\cdot(c+di)=(ac-bd)+(bc+ad)\mathrm{i}$。

(4)除法法则：$(a+bi)/(c+di)=[(ac+bd)/(c^2+d^2)]+[(bc-ad)/(c^2+d^2)]\mathrm{i}$。

2.2.4 数据迭代输出

迭代是 Python 最强大的功能之一，是访问集合元素的一种方式。从集合的第一个元素开始访问，直到所有的元素被访问完结束。数据迭代函数及其调用格式见表 2-7。

表 2-7 迭代函数

调用格式	说明
iter(object)	创建 object 指定的迭代器对象。object 可以是字符串、列表或元组对象
next()	输出迭代器的下一个元素

案例 输出区间元素

PyCharm 程序如下。

```
#! /usr/bin/env python3
# -* - coding: UTF-8 -* -
list = range(1, 10)                         # 定义区间
it = iter(list)                             # 创建迭代器对象
#输出迭代器的所有元素
forx in it:
    print (x, end =" ")
```

扫码看视频

运行结果如下。

```
1 2 3 4 5 6 7 8 9
u
```

2.2.5 数据类型转换

在 Python 中，数据的存储与计算都是以双精度进行的，但有多种显示形式。在默认情况下，若数据为整数，就以整数表示；若数据为实数，则以保留小数点后 4 位的精度近似表示。

对于数据类型的转换，只需将数据类型作为函数名即可。表 2-8 中的几个内置的函数可以执行数据类型之间的转换。

表 2-8　函数格式

调用格式	说明
int(x [, base])	将 x 转换为一个整数
long(x [, base])	将 x 转换为一个长整数
float(x)	将 x 转换为一个浮点数
bin(x)	返回一个整数 int 或者长整数 long int 的二进制表示数
bool(x)	用于将给定参数转换为布尔类型，如果参数不为空或不为 0，返回 True；参数为 0 或没有参数，返回 False
str(x)	将对象 x 转换为字符串
repr(x)	将对象 x 转换为表达式字符串
eval(str)	用来计算在字符串中的有效 Python 表达式，并返回一个对象
tuple(s)	将序列 s 转换为一个元组
list(s)	将序列 s 转换为一个列表
set(s)	转换为可变集合
dict(d)	创建一个字典。d 必须是一个序列(key，value)元组
frozenset(s)	转换为不可变集合
chr(x)	将一个整数转换为一个字符
unichr(x)	将一个整数转换为 Unicode 字符
ord(x)	将一个字符转换为它的整数值
hex(x)	将一个整数转换为一个十六进制字符串
oct(x)	将一个整数转换为一个八进制字符串

案例1　控制数字显示格式示例

Python 程序如下。

```
>>> import math                              #导入数学函数模块
>>> x = math. pi                             # 定义 pi
#将数学函数模块中的常量 pi 的格式设置为无符号整型
>>> int(x)
3
#将数学函数模块中的常量 pi 的格式设置为浮点型
>>> float(x)
3. 141592653589793
>>> str(x)                                   # 将对象 x 转换为字符串
'3. 141592653589793'
>>> hex(int(x))                              # 将一个整数转换为一个十六进制字符串
'0x3'
>>> oct(int(x))                              # 将一个整数转换为一个八进制字符串
'0o3'
```

扫码看视频

案例2　将元组/列表转换为字典格式

PyCharm 程序如下。

```
print(dict(a='a', b='b', t='t'))
print(dict( [ ('one', 1), ('two', 2), ('three', 3) ] ) )  # 可迭代对象方式来构造字典
print(dict(zip(["1", "2", "3"], ["a", "b", "c"])))      # 映射函数方式来构造字典
```

扫码看视频

运行结果如下。

```
{'a': 'a', 'b': 'b', 't': 't'}
{'one': 1, 'two': 2, 'three': 3}
{'1': 'a', '2': 'b', '3': 'c'}
```

案例3 列表与元组的创建与转换

PyCharm 程序如下。

```
#! /usr/bin/env python3
#创建列表并输出列表及其类型
list_0 = [1, 2, 3, 4, 5]
print(list_0, type(list_0))
list_1 = '1', '2'
print(list_1, type(list_1))
list_2 = list('"Numeric"')
print(list_2, type(list_2))
list_3 = list('String')
print(list_3, type(list_3))
list_4 = list('1, 2')
print(list_4, type(list_4))
```

扫码看视频

运行结果如下。

```
D[1, 2, 3, 4, 5] <class 'list'>
('1', '2') <class 'tuple'>

['"', 'N', 'u', 'm', 'e', 'r', 'i', 'c', '"'] <class 'list'>
['S', 't', 'r', 'i', 'n', 'g'] <class 'list'>
['1', ',', '2'] <class 'list'>
```

案例4 元组创建演示

PyCharm 程序如下。

```
#! /usr/bin/env python3
# -*- coding: UTF-8 -*-
#将字符串转换成元组
tup1 = tuple("Python")
print('字符串转换为元组: ', tup1)
#将列表转换成元组
list1 = ['Python', 'Java', 'C++', 'JavaScript']
tup2 = tuple(list1)
print('列表转换为元组: ', tup2)
# 将字典转换成元组
dict1 = {'a': 100, 'b': 42, 'c': 9}
tup3 = tuple(dict1)
print('字典转换为元组: ', tup3)
# 将区间转换成元组
range1 = range(1, 10)
tup4 = tuple(range1)
```

扫码看视频

```
print('区间转换为元组: ', tup4)
# 创建空元组
print('空元组: ', tuple())
```

运行结果如下。

```
字符串转换为元组:('P', 'y', 't', 'h', 'o', 'n')
列表转换为元组:('Python', 'Java', 'C++', 'JavaScript')
字典转换为元组:('a', 'b', 'c')
区间转换为元组:(1, 2, 3, 4, 5, 6, 7, 8, 9)
空元组:()
```

任务评价

评价内容	评价标准	分值	自评	师评
数据类型	掌握 Python 中的数据类型分类	20		
常量与变量	掌握常量与变量的定义，以及变量的输入输出函数	20		
数值类型	掌握 Python 中的数值类型分类	20		
数据迭代输出	掌握数据迭代输出方法	20		
数据类型转换	掌握数据类型转换方法	20		
总分		100		

任务 3　程序结构

任务描述

第一次小组开会检查编程结果时，小白发现有的组员最后运行结果是无误的，但重复程序过多。小白提醒组员练习使用程序结构，不断完善程序。那么，Python 的程序结构有哪些？分别能实现什么功能？

任务分析

本任务将详细讲解程序结构，包括表达式语句、顺序结构、选择结构、循环结构、条件表达式、程序的流程控制和程序调试。通过本任务的学习，读者能够深入理解程序结构的基本概念，熟练掌握顺序结构、选择结构、循环结构等关键结构，理解条件表达式的应用，掌握程序的流程控制方法，并初步掌握程序调试技巧，为后续学习更复杂的编程知识和解决实际问题打下坚实基础。

任务重点与实施

程序结构，就是程序的流程控制结构。对于一般的程序设计语言来说，程序结构大致可分为图 2-26 所示的顺序结构、选择结构与循环结构 3 种，Python 程序设计语言也不例外。

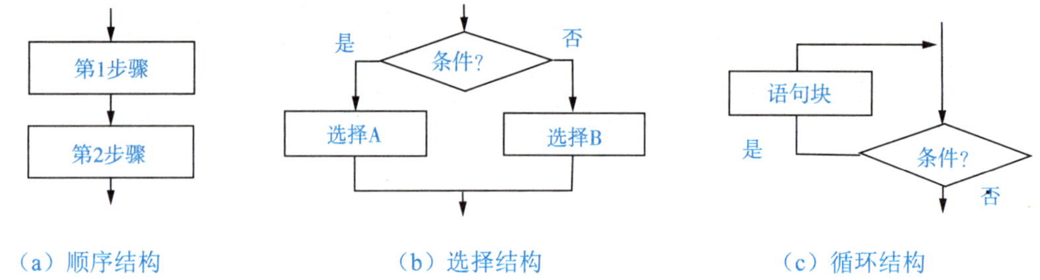

图 2-26　三种基本结构流程图

2.3.1　表达式语句

在 Python 程序中，广泛使用表达式与表达式语句。用户还可以通过交互式指令协调 Python 程序的执行，通过使用不同的交互式指令不同程度地响应程序运行过程中出现的各种提示。

1. 表达式

在表达式是由常量、变量、函数用运算符连接而成的数学关系式。在 Python 的数值运算中，数值表达式是由常量、数值变量、数值函数或数值矩阵用运算符连接而成的数学关系式。而在 Python 符号运算中，符号表达式是由符号常量、符号变量、符号函数用运算符或专用函数连接而成的符号对象。符号表达式有两类：符号函数与符号方程。Python 程序中，既经常使用数值表达式，也大量使用符号表达式。

在 Python 中，eval 函数用于计算在字符串中的有效 Python 表达式，并返回一个对象，其调用格式如下。

```
eval(expression[, globals[, locals]])
```

expression 表示表达式，globals 为变量作用域，全局命名空间，如果被提供，则必须是一个字典对象。locals 为变量作用域，局部命名空间，如果被提供，可以是任何映射对象。

案例　计算表达式

PyCharm 程序如下。

```
#! /usr/bin/env python3
x, a, b = 4, 6, 8                    # 为多个变量赋值
f = 'a* x** 2+b* x/(a-x)'            # 定义字符表达式
y = eval(f)                          # 计算表达式
#输出变量与变量类型
print(f,'=',y)
```

扫码看视频

运行结果如下。

```
a* x** 2+b* x/(a-x) = 112.0
```

提示

号代表注释，# 号后面的文本将不会执行。在 PyCharm 中，如果要注释代码，则可以选中代码后按组合键[Ctrl+/]。

2. 表达式语句

单个表达式就是表达式语句。一行可以只有一个语句，也可以有多个语句。此时语句之间以英文输入状态下的分号或逗号或回车换行来结束。Python 语言中一个语句可以占多行，由多行构成一个语句时需要使用续行符“……”。以分号结束的语句执行后不显示运行结果；以逗号或回车换行结束的语句执行后显示运行结果，即表达式的值。表达式语句运行后，其表达式的值暂时保留在固定变量中，变量只保留最近一次的结果。

3. 逻辑表达式

逻辑表达式的一般形式如下。

```
表达式　逻辑运算符　表达式
```

其中的表达式可以又是逻辑表达式，从而形成嵌套。

例如，(a&b) & c，根据逻辑运算符的左结合性，表达式也可写为 a & b & c。

4. 赋值语句

将表达式的值赋值给变量构成赋值表达式。

5. 人机交互语句

input 函数是用来提示用户通过键盘输入数据、字符串或者表达式，并接收输入值。

2.3.2　顺序结构

顺序结构是最简单、最易学的一种程序结构，它由多个 Python 语句依顺序构成，各语句之间用分号隔开，若不加分号，则必须分行编写，程序执行时也是依由上至下的顺序进行的。

案例 输入一个三位数 x，分别求出 x 的个位数字、十位数字、百位数字的值

PyCharm 程序如下。

```
#! /usr/bin/env python3
import math                                    #导入数学运算模块库
print('拆分三位整数')
#定义变量,为变量赋初始值
a = 137
print('输入值：', a)
#利用算数运算符计算个位数字,十位数字,百位数字的值
ge = a % 10
shi = int(math.modf(a/10)[1]) % 10
bai = int(math.modf(a/100)[1])
print('输出值：', ge, shi, bai)
```

扫码看视频

运行结果如下。

```
拆分三位整数
输入值： 137
输出值： 7 3 1
```

2.3.3 选择结构

这种程序结构也叫分支结构，即根据表达式值的情况来选择执行哪些语句。在编写较复杂的算法的时候一般都会用到此结构。

其中较常用的是 if-else 结构，if-else 结构也是复杂结构中最常用的一种分支结构，Python 分支结构分为单分支结构、二分支结构、多分支结构。

(1)单分支结构：根据判断条件结果选择不同向前运行路径的运行方式，如图 2-27 所示。它的一般形式如下。

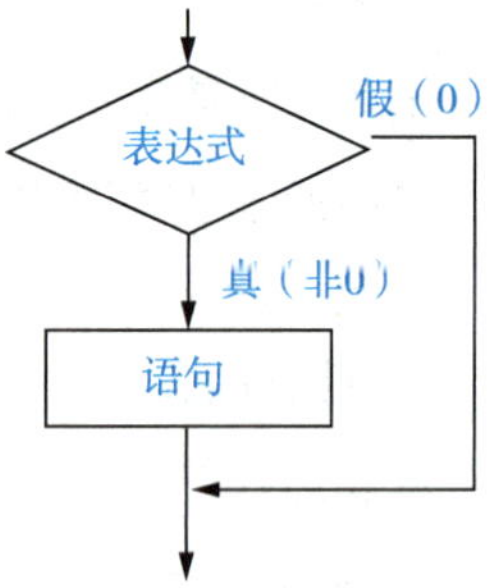

图 2-27　单分支结构执行过程

```
if   表达式:
     语句组
```

说明

若表达式的值非零，则执行 if 内语句组，否则直接执行后面的语句。每个条件后面要使用冒号，表示接下来是满足条件后要执行的语句块。使用缩进来划分语句块，相同缩进数的语句在一起组成一个语句块。

注意

在 Python 中要注意缩进，条件语句根据缩进来判断执行语句的归属。

(2)二分支结构：根据判断条件结果选择不同向前路径的运行方式，如图 2-28 所示。它的一般形式如下。

```
if    表达式:
      语句组 1
else:
      语句组 2
```

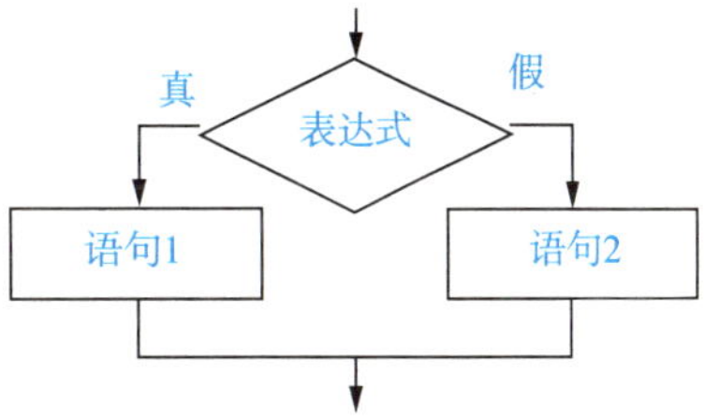

图 2-28　二分支结构执行过程

说明

若表达式的值非零，则执行语句组 1，否则执行语句组 2。

案例1　判断体检中心测试者体重是否合适

根据公式(身高-108)×2=体重，可以有 10 斤(5 kg)左右的浮动。

PyCharm 程序如下。

```
#! /usr/bin/env python3
#这个文件是用来演示如何使用 'if else'
#该文件中的函数用来判断测试结果
height = 200
weight = 200
print('测试数据: ', '\n', "身高", height, '体重', height)
item = ( height - 108 ) *  2                    # 定义公式表达式
if weight <= item + 10 & weight >= item - 10 :
   print('测试结果: ', "标准")
else:
   print('测试结果: ', "不标准")
```

扫码看视频

运行结果如下。

```
测试数据:
身高 200 体重 200
测试结果:不标准
```

(3)多分支结构：对不同分支分级处理的问题，需要注意条件间的包含关系，如图 2-29 所示。一般形式如下。

```
if    表达式 1:
      语句组 1
elif  表达式 2:
      语句组 2
elif  表达式 3:
      语句组 3
      ……
else:
      语句组 n
```

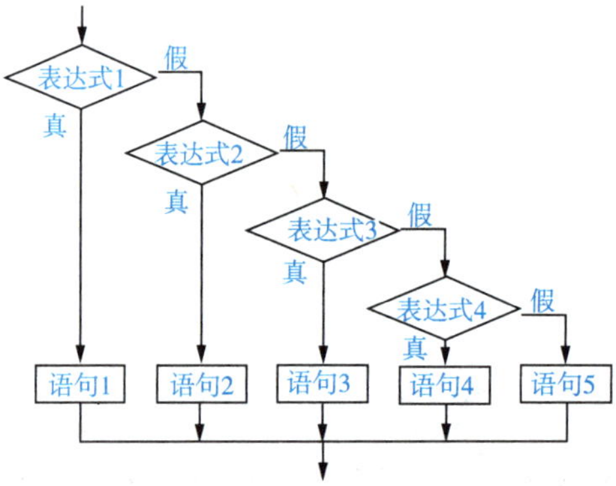

图 2-29　多分支结构执行过程

说明

程序执行时先判断表达式 1 的值，若非零则执行语句组 1，然后执行 ond 后面的语句，否则判断表达式 2 的值，若非零则执行语句组 2，然后执行后面的语句，否则继续上面的过程。如果所有的表达式都不成立，则执行 else 后的语句组 n。

案例2　求 $f(0)$

编写一个求 $f(x)=\begin{cases}3x+2 & x<-1\\ x & -1\leqslant x\leqslant 1\\ 2x+3 & x>1\end{cases}$ 值的函数，并用它来求 f(0)的值

扫码看视频

PyCharm 程序如下。

```
#! /usr/bin/env python3
#这个文件是用来演示如何使用 'if elif else'
#此函数用来求分段函数 f(x)的值
#当 x<1 时,f(x) =3x+2;
#当-1<=x<=1 时,f(x) =x;
#当 x>1 时,f(x) =2x+3;
x = 0                                              #定义变量
if x<-1:
        y = 3* x+2
elif -1<=x & x<=1:
        y = x
else:
        y = 2* x+3
print('当 x=', x,'f(x) =', y)
```

求 $f(0)$，运行结果如下。

```
当 x= 0 f(x)= 0
```

2.3.4　循环结构

在利用 Python 进行数值实验或工程计算时，用得最多的便是循环结构了。在循环结构中，被重复执行的语句组称为循环体，常用的循环结构有两种：for 循环与 while 循环。下面分别简要介绍相应的用法。

1. for 循环

在 for 循环中，循环次数一般情况下是已知的，除非用其他语句提前终止循环。这种循环以 for 开头，其一般形式如下。

```
for <variable> in <sequence>:
    <statements>
else:
    <statements>
```

在每次循环中，迭代变量<variable>用于接收迭代对象<sequence>中元素的值，变量每取一次值，循环便执行一次，直到迭代对象的最后一项。迭代变量<variable>无特殊意义，一般使用 i 表示。

循环次数<sequence>可以遍历任何可迭代对象，如一个列表或者一个字符串。

(1) 如果需要遍历数字序列，可以使用 range 函数，生成数字数列，作为有限的循环次数。

(2) 如果迭代对象是列表或者字典，直接用列表或者字典，此时迭代变量 i 表示列表或者字典中的元素。

案例1 利用 for 语句实现 1 至 100 的累加

PyCharm 程序如下。

```
#! /usr/bin/env python3
sum = 0
#迭代对象是数列,数列中的数值不包含 101,实际为 1-100
for i in range(1,101,1):
     sum = i + sum
print('1 至 100 的和为: ', sum)
```

扫码看视频

运行结果如下。

```
1 至 100 的和为:  5050
```

在上面的实例中，range 表示范围 *i* 从 1(第 1 个参数)开始迭代，每次加 1(第 3 个参数)，直到 *i* 变成了 100(第 2 个参数)结束，因此当 *i*=101 时不执行语句，for 循环是 100 次迭代。

2. while 循环

若我们不知道所需要的循环到底要执行多少次，那么就可以选择 while-end 循环，这种循环以 while 开头，其一般形式如下。

```
while 表达式:
可执行语句 1
  ……
可执行语句 n
```

其中，表达式即循环控制语句，它一般是由逻辑运算或关系运算及一般运算组成的表达式。若表达式的值非零，则执行一次循环，否则停止循环。这种循环方式在编写某一数值算法时用得非常多。一般来说，能用 for 循环实现的程序也能用 while 循环实现。

案例2 利用 while 语句实现 1 至 100 的累加

PyCharm 程序如下。

```
#! /usr/bin/env python3
sum = 0
i = 0
while i <= 100:
    sum = i + sum
    i = i + 1
print('1 至 100 的和为: ', sum)
```

扫码看视频

运行结果如下。

```
1 至 100 的和为:  5050
```

2.3.5　条件表达式

在程序设计时，经常会根据表达式的结果，有条件地进行赋值。可以使用循环结构的紧凑形式进行设计，这种方式适用于简单表达式，是程序结构的简化形式，它的一般形式如下。

```
<表达式 1> if <条件> else <表达式 2>
<表达式 1> for <条件> else <表达式 2>
```

案例　创建列表

PyCharm 程序如下。

```
#! /usr/bin/env python3
#这个文件是用来演示如何使用 for 条件表达式
#生成一个从 1 到 20 的列表
a = [x for x in range(1, 20)]
print(a,type(a))
print(range(1, 20), type(range(1, 20)))
```

扫码看视频

运行结果如下。

```
[1, 2, 3, 4, 5, 6, 7, 8, 9, 10, 11, 12, 13, 14, 15, 16, 17, 18, 19] <class 'list'>
range(1, 20) <class 'range'>
```

从上面的例子可知，range 函数创建数字数组，类型为 range，不是列表类型 list，使用 for 循环创建列表数组。

2.3.6　程序的流程控制

在利用 Python 编程解决实际问题时，可能会需要提前终止 for 与 while 等循环结构，有时可能需要显示必要的出错或警告信息、显示批处理文件的执行过程等，而这些特殊要求的实现就需要本节所讲的程序流程控制函数，如 break 函数、continue 等函数。

1. break 函数

break 函数一般用来终止 for 或 while 循环，通常与 if 条件语句一起用，如果条件满足则利用 break 函数将循环终止。在多层循环嵌套中，break 只终止最内层的循环。

案例1　输入数值，若其中包含数值 0，显示输入错误，则使用 break 语句跳出循环

PyCharm 程序如下。

```
#! /usr/bin/env python3
# -* - coding: UTF-8 -* -
#此程序段用来演示 break 命令
a = str(input("输入数值:"))
it = iter(a)                                    # 创建迭代器对象
#输出迭代器的所有元素
for x in it:
    if x = ='0':
        print('输入错误: ', x)
        break
    else:
        print (x)
```

扫码看视频

运行结果如下。

```
输入数值:265893006583056
2
6
5
8
9
3
输入错误: 0
```

2. continue 函数

该函数通常用在 for 或 while 循环结构中，并与 if 一起使用，其作用是结束本次循环，即跳过其后的循环语句而直接进行下一次是否执行循环的判断。

案例2 输入数值，若其中包含数值 0，显示输入错误，则使用 continue 语句继续执行循环

PyCharm 程序如下。

```
#! /usr/bin/env python3
# -* - coding: UTF-8 -* -
#此程序段用来演示 continue 的作用
a = str(input("输入数值:"))
it = iter(a)                                    # 创建迭代器对象
#输出迭代器的所有元素
for x in it:
    if x = ='0':
        print('输入错误: ', x)
        continue
    else:
        print (x)
```

扫码看视频

运行结果如下。

```
输入数值:265893006583056
2
6
5
8
9
3
输入错误: 0
输入错误: 0
6
5
8
3
输入错误: 0
5
6
```

2.3.7　程序调试

在程序执行过程中发生，影响了程序的正常执行，PyCharm 会弹出报错信息，表示程序出错误，如图 2-30 所示。

在“Run(运行)”面板中显示错误的位置、错误的类别、错误的原因，单击命令行窗口右上角的ⓘ图标，显示错误信息，单击^图标，显示出现错误的函数信息，可以根据这些信息进行程序调试。

按照错误信息修改语法错误后，单击“Run(运行)”按钮▶，运行程序，在命令行窗口右上角显示运行无误的图标✓，在“Run(运行)”面板中显示运行结果，如图 2-31 所示。

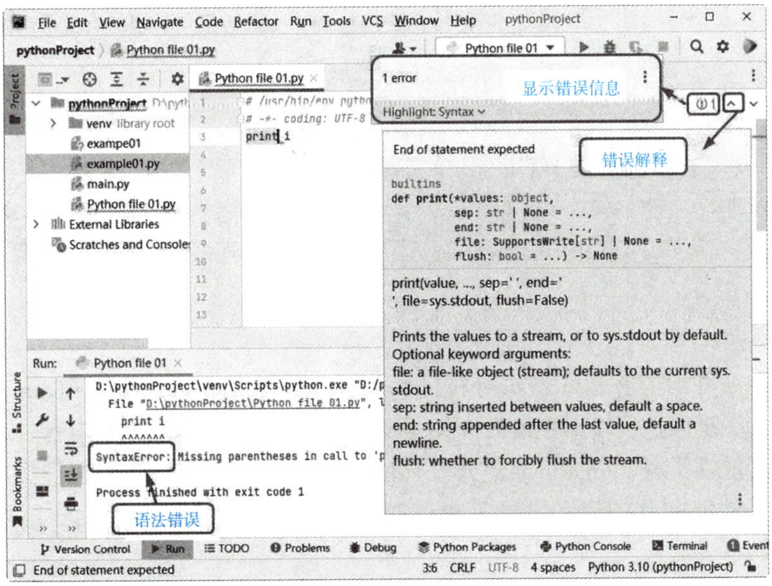

图 2-30　运行出现错误

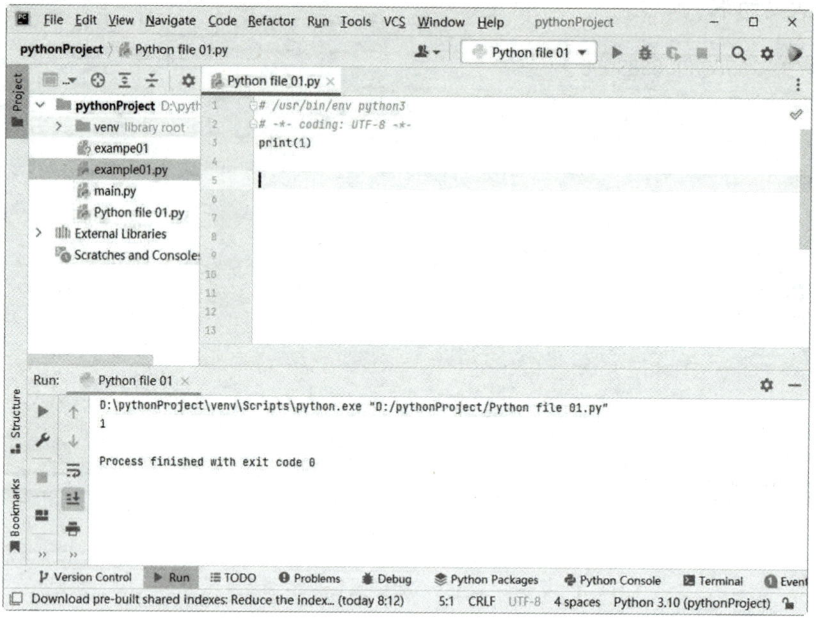

图 2-31　程序运行正确

任务评价

评价内容	评价标准	分值	自评	师评
表达式语句	掌握表达式与表达式语句的概念	15		
顺序结构	掌握顺序结构的定义	10		
选择结构	掌握 Python 选择结构的分类	15		
循环结构	掌握循环结构的用法	15		
条件表达式	掌握条件表达式的一般形式	15		
程序的流程控制	掌握程序流程控制命令的使用方法	15		
程序调试	掌握程序调试的方法	15		
总分		100		

项 目 小 结

本项目主要介绍了 Python 数据分析开发环境。首先介绍了安装 PyCharm；其次介绍了数据类型和数据的迭代输出；最后介绍了顺序、选择和循环结构等内容。通过本项目的学习，读者能够了解 PyCharm 集成开发环境的使用方法和 Python 数据类型与程序结构的基础知识，掌握这些知识和技能不仅能提高编程能力，也可为后续学习奠定坚实的基础。

项 目 习 题

一、选择题

1. 在 PyCharm 中创建新文件最简便的方法是通过(　　)。

A. “Edit(编辑)”菜单　　B. “File(文件)”→“New(新建)”子菜单

C. “View(视图)”菜单　　D. “Navigate(导航)”菜单

2. 以下关于 Python 字符串的说法错误的是?(　　)

A. 字符常量是用一对单引号括起来的单个字符

B. 字符串常量可以用一对双引号引起来

C. 字符串常量可以用一对三引号括起来

D. 所有的空格和制表符在字符串中不会被保留

3. 在 Python 中，数据在默认情况下若为实数，以保留小数点后几位的精度近似表示?(　　)

A. 2 位　　B. 4 位　　C. 6 位　　D. 8 位

4. 在 Python 中，数值表达式是由以下哪些用运算符连接而成的数学关系式?(　　)

A. 常量、数值变量、数值函数或数值矩阵

B. 符号常量、符号变量、符号函数

C. 字符串常量、字符串变量、字符串函数

D. 列表常量、列表变量、列表函数

5. 在多层循环嵌套中，break 函数终止的是哪个循环?(　　)

A. 最外层循环　　B. 最内层循环

C. 随机的一个循环　　D. 所有循环

6. 在 Python 中，变量名以下哪个开头是正确的?(　　)

A. 1abc　　B. @ abc　　C. _abc　　D. &abc

二、上机操作题

已知三角形三条线段的长度，判断三角形类型。若一个三角形的三边 a，b，c($a>0$，$b>0$，$c>0$)，且三角形任意两边边长和大于第三条边($a+b>c$)，满足：

① $b^2+c^2>a^2$，则这个三角形是锐角三角形；

② $b^2+c^2=a^2$，则这个三角形是直角三角形；

③ $b^2+c^2<a^2$，则这个三角形是钝角三角形。

操作提示如下。

(1)输入三角形的三边长。

```
#! /usr/bin/env python3
#这个文件是用来演示如何使用 'if elif else'嵌套结构
#此函数用来判断三角形类型
#输入三角形的三边长
a, b, c = (input("请输入三角形三边的长:"). split())
```

```
a = int(a)
b = int(b)
c = int(c)
```

(2) if 语句判断边长。

```
if    (a>0) & (b >0) & (c>0) :
    if (a+b>c)&(a+c>b)&(b+c>a) :
        if a*a+b*b = =c*  c:
            print('这个三角形是直角三角形')
        elif a*a+b*b> =c*c:
            print('这个三角形是锐角三角形')
        else:
            print('这个三角形是钝角三角形')
    else:
        print('输入数据不正确,需要重新输入')
else:
    print('输入数据不正确,输入的边长应该大于0')
```

(3)运行程序。

项目3 数组计算库 NumPy

项目导读

数组计算库 NumPy 是用来存储和处理大型矩阵的工具。在 Python 中，数组(array/ndarray)、矩阵(matrix)是 NumPy 中有两个常用数据类型。array 可以表示任意维度数据，matrix 是 array 的特殊形式，matrix 只能表示二维的数据。当 matrix 的某一维的维度为 1 时，即可称向量(m，1)是列向量，(1，n)是行向量。

学习目标

◆ 知识目标

- 理解 NumPy 中数组的数据类型及其应用场景。
- 了解 NumPy 数组的基本属性。
- 了解 NumPy 中的单位数组的概念和创建方法。

◆ 技能目标

- 学会数组的创建。
- 掌握特殊数组的常用命令。
- 掌握数组运算的方法。
- 学会矩阵与向量的创建。

◆ 素质目标

- 培养读者解决问题的能力，关注细小因素造成的影响。
- 培养读者的创新思维，尝试不同的数组创建方式和运算组合，探索新的数据处理方法和应用场景。

◆ 思政目标

- 引导读者树立正确的科学态度和严谨的数学思维，注重数据的准确性和可靠性。
- 增强读者的社会责任感和使命感，使其能够运用所学知识为社会发展和国家建设做出贡献，特别是在数据分析、科学计算等领域。

任务 1　数组的创建

任务描述

小王负责的项目主要是统计运算，但没有数据，为了运行程序，小王定义数组数据进行程序演示。那么数组是什么？如何创建？

任务分析

本任务全面讲解数组的创建。首先介绍数组数据类型；其次讲解如何创建数组，接下来讲解如何创建新数组；最后讲解数组属性的设置。通过本任务的学习，读者能够深入了解数组的数据类型，熟练掌握数组的创建方法，学会基于现有数组创建新数组，并熟悉数组属性的设置方法，为后续学习数组的高级操作和应用打下坚实基础。

任务重点与实施

数组(array)是有序的元素序列，向量、矩阵是线性代数中定义的一个数学概念。数组是计算机上的概念，从外观和数据结构上看，二维数组和数学中的矩阵没有区别，一维数组和数学中的向量没有区别。向量、矩阵是特殊的数组，三者关系如图 3-1 所示。

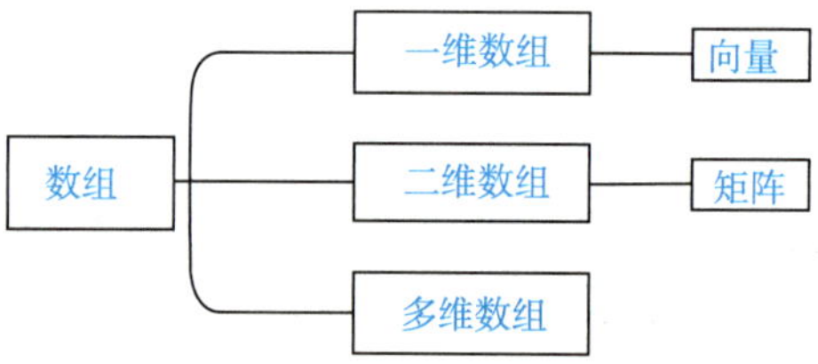

图 3-1　数组、矩阵与向量的关系

3.1.1　数组数据类型

NumPy 支持的数据类型比 Python 内置的类型要多，基本上可以和 C 语言的数据类型对应上，其中部分类型对应为 Python 内置的类型，表 3-1 列举了常用 NumPy 数据类型。

表 3-1　NumPy 数据类型

Python 数据类型	NumPy 数据类型	说明
bool	bool_	布尔型数据类型(True 或者 False)
int	int_	默认的整数类型(类似于 C 语言中的 long、int32 或 int64)
	intc	与 C 语言中的 int 类型一样，一般是 int32 或 int 64

（续表）

Python 数据类型	NumPy 数据类型	说明
int	intp	用于索引的整数类型（类似于 C 语言中的 ssize_t，一般情况下仍然是 int32 或 int64），int8、int16、int32、int64 这 4 种数据类型可以使用字符串'i1'、'i2'、'i4'、'i8'代替
int	int8	字节（-128 to 127）
	int16	整数（-32 768 to 32 767）
	int32	整数（-2 147 483 648 to 2 147 483 647）
	int64	整数（-9 223 372 036 854 775 808 to 9 223 372 036 854 775 807）
	uint8	无符号整数（0 to 255）
	uint16	无符号整数（0 to 65 535）
	uint32	无符号整数（0 to 4 294 967 295）
	uint64	无符号整数（0 to 18 446 744 073 709 551 615）
float	float_	float64 类型的简写
	float16	半精度浮点数，包括：1 个符号位、5 个指数位、10 个尾数位
	float32	单精度浮点数，包括：1 个符号位、8 个指数位、23 个尾数位
	float64	双精度浮点数，包括：1 个符号位、11 个指数位、52 个尾数位
complex	complex_	complex128 类型的简写，即 128 位复数
	complex64	复数，表示双 32 位浮点数（实数部分和虚数部分）
	complex128	复数，表示双 64 位浮点数（实数部分和虚数部分）

NumPy 的数组对象 ndarray 是存储数据和有关如何处理数据的信息的数据类型，它描述了数据的以下几个方面。

（1）数据的类型（整数，浮点数或者 Python 对象）。

（2）数据的大小（例如，整数使用多少个字节存储）。

（3）数据的字节顺序（小端法或大端法）。

（4）如果数据类型是结构化类型，描述字段的名称、每个字段的数据类型和每个字段所取的内存块的部分。

（5）如果数据类型是子数组，描述它的形状和数据类型。

提示

字节顺序是通过对数据类型预先设定<或>来决定的。<意味着小端法（最小值存储在最小的地址，即低位组放在最前面）。>意味着大端法（最重要的字节存储在最小的地址，即高位组放在最前面）。

案例1 定义数组类型

PyCharm 程序如下。

```
#! /usr/bin/env python3
# -* - coding: UTF-8 -* -
import numpy as np                              # 导入 numpy 模块
x=[1, 2, 3, 4]                                  # 创建包含四个元素的列表
print(x, type(x))
#创建数组
a = np. array(x)
print(a, type(a))
```

扫码看视频

运行结果如下。

```
[1, 2, 3, 4] <class 'list'>
[1 2 3 4] <class 'numpy. ndarray'>
```

每一个基本类型都有一个对应的对象包装类，比如 int 的包装类是 Integer，double 的包装类是 Double，boolean 的包装类是 Boolean。创建数据类型对象的调用格式如下。

```
numpy. dtype(object, align, copy)
```

参数说明如下。

(1) object：要转换为的数据类型对象。

(2) align：如果为 true，填充字段使其类似 C 的结构体。

(3) copy：复制 dtype 对象，如果为 false，则是对内置数据类型对象的引用。

案例2 定义输入数组数据类型

PyCharm 程序如下。

```
#! /usr/bin/env python3
# -* - coding: UTF-8 -* -
import numpy as np                              # 导入 numpy 模块
#定义数据类型
str = 'a'
list1 = np. int32(1)
list2 = np. complex_(3)
list3 = np. float16(45)
#显示数据类型
dt1 = np. dtype(str)
dt2 = np. dtype(list1, str, str)
dt3 = np. dtype(list2)
dt4 = np. dtype(list3)
print(str, dt1, list1, dt2, list2, dt3, list3, dt4, sep = '\n')
```

扫码看视频

运行结果如下。

```
a
|S0
1
int32
(3+0j)
complex128
45.0
float16
```

NumPy 的数值类型实际上是 dtype 对象，并对应唯一的字符，包括 np.bool_，np.int32，np.float32 等。

3.1.2 创建数组

在 NumPy 中，每一个线性的数组称为一个轴(axis)，也就是维度(dimensions)。根据数组中元素的维度将数组分为一维数组、二维数组、多维数组。

1. array 函数

NumPy 使用 array 函数通过直接定义数据创建数组，返回 N 维数组对象(即 ndarray)，该函数的调用格式如下。

```
numpy.array(object, dtype=None, copy=True, order='K', subok=False, ndmin=0)
```

参数说明如下。

(1)object：数组，数组接口的任何对象，__array__方法返回数组的对象，或任何(嵌套)序列。

(2)dtype：数据类型。

(3)copy：bool，如果为 copy=true(默认值)，则复制对象。

(4)order：指定阵列的内存布局，可选址为 K(按照元素在内存中出现的顺序排列)、A(原顺序)、C(按行)、F(按列)。如果 object 不是数组，则新创建的数组将按 C 顺序排列(行主要)，若指定了'F'，它将采用 Fortran 顺序(专业列)。

(5)subok：bool，如果值为 True，则子类将被传递，否则返回的数组将被强制为基类数组(默认)。

(6)ndmin：指定数组应具有的最小维数。

在 Python 中，数组的定义是广义的，数组的元素可以是任意的数据类型，可以是数值、字符串等。

2. 一维数组

一维数组是最简单的数组，数组只有一个下标，一维数组相当于向量。

案例1 创建一维数组

PyCharm 程序如下。

```
#! /usr/bin/env python3
# -* - coding: UTF-8 -* -
import numpy as np                        # 导入 numpy 模块
x1 =(1, 2, 3, 4)                          # 创建包含四个元素的元组
x2 =[1, 2, 3, 4]                          # 创建包含四个元素的列表
x3 ={1, 2, 3, 4}                          # 创建包含四个元素的集合
#创建数组
X1 = np. array(x1)
X2 = np. array(x2)
X3 = np. array(x3)
print('一维数组', '\n', X1, type(X1),\
        '\n', X2, type(X2), '\n', X3, type(X3))
```

扫码看视频

运行结果如下。

```
一维数组
[1 2 3 4] <class 'numpy. ndarray'>
[1 2 3 4] <class 'numpy. ndarray'>
{1, 2, 3, 4} <class 'numpy. ndarray'>
```

(1) arange 函数

arange 通过直接定义数据元素个数，而不是定义数据元素来创建数组。此函数的调用格式如下。

```
numpy. arange(first_value, last_value, step, dtype)
```

该调用格式表示创建一个从 first_value 开始，到 last_value 结束，数据元素的增量为 step(默认元素增量为 1)的数组，dtype 定义使用输入数据的类型。

案例2 创建一个从 0 开始，到 10 结束，增量为 2 的数组 x

PyCharm 程序如下。

```
#! /usr/bin/env python3
# -* - coding: UTF-8 -* -
import numpy as np                        # 导入 numpy 模块
x  = np. arange(0, 10, 2)                 # 创建数组
y  = np. arange(0, 10, 2, dtype ='int8')  # 创建指定数据结构的数组
#输出数组
print(x, type(x), x. dtype)
print(y, type(y), y. dtype)
```

扫码看视频

运行结果如下。

```
[0 2 4 6 8] <class 'numpy. ndarray'> int32
[0 2 4 6 8] <class 'numpy. ndarray'> int8
```

(2) linspace 函数

linspace 通过直接定义数据元素个数，而不是数据元素直接的增量来创建一维数组(向量)。该数组可以看成一个等差数列，此函数的调用格式如下。

```
numpy. linspace(first_value,last_value,number=50, endpoint=True, retstep=False, dtype=None)
```

该调用格式表示创建一个从 first_value 开始，到 last_value 结束，包含 number 个元素的向量。number 默认值为 50。endpoint 用于设定是否包含 last_value，该值为 true 时，数列中包含 stop 值，反之不包含，默认是 True。retstep 如果为 True 时，生成的数组中会显示间距，反之不显示。dtype 用于设置 ndarray 的数据类型。

案例3　创建一个从 0 开始，到 10 结束，包含 6 个数据元素的向量 x

PyCharm 程序如下。

```
#! /usr/bin/env python3
# -* - coding: UTF-8 -* -
import numpy as np                              # 导入 numpy 模块
x = np. linspace(0, 10, 6)                      # 创建数组
y = np. linspace(0, 10, 6, endpoint=False)      # 创建不包含终点值的数组
#输出数组
print(x)
print(y)
```

扫码看视频

运行结果如下。

```
[ 0.   2.   4.   6.   8.  10. ]
[0.          1. 66666667 3. 33333333 5.          6. 66666667 8. 33333333]
```

(3) 函数 logspace

与 linspace 一样，logspace 也通过直接定义向量元素个数，而不是数据元素之间的增量来创建一个对数分隔的数组。logspace 的调用格式如下。

```
numpy. logspace(first_value, last_value,number =50, endpoint=True, base=10. 0, dtype=None)
```

表示创建一个从 10^{first_value} 开始，到 10^{last_value} 结束，包含 number 个数据元素的向量。base 表示对数 log 的底数，默认为 10。

案例4　使用等差函数与等比函数创建包含 3 个数据元素的向量 x

PyCharm 程序如下。

```
#! /usr/bin/env python3
# -*- coding: UTF-8 -*-
import numpy as np                                  # 导入 numpy 模块
x = np.linspace(1, 3, 3)                            # 创建等差数组
y = np.logspace(1, 3, 3)                            # 创建等比数组
#输出数组
print('等差数组', x)
print('等比数组', y)
```

扫码看视频

运行结果如下。

```
等差数组 [1. 2. 3. ]
等比数组 [   10.   100.  1000. ]
```

3. 二维数组

二维数组在概念上是二维的，即是说其下标在两个方向上变化，下标变量在数组中的位置也处于一个平面之中。二维数组相当于矩阵，所以矩阵是数组的子集。

案例5 创建二维数组

PyCharm 程序如下。

```
#! /usr/bin/env python3
# -*- coding: UTF-8 -*-
import numpy as np                                  # 导入 numpy 模块
#创建元组与列表
x1 =((1, 2), (3, 4))                                # 创建包含元组元素的元组
x2 =[[1, 2, 3, 4], [1, 2, 3, 4]]                    # 创建包含列表元素的列表
x3 =[{1, 2}, {3, 4}]                                # 创建包含集合元素的列表
#创建数组
X1 = np.array(x1)
X2 = np.array(x2)
X3 = np.array(x3)
print('二维数组', '\n', X1, X1.dtype,\
      '\n', X2, X2.dtype, '\n', X3, X3.dtype)
```

扫码看视频

运行结果如下。

```
二维数组
[[1 2]
[3 4]] int32
[[1 2 3 4]
[1 2 3 4]] int32
[{1, 2} {3, 4}] object
```

4. 多维数组

在 NumPy 中，一个阵列如果具有两个以上的维度则被称为多维数组。在 NumPy 中的多维数组是正常的两维矩阵的延伸。下一节介绍的 ones( )、zeros( )或 rand( )函数可直接创建多维数组。

案例6　三维数组生成示例

PyCharm 程序如下。

```
#! /usr/bin/env python3
# -*- coding: UTF-8 -*-
import numpy as np                              # 导入 numpy 模块
#创建元组与列表
x1 =(((1, 2), (3, 4)), ((11, 12), (13, 14)))    # 创建包含元组元素的元组
#创建数组
X1 = np. array(x1)
X2 = np. array(x1, copy =True)                  # 复制三维数组
X3 = np. array(x1, copy =True, order ='A')      # 数组按行布局
X4 = np. array(x1, copy =True, order ='F')      # 数组按列布局
#输出数组
print('三维数组', type(X1), '\n', X1)
print('复制三维数组', type(X2), '\n', X2)
print('三维数组按行布局', type(X3), '\n', X3)
print('三维数组按列布局', type(X4), '\n', X4)
```

扫码看视频

运行结果如下。

```
三维数组 <class 'numpy. ndarray'>
[[[ 1  2]
  [ 3  4]]

 [[11 12]
  [13 14]]]
复制三维数组 <class 'numpy. ndarray'>
[[[ 1  2]
  [ 3  4]]

 [[11 12]
  [13 14]]]
三维数组按行布局 <class 'numpy. ndarray'>
[[[ 1  2]
  [ 3  4]]

 [[11 12]
  [13 14]]]
```

```
三维数组按列布局 <class 'numpy. ndarray'>
[[[1  2]
  [3  4]]
[[11 12]
[13 14]]]
```

数组的维数与中括号的个数相关，根据上面的运行结果，第一行运行结果包含一组中括号，表示输出一维数组；第二行运行结果包含两组中括号，表示输出二维数组；第三行运行结果包含三组中括号，表示输出三维数组。

3.1.3 创建新数组

Numpy 除了可以直接创建数组的函数外，还提供了从已有数组的基础上创建数组的函数。

1. asarray 函数

numpy. asarray 函数类似 numpy. array，可以用来创建数组，该函数的调用格式如下。

```
numpy. asarray(a, dtype=None, order=None)
```

参数说明如下。

(1)a：任意形式的输入参数，可以是列表、列表的元组、元组、元组的元组、元组的列表、多维数组等。

(2)dtype：数据类型。

(3)order：指定在计算机内存中的存储元素的顺序，包括"C"(行优先)和"F"(列优先)。

2. frombuffer 函数

numpy. frombuffer 用于实现动态数组，接受 buffer 输入参数，以流的形式读入转化成 ndarray 对象，该函数的调用格式如下。

```
numpy. frombuffer(buffer, dtype=float, count=-1, offset=0)
```

参数说明如下。

(1)buffer：可以是任意对象，会以流的形式读入。

(2)dtype：返回数组的数据类型，可选。

(3)count：读取的数据数量，默认为-1，读取所有数据。

(4)offset：读取的起始位置，默认为0。

注意

若 buffer 是字符串，Python3 默认 str 是 Unicode 类型，所以要转成 bytestring，则需要在原 str 前加上 b。

3. fromiter 函数

numpy. fromiter 函数从可迭代对象中建立 ndarray 对象，返回一维数组，该函数的调用格式如下。

```
numpy. fromiter(iterable, dtype, count=-1)
```

参数说明如下。

(1) iterable：可迭代对象。

(2) dtype：数组的数据类型。

(3) count：读取的数据数量，默认为-1，读取所有数据。

4. 初始化数组函数

数组的初始化就是对其赋初值，也就是向这个数组中装入有意义的数据，在程序设计汇总初始化很重要。

在 NumPy 模块中，包含几种初始化函数见表 3-2。

表 3-2　初始化函数

格式	说明
empty_like	创建与给定数组具有相同维数、数据类型，未初始化的数组
zeros_like	创建与给定数组具有相同维数、数据类型，元素均为 0 的数组
ones_like	创建与给定数组具有相同维数、数据类型，元素均为 1 的数组
zeros_like	创建与给定数组具有相同维数、数据类型，元素为指定值的数组

案例　使用不同函数创建数组

PyCharm 程序如下。

```
#! /usr/bin/env python3
# -* - coding: UTF-8 -* -
import numpy as np                          # 导入 numpy 模块
list1 = [1, 2, 3, 4]                        # 创建列表
list2 = b'where are you going'              # 创建字符串
#生成数组
a = np. asarray(list1)
b = np. frombuffer(list2, dtype = 'S1')
c = np. fromiter(iter(list1), dtype =float)
#输出数组
print('*  '* 10, '创建数组', '*  '* 10)
print(a)
print(b)
print(c)
```

扫码看视频

运行结果如下。

```
********** 创建数组 **********
[1 2 3 4]
[b'w' b'h' b'e' b'r' b'e' b' ' b'a' b'r' b'e' b' ' b'y' b'o' b'u' b' '
b'g' b'o' b'i' b'n' b'g']
[1. 2. 3. 4. ]
```

3.1.4 数组的属性

创建数组后，可以通过设置数组的属性来实现数组的操作，NumPy 的数组中 ndarray 对象属性见表 3-3。

表 3-3 数组对象属性

属性名称	说明
ndarray. ndim	秩，即轴的数量或维度的数量
ndarray. shape	数组的维度，对于矩阵，n 行 m 列
ndarray. size	数组元素的总个数，相当于 . shape 中 $n*m$ 的值
ndarray. dtype	ndarray 对象的元素类型
ndarray. itemsize	ndarray 对象中每个元素的大小，以字节为单位
ndarray. flags	ndarray 对象的内存信息
ndarray. real	ndarray 元素的实部
ndarray. imag	ndarray 元素的虚部
ndarray. data	包含实际数组元素的缓冲区，由于一般通过数组的索引获取元素，所以通常不需要使用这个属性

NumPy 的多维数组不仅仅表示 3 维，还能表示 4、5... 维。秩即轴的数量或维度的数量，两行三列的数组，元素个数为 2×3=6 个。秩为 2，表示它有两个维度，第一个维度长度为 2，第二个维度长度为 3。

案例 数组的属性显示示例

PyCharm 程序如下。

```
#! /usr/bin/env python3
# -* - coding: UTF-8 -* -
import numpy as np                    # 导入 numpy 模块
#生成 4 行 3 列全 0 数组
a = np. zeros([4, 3])
```

扫码看视频

```
    #输出数组
print('*  '* 10, '原始数组', '*  '* 10)
print(a)
print('数组秩: ', a. ndim)
print('数组维度: ', a. shape)
print('数组元素的总个数: ', a. size)
```

运行结果如下。

```
********** 原始数组 **********
[[0. 0. 0. ]
[0. 0. 0. ]
[0. 0. 0. ]
[0. 0. 0. ]]
数组秩: 2
数组维度: (4, 3)
数组元素的总个数: 12
```

通过上面的程序生成4行3列二维全0数组，数组大小为4×3=12。

任务评价

评价内容	评价标准	分值	自评	师评
数组数据类型	掌握数组的数据类型分类	25		
创建数组	掌握数组的创建方法	25		
创建新数组	学会基于现有数组创建新数组	25		
数组的属性	熟悉数组属性的设置方法	25		
总分		100		

任务2　特殊数组

任务描述

为了演示程序，小王需要定义大量数据，直接输入数组数据过于烦琐，那么如何解决这一问题？20世纪80年代以来，问题解决或者解决问题已成为国际理科教育的一种潮流。经过调查，发现使用特殊数组可以直接定义指定大小的数组。那么，特殊数组有哪些？

任务分析

本任务全面讲解特殊数组。首先介绍数值数组；其次介绍随机数组；再次来介绍单位数组；最后介绍概率分布数组。通过本任务的学习，读者能够深入理解特殊数组的概念和用途，熟练掌握随机数组的生成方法，学会使用单位数组，并熟悉概率分布数组。这将为读者后续学习数据处理、科学计算和统计分析等领域的高级知识打下坚实基础。

任务重点与实施

在工程计算以及理论分析中，经常会遇到一些特殊的数组，比如全 0 数组、单位数组、随机数组等。对于这些数组，在 NumPy 中都有相应的函数可以直接生成。下面我们就介绍一些常用的函数。

3.2.1　数值数组

NumPy 提供了一系列元素为同一数值的数组函数，下面分别进行介绍。

1. 空数组

在 NumPy 中，空数组使用 empty 函数表示，该函数的调用格式如下。

```
numpy. empty (shape, dtype=float, order='C')
```

参数说明如下。

(1) shape：指定数组形状，(m，n)表示生成 m 行 n 列。

(2) dtype：定义数据类型，指定为'int8'、'uint8'、'int16'、'uint16'、'int32'、'uint32'、'int64'、'uint64'等。默认为浮点数，dtype = float。

(3) order：'C'用于 C 的行数组，或者'F'用于 FORTRAN 的列数组。

2. 全零数组

在 NumPy 中，全零数组使用 zeros 函数表示，该函数的调用格式如下。

```
numpy. zeros(shape, dtype=float, order='C')
```

参数说明如下。

(1) shape：指定数组形状，(m，n)表示生成 m 行 n 列。

(2) dtype：定义数据类型，指定为'int8'、'uint8'、'int16'、'uint16'、'int32'、'uint32'、'int64'、'uint64'或提供 zeros 支持的其他类的名称。默认为浮点数，dtype = float。

(3) order：'C'用于 C 的行数组，或者'F'用于 FORTRAN 的列数组。

3. 全一数组

在 NumPy 中，全 1 数组使用 ones 函数表示，该函数的调用格式如下。

```
numpy. ones(shape, fill_value, dtype=None, order='C')
```

参数说明如下。

(1) shape：指定数组形状。

(2) dtype：定义数据类型。

(3) fill_value：标量(无向量)，表示填充数组的值。

(4) order：'C'用于 C 的行数组，或者'F'用于 FORTRAN 的列数组。

4. 数值数组

在 NumPy 中，使用 full 函数创建数值数组，该数组元素均为指定数值，该函数的调用格式如下。

```
numpy. full(shape, dtype=float, order='C')
```

参数说明如下。

(1) shape：指定数组形状。

(2) dtype：定义数据类型。

(3) order：'C'用于 C 的行数组，或者'F'用于 FORTRAN 的列数组。

案例1　数组生成示例

PyCharm 程序如下。

```
#! /usr/bin/env python3
# -* - coding: UTF-8 -* -
import numpy as np                     # 导入 numpy 模块
X1 = np. empty(2, dtype=int)
X2 = np. zeros((2, 3))                 # 创建一个由 0 组成的 2×3 数组。
X3 = np. ones([2, 3, 4])               # 创建一个由 1 组成的 2×3×4 数组。
print('空数组', X1)
print('全零数组', X2)
print('全一数组', X3)
```

扫码看视频

运行结果如下。

```
空数组 [1065353216 1065353216]
全零数组 [[0. 0. 0.]
[0. 0. 0.]]
全一数组 [[[1. 1. 1. 1.]
  [1. 1. 1. 1.]
  [1. 1. 1. 1.]]

[[1. 1. 1. 1.]
  [1. 1. 1. 1.]
  [1. 1. 1. 1.]]]
```

案例2 数值数组生成示例

PyCharm 程序如下。

```
#! /usr/bin/env python3
# -*- coding: UTF-8 -*-
import numpy as np                                  # 导入 numpy 模块
#创建数组
x = np.full([2, 3], 1)
y = np.full((2, 2), 0, "float")
z = np.full((2, 2), 6, "double")
#输出数组
print('全 1 数组', '\n', x)
print('全 0 数组', '\n', y)
print('数值数组', '\n', z)
```

扫码看视频

运行结果如下。

```
全 1 数组
[[1 1 1]
[1 1 1]]
全 0 数组
[[0. 0.]
[0. 0.]]
数值数组
[[6. 6.]
[6. 6.]]
```

3.2.2 随机数组

随机数组，顾名思义，随机生成，没有规律，因此每一次生成的随机数组不同。numpy.random 模块可方便生成随机数组，返回指定范围内的一个整数或浮点数。

1. 0 到 1 内随机数组

rand 和 random 函数生成[0.0, 1.0)之间的随机浮点数数组，size 表示数组大小。该函数的调用格式如下。

```
numpy.random.rand(d1, d2, …dn)
numpy.random.random([d1 ,d2, …dn])
```

其中，d1，d2，…dn 用于指定数组大小，当参数为空时，返回一个随机浮点数，当有一个参数时，返回该参数长度大小的一维随机浮点数数组，以此类推，可以生成 2 维数组、多维数组。

案例1　0 到 1 内随机数组生成示例

PyCharm 程序如下。

```
#! /usr/bin/env python3
# -*- coding: UTF-8 -*-
import numpy as np                          # 导入 numpy 模块
#创建随机数组
x1 = np.random.rand()
x2 = np.random.random()
print('生成随机数', x1, x2, sep='\n')
x3 = np.random.rand(2, 3)
x4 = np.random.random([2, 3])
print('生成两行三列的随机数组', x3, x4, sep='\n')
```

扫码看视频

运行结果如下。

```
生成随机数
0.6506897738735703
0.08804480648704438
生成两行三列的随机数组
[[0.77313592 0.91825657 0.91624535]
 [0.32423846 0.95228034 0.83424309]]
[[0.80883398 0.44822296 0.4476639 ]
 [0.1525117  0.82813476 0.12443121]]
```

根据上面的程序可知，生成随机数时，每一次生成的数都是随机的。当预先使用 seed 函数设定好种子之后，使用 random 函数生成的随机数将会是同一个。该函数的调用格式如下。

```
seed([x])
```

其中，x 用于改变随机数生成器的种子 seed，可以是任意数字。

案例2　生成相同随机数组

PyCharm 程序如下。

```
#! /usr/bin/env python3
# -*- coding: UTF-8 -*-
import numpy as np                          # 导入 numpy 模块
#创建随机数组
#创建 10 到 20 之间的三行三列的二维随机数组
x = np.random.randint(10, 20, size=[3, 3])
```

扫码看视频

```
print('第一次生成随机数组', x, sep ='\n')
x = np. random. randint(10, 20, size =[3 ,3])
print('第二次生成随机数组', x, sep ='\n')
#设置随机种子
print("-------设置种子 seed -------")
np. random. seed(10)
print(x, sep ='\n')
```

运行结果如下。

```
第一次生成随机数组
[[17 13 19]
 [17 11 11]
 [15 16 17]]
第二次生成随机数组
[[12 14 13]
 [19 16 15]
 [18 17 18]]
-------设置种子 seed -------
[[12 14 13]
 [19 16 15]
 [18 17 18]]
```

2. 指定区间随机数组

randint 函数用于在指定区间内生成随机整数数组，该函数的调用格式如下。

```
numpy. random. randint(low, hight , size)
```

[low, hight)为取值区间，size 用于指定数组形状。

案例3 生成随机数组示例

PyCharm 程序如下。

```
#! /usr/bin/env python3
# -*- coding: UTF-8 -*-
import numpy as np                    # 导入 numpy 模块
#创建随机数组
x = np. random. randint(1, 100, size =[3, 3])# 创建 1 到 100 之间的三行三列
的二维随机数组
print('生成三行三列的随机数组', x, sep ='\n')
```

扫码看视频

运行结果如下。

```
生成三行三列的随机数组
[[70 60 33]
 [62 18  8]
 [46 25  9]]
```

3.2.3　单位数组

在 NumPy 中，eye 函数创建指定大小的单位数组，该函数的调用格式如下。

```
numpy. eye(N, M =None, k =0, dtype =<class 'float'>, order ='C')
```

参数说明如下。

(1) N，M：表示数组大小，生成单位数组。

(2) k：为对角元素的索引。

(3) dtype：定义数据类型，默认为浮点数。

(4) order：'C'用于生成 C 的行数组，或者'F'用于 FORTRAN 的列数组。

在 NumPy 中，identity 函数创建 $n*n$ 的单位数组，该函数的调用格式如下。

```
numpy. identity(n, dtype =None)
```

参数说明如下。

(1) n：该函数与 eye 函数的区别在于，该函数只能创建方阵，也就是 N = M = n。

(2) dtype：定义数据类型，默认为浮点数。

案例　单位数组生成示例

PyCharm 程序如下。

```
#! /usr/bin/env python3
# -* - coding: UTF-8 -* -
import numpy as np                     # 导入 numpy 模块
x1 = np. eye(3, dtype =int)            # 生成 3 阶(3 行 3 列)单位数组,
x2 = np. eye(3, 4, dtype =int)         # 生成 3 行 4 列单位数组
#设置元素全为 1 的对角线索引
x3 = np. eye(4, k =1)
x4 = np. eye(4, k =0)
x5 = np. identity(4)
s1 = '生成 3 行 3 列单位数组'
s2 = '生成 3 行 4 列单位数组'
s3 = '单位数组全为 1 的对角线索引为 1'
s4 = '单位数组全为 1 的对角线索引为 0'
s5 = ' identity 函数生成 4 行 4 列单位数组'
print('*  '* 10, '单位数组', '*  '* 10)
print('*  '* 10, s1, '*  '* 10, '\n',x1)
print('*  '* 10, s2, '*  '* 10, '\n',x2)
print('*  '* 10, s3, '*  '* 10, '\n',x3)
print('*  '* 10, s4, '*  '* 10, '\n', x4)
print('*  '* 10, s5, '*  '* 10, '\n', x5)
```

扫码看视频

运行结果如下。

```
********** 单位数组 **********
********** 生成3行3列单位数组 **********
 [[1 0 0]
 [0 1 0]
 [0 0 1]]
********** 生成3行4列单位数组 **********
 [[1 0 0 0]
 [0 1 0 0]
 [0 0 1 0]]
********** 单位数组全为1的对角线索引为1 **********
 [[0. 1. 0. 0.]
 [0. 0. 1. 0.]
 [0. 0. 0. 1.]
 [0. 0. 0. 0.]]
********** 单位数组全为1的对角线索引为0 **********
 [[1. 0. 0. 0.]
 [0. 1. 0. 0.]
 [0. 0. 1. 0.]
 [0. 0. 0. 1.]]
********** identity函数生成4行4列单位数组 **********
 [[1. 0. 0. 0.]
 [0. 1. 0. 0.]
 [0. 0. 1. 0.]
 [0. 0. 0. 1.]]
```

3.2.4 概率分布数组

概率分布数组是指用于表述随机变量取值的概率规律。在自然现象和社会现象中，大量随机变量都服从或近似服从不同种类的分布。例如，一个地区的男性成年人的身高；测量某零件长度的误差，海洋波浪的高度，半导体器件中的热噪声电流或电压等，都服从正态分布。在间隔时间内放射出 α 粒子的数目服从指数分布。

在 Python 中，NumPy 模块的 random 子模块中包含一些生成服从指定分布随机数组的函数。具体的调用格式见表 3-4。

表 3-4 生成服从指定分布随机数组函数的具体调用格式

函数格式	说明
randn(size)	生成一个大小为 size 的服从标准正态分布的随机数组
nomal(mean, std, size=(N, M...))	生成满足(mean, std)的正态分布数组，mean 为均值，std 为标准差
beta(a, b, size)	生成服从贝塔分布的随机数组，贝塔分布是指在(0, 1)区间的概率分布，X ~ Be(α, β)，参数为 α, β

（续表）

函数格式	说明
chisquare(df, size)	生成服从卡方分布的随机数组，自由度为 df
gamma(shape, scale=1.0, size=None)	生成服从 gamma 分布的随机数组；shape 为数组形状(m, n, k)表示 $m * n * k$ 三维数组，scale 表示缩放比例，默认值为 1
uniform(low=0.0, high=1.0, size=None)	生成服从均匀分布的随机数组，[low, hight)为取值区间

案例　生成指定分布数组

PyCharm 程序如下。

```
#! /usr/bin/env python3
# -* - coding: UTF-8 -* -
import numpy as np                          # 导入 numpy 模块
#设置随机种子
print("-------设置种子 seed -------")
np. random. seed(10)
#定义参数
size = [3, 2]                               # 定义数组大小
mean = 2                                    # 定义均值
std = 2                                     # 定义标准差
df = 0.5                                    # 定义自由度
x1 = np. random. randn(3, 2)                # 生成标准正态分布的随机数组
x2 = np. random. normal(mean, std, size)    # 生成正态分布的随机数组
x3 = np. random. beta(2, 3, size)           # 生成贝塔分布的随机数组
x4 = np. random. chisquare(df, size)        # 生成卡方分布的随机数组
x5 = np. random. gamma(5, 2, size)          # 生成 gamma 分布的随机数组
x6 = np. random. uniform(0, 5, size)        # 生成均匀分布的随机数组
print('标准正态分布', x1, sep='\n')
print('均值为 2 标准差为 2 的正态分布', x2, sep='\n')
print('beta 正态分布', x3, sep='\n')
print('自由度为 0.5 的卡方分布', x4, sep='\n')
print('gamma 分布', x5, sep='\n')
print('均匀分布', x6, sep='\n')
```

扫码看视频

运行结果如下。

```
-------设置种子 seed -------
标准正态分布
[[ 1.3315865    0.71527897]
 [-1.54540029 -0.00838385]
```

```
 [ 0.62133597 -0.72008556]]
均值为 2 标准差为 2 的正态分布
[[2.53102317 2.21709705]
 [2.00858286 1.65079958]
 [2.86605238 4.40607475]]
beta 正态分布
[[0.12995357 0.16884947]
 [0.21509537 0.35733425]
 [0.26083495 0.48445657]]
自由度为 0.5 的卡方分布
[[0.00313317 0.03058338]
 [0.01534518 0.02245412]
 [0.0474808  0.96604902]]
gamma 分布
[[11.9941932   8.71078365]
 [ 7.18970634 12.73943885]
 [23.9735947  13.88484321]]
均匀分布
[[0.39806545 1.52729959]
 [1.65359656 3.86915148]
 [0.19979604 2.14746089]]
```

任务评价

评价内容	评价标准	分值	自评	师评
数值数组	熟悉数值数组函数	25		
随机数组	掌握随机数组的生成方法	25		
单位数组	学会使用单位数组	25		
概率分布数组	熟悉概率分布数组的定义和应用	25		
总分		100		

任务 3　数组运算

任务描述

小王定义数组后，下一步是进行数组运算。那么，基本的数组运算有哪些？又是如何实现的？

任务分析

本任务全面讲解数组的运算。首先讲解数组数学运算；其次讲解数组元素运算。通过本任务的学习，读者能够深入理解数组数学运算和元素运算的概念和原理，熟练掌握这些运算在 Python 中的实现方法，并能够将其应用于解决实际问题的过程中。这将为读者后续学习高级数据处理和科学计算技术打下坚实的基础。

任务重点与实施

数组运算是指数组对应元素之间的运算，也称点运算。矩阵的乘法、乘方和除法有特殊的数学含义，并不是数组对应元素的运算。所以数组乘法、乘方和除法运算符前特别加了一个点。

3.3.1 数组数学运算

1. 基本运算

数组的基本运算包括加、减、乘、除、乘方、求逆等。与大家所学的线性代数中的定义是一样的，相应的运算符为"+"、"-"、"*"、"\"、"**"。

数组基本运算如下。

```
数组与数组加减:A+/-B # 对应元素向加
数组乘数组: A* B # 对应元素相乘
数组除法: A/B # 对应元素相除
数组乘方:A** B # 对应元素次方;
```

在数组间进行加减乘除时，它的默认行为是 element-wise(逐项乘)的。

案例1 数组基本运算示例

PyCharm 程序如下。

```
#! /usr/bin/env python3
# -* - coding: UTF-8 -* -
import numpy as np                          # 导入 numpy 模块
a = np. array(range(1, 16))
a. resize((3, 5))
b = np. ones((3, 5))
print('数组基本运算', a, b)
print(a, '+', b, '=', a+b, sep ='\n')
print(a, '* ', b, '=', a* b, sep ='\n')
print(a, '/', b, '=', a/b, sep ='\n')
print('幂运算', a** b, sep ='\n')
```

扫码看视频

运行结果如下。

```
数组基本运算[[ 1  2  3  4  5]
 [ 6  7  8  9 10]
 [11 12 13 14 15]] [[1. 1. 1. 1. 1.]
 [1. 1. 1. 1. 1.]
 [1. 1. 1. 1. 1.]]
[[ 1  2  3  4  5]
 [ 6  7  8  9 10]
 [11 12 13 14 15]]
+
[[1. 1. 1. 1. 1.]
 [1. 1. 1. 1. 1.]
 [1. 1. 1. 1. 1.]]
 =
[[ 2.  3.  4.  5.  6.]
 [ 7.  8.  9. 10. 11.]
 [12. 13. 14. 15. 16.]]
[[ 1  2  3  4  5]
 [ 6  7  8  9 10]
 [11 12 13 14 15]]
*
[[1. 1. 1. 1. 1.]
 [1. 1. 1. 1. 1.]
 [1. 1. 1. 1. 1.]]
 =
[[ 1.  2.  3.  4.  5.]
 [ 6.  7.  8.  9. 10.]
 [11. 12. 13. 14. 15.]]
[[ 1  2  3  4  5]
 [ 6  7  8  9 10]
 [11 12 13 14 15]]
/
[[1. 1. 1. 1. 1.]
 [1. 1. 1. 1. 1.]
 [1. 1. 1. 1. 1.]]
 =
[[ 1.  2.  3.  4.  5.]
 [ 6.  7.  8.  9. 10.]
 [11. 12. 13. 14. 15.]]
幂运算
[[ 1.  2.  3.  4.  5.]
 [ 6.  7.  8.  9. 10.]
 [11. 12. 13. 14. 15.]]
```

2. 数组点积

对于数组 a、b，数组 a 和 b 的点积计算公式如下。

$$a_{ij} \cdot b_{km} = dot(a,\ b)\,[i,\ j,\ k,\ m] = sum(a[i,\ j,:] * b[k,:,\ m])$$

(1)若 a、b 是两个一维数组，计算的是这两个数组对应下标元素的乘积和(数学上称之为内积)。

(2)若 a、b 是两个二维数组，计算的是两个数组的矩阵乘积。

(3)若 a、b 是两个多维数组，即结果数组中的每个元素都是：数组 a 的最后一维上的所有元素与数组 b 的倒数第二位上的所有元素的乘积和。

在 NumPy 中，dot 函数用于计算数组 a 和 b 的点积，该函数的调用形式如下。

```
numpy. dot(a, b, out=None)
```

out 用于保存输出结果，需要说明的是，a 和 b 必须同维。

案例2 计算一维数组点积示例

PyCharm 程序如下。

```
#! /usr/bin/env python3
# -* - coding: UTF-8 -* -
import numpy as np                    # 导入 numpy 模块
a = np. array(range(1, 5))            # 创建一维数组
b = np. transpose(a)                  # 翻转数组
c1 = np. dot(a, b)                    # 计算一维数组的内积,结果是一个数值
c2 = a* b                             # 向量一维数组的外积,结果是一个矩阵
#输出数组
print('* '* 10, '向量', '* '* 10)
print(a, b, sep='\n')
print('点积运算', c1, c2, sep='\n')
```

扫码看视频

运行结果如下。

```
********** 向量 **********
[[ 1.   2.8  4.6  6.4  8.2 10. ]]
[[ 1. ]
 [ 2.8]
 [ 4.6]
```

在 NumPy 中，当数组进行运算时，如果两个数组的形状相同，那么两个数组相乘就是两个数组的对应位相乘，这就要求维数相乘，并且各维度的长度相同。

当运算中两个数组的形状不同使时，为了能更好的进行数组的运算，NumPy 引入广播机制。广播(Broadcast)是 NumPy 对不同形状(shape)的数组进行数值计算的方式。

广播的规则如下。

(1)如果两个数组的维度数不相同，那么小维度数组的形状将会在最左边补 1。

(2)如果两个数组的形状在任何一个维度上都不匹配，那么数组的形状会沿着维度为 1 的维度扩展以匹配另外一个数组的形状。

(3)如果两个数组的形状在任何一个维度上都不匹配，并且没有任何一个维度等于 1，会引发异常。

关于数组广播函数见表 3-5。

表 3-5　数组广播函数

函数格式	说明
numpy. broadcast(arr1, arr2)	将一个数组 arr2 广播到另一个数组 arr1
numpy. broadcast_to(array, shape, subok)	将数组 array 广播到新形状 shape 中，如果新形状不符合 NumPy 的广播规则，该函数可能会抛出 ValueError

案例3　不同形状数组运算示例

PyCharm 程序如下。

```
#! /usr/bin/env python3
# -*- coding: UTF-8 -*-
import numpy as np                          # 导入 numpy 模块
#生成数组
arr1 = np. full([1, 4], 8)
arr2 = np. ones([4, 4])                     # 创建三行三列全 1 数组
#输出数组
print('*' * 10, '数组运算', '*' * 10)
print('原始数组', arr1, arr2, sep='\n')
if (arr1. shape) == (arr2. shape):
    print('数组运算', '\n', arr1+arr2)
else:
    print('数组形状不同,无法运算')
#数组广播
a1 = np. broadcast(arr1, arr2)              # 将数组 arr2 广播到数组 arr1
a11 = np. broadcast_to(arr1, arr2. shape)   # 将数组广播到新形状 shape 中
print('新数组形状', '\ n', a1. shape)
print('新数组', '\ n', a11)
print('数组 arr1 广播后的数组运算', '\ n', arr2+a11)
```

扫码看视频

运行结果如下。

```
********** 数组运算 **********
********** 数组运算 **********
原始数组
[[8 8 8 8]]
[[1. 1. 1. 1. ]
 [1. 1. 1. 1. ]
 [1. 1. 1. 1. ]
 [1. 1. 1. 1. ]]
数组形状不同,无法运算
新数组形状
 (4, 4)
新数组
 [[8 8 8 8]
 [8 8 8 8]
 [8 8 8 8]
 [8 8 8 8]]
数组 arr1 广播后的数组运算
 [[9. 9. 9. 9. ]
 [9. 9. 9. 9. ]
 [9. 9. 9. 9. ]
 [9. 9. 9. 9. ]]
```

NumPy 常用的数学运算函数见表 3-6。

表 3-6 数学运算函数

名称	说明
np. pi	常数 p
np. e	常数 e
np. fabs(arr)	计算各元素的浮点型绝对值
np. ceil(arr)	对各元素向上取整
np. floor(arr)	对各元素向下取整
np. round(arr)	对各元素四舍五入
np. fmod(arr1, arr2)	计算 arr1/arr2 的余数
np. modf(arr)	返回数组元素的小数部分和整数部分
np. sqrt(arr)	计算各元素的算术平方根
np. square(arr)	计算各元素的平方值
np. exp(arr)	计算以 e 为底的指数
np. power(arr, a)	计算各元素的指数
np. log2(arr)	计算以 2 为底各元素的对数

（续表）

名称	说明
np. log10(arr)	计算以 10 为底各元素的对数
np. log(arr)	计算以 e 为底各元素的对数

3. 数组的索引

在 Python 中，一个数组可以分解为多个数组元素，这些数组元素可以是基本数据类型或是构造类型。数组的索引和切片都是对数组元素的引用。

4. 索引值索引

数组元素引用的方式见表 3-7。

表 3-7　数组元素引用的方式

格式	说明
X[[m],[n]]=i	对数组中的第 m+1 行第 n+1 列元素进行赋值 i
X[[m],[n]]	表示数组中的第 m+1 行第 n+1 列的元素
X[m] X[m，...]	表示数组中的第 m+1 行元素
X[...，n]	表示数组中的第 n+1 列元素
X[m，n1：n2]	表示数组中的第 m+1 行中第 n1+1 至 n2 个元素
X[m，n1：n2：t]	表示数组中的第 m+1 行中第 n1+1 至 n2 个元素，元素间隔为 t
X[m:]	表示数组阵中第 m 行及往后的元素
X[：n]	表示矩阵中第 n 行之前的元素
slice (start，stop，step)	从原数组中切割出一个新数组。start 表示起始元素索引，stop 结束元素索引，step 表示索引间隔

案例4 数组索引示例

PyCharm 程序如下。

```
#! /usr/bin/env python3
# -* - coding: UTF-8 -* -
import numpy as np                          # 导入 numpy 模块
#设置随机种子
np. random. seed(10)
#生成标准正态分布的随机数组
x = np. random. randn(5, 4)
print('*  '* 10, '数组索引', '*  '* 10, '\n', x)
```

扫码看视频

```
print('输出第 2 行和第 2 列元素: ', x[1], x[...,1], sep='\n')
print('输出第 1 行第 1 到 2 元素: ', '\n', x[0, 0: 2])
print('输出第 3 行、4 行、5 行元素: ', '\n', x[2: ])
print('输出第 1 行、2 行的元素: ', '\n', x[:2])
```

运行结果如下。

```
********** 数组索引 **********
 [[ 1.3315865   0.71527897 -1.54540029 -0.00838385]
 [ 0.62133597 -0.72008556  0.26551159  0.10854853]
 [ 0.00429143 -0.17460021  0.43302619  1.20303737]
 [-0.96506567  1.02827408  0.22863013  0.44513761]
 [-1.13660221  0.13513688  1.484537   -1.07980489]]
输出第 2 行和第 2 列元素:
[ 0.62133597 -0.72008556  0.26551159  0.10854853]
[ 0.71527897 -0.72008556 -0.17460021  1.02827408  0.13513688]
输出第 1 行第 1 到 2 元素:
 [1.3315865  0.71527897]
输出第 3 行、4 行、5 行元素:
 [[ 0.00429143 -0.17460021  0.43302619  1.20303737]
 [-0.96506567  1.02827408  0.22863013  0.44513761]
 [-1.13660221  0.13513688  1.484537   -1.07980489]]
输出第 1 行、2 行的元素:
 [[ 1.3315865   0.71527897 -1.54540029 -0.00838385]
 [ 0.62133597 -0.72008556  0.26551159  0.10854853]]
```

5. choice 函数

除了使用索引和切片输出数组元素，NumPy 模块中还提供了 choice 函数，用于从给定的 1 维数组中随机采样，该函数的调用格式如下。

```
numpy.random.choice(a, size=None, replace=True, p=None)
```

参数说明如下。

(1)a：如果是一维数组，就表示从这个一维数组中随机采样；如果是 int 型，就表示从 0 到 a-1 这个序列中随机采样。

(2)size：采样结果的数量，默认为 1，可以是整数，表示要采样的数量；也可以为 tuple，如(m, n, k)，则要采样的数量为 $m * n * k$，size 为(m, n, k)。

(3)replace：采样的样本是否要更换，replace 指定为 True 时，采样的元素会有重复；当 replace 指定为 False 时，采样不会重复。

(4)p：指定数组中每个元素采样的概率，默认 None，则 a 中每个元素被采样的概率相同。

案例5 数组元素输出

PyCharm 程序如下。

```
#! /usr/bin/env python3
# -* - coding: UTF-8 -* -
import numpy as np                                    # 导入 numpy 模块
a = np.eye(3)
print('原始数组元素', '\n', a)
a[[0],[2]] = 3
print('数组赋值', '\n', a)
print('输出数组元素')
print(a[[0],[2]])                                     # 输出第一行第三列的元素
print(a[2:3])                                         # 输出第三行数据
print(np.random.choice(a.ravel()))                    # 输出一维数组中的任意元素
```

扫码看视频

运行结果如下。

```
原始数组元素
 [[1. 0. 0.]
 [0. 1. 0.]
 [0. 0. 1.]]
数组赋值
 [[1. 0. 3.]
 [0. 1. 0.]
 [0. 0. 1.]]
输出数组元素
[3.]
[[0. 0. 1.]]
0.0
```

6. take 函数

take 函数用于沿轴取数组中的元素，该函数的调用格式如下。

```
numpy.take(a, indices, axis=None, out=None, mode='raise')
```

参数说明如下。

(1)a：输入数组。

(2)indices：要获取的值的索引。

(3)axis：抽取元素的轴。

(4)out：将结果放人数组。

(5)mode：指定出现超出数组范围的索引是执行的行为模式：'raise'(引发错误)，'wrap'(循环)，'clip'(剪辑到指定范围)。

案例6　输出数组元素

PyCharm 程序如下。

```
#! /usr/bin/env python3
# -* - coding: UTF-8 -* -
import numpy as np                          # 导入 numpy 模块
a = np.random.rand(3, 4)
print('原始数组', '\n', a)
print('choose 函数数组元素输出', '\n', np.choose([1, 2, 0, 1], a))
print('take 函数数组元素输出', '\n', np.take(a, [1, 2, 0, 1]))
```

扫码看视频

运行结果如下。

```
原始数组
 [[0.94256447 0.34333028 0.39565777 0.54706915]
 [0.8258537  0.14583979 0.7151793  0.66821023]
 [0.58032647 0.80807415 0.66385084 0.68388385]]
choose 函数数组元素输出
 [0.8258537  0.80807415 0.39565777 0.66821023]
take 函数数组元素输出
 [0.34333028 0.39565777 0.94256447 0.34333028]
```

3.3.2　数组元素运算

数组是相同数据类型的元素的集合。数组中的各元素的存储是有先后顺序的，它们在内存中按照先后顺序连续存放在一起。

1. 数组排序

NumPy 的 random 子模块提供了两种数组排序函数，shuffle 函数对原数组进行随机排列；permutation 函数返回一个随机排列的数组。

案例1　数组排序示例

PyCharm 程序如下。

```
#! /usr/bin/env python3
# -* - coding: UTF-8 -* -
import numpy as np                          # 导入 numpy 模块
#生成数组
x = np.arange(10)
x1 = np.random.shuffle(x)                   # 数组排序
x2 = np.random.permutation(x)               # 数组排序
print('* '* 10, '数组排序', '* '* 10)
print ('shuffle 函数排序', x, x1, sep='\n')
print ('permutation 函数排序', x, x2, sep='\n')
```

扫码看视频

运行结果如下。

```
********** 数组排序 **********
shuffle 函数排序
[1 9 6 4 3 8 7 0 2 5]
None
permutation 函数排序
[1 9 6 4 3 8 7 0 2 5]
[6 3 7 0 1 8 4 9 5 2]
```

2. 遍历数组

遍历数组是指把数组中的每个数都读一遍，Python 提供了两种遍历数组，输出所有元素的方法。

案例2 使用 for 循环输出数组元素

(1) 使用 for 循环遍历数组元素

PyCharm 程序如下。

```
#! /usr/bin/env python3
# -* - coding: UTF-8 -* -
import numpy as np                          # 导入 numpy 模块
#输出一维数组元素
print('* '* 10, '一维数组元素', '* '* 10)
v = np.array([1, 2, 3, 4])
for element in v:
    print(element)
#输出二维数组元素
print('* '* 10, '二维数组元素', '* '* 10)
M = np.array([[1, 2], [3, 4]])
for row in M:
    print("row", row)
    for element in row:
        print(element)
```

扫码看视频

运行结果如下。

```
********** 一维数组元素 **********
1
2
3
4
********** 二维数组元素 **********
row [1 2]
1
2
row [3 4]
3
4
```

(2)数组迭代

NumPy 模块中的 nditer 函数提供了一种灵活访问一个或者多个数组元素的方式，该函数的调用格式如下。

```
numpy. nditer(x, flags=['multi_index'], op_flags=['readwrite'])
```

参数说明如下。

① op：迭代的数组。

② flags：用于控制迭代器行为的标志。

- "buffered"可在需要时启用缓冲。
- "c_index"导致跟踪 C 顺序索引。
- "f_index"导致跟踪 Fortran-order 索引。
- "multi_index"导致跟踪多个索引或每个迭代维度一个索引元组。
- "common_dtype"会将所有操作数转换为公共数据类型，并根据需要进行复制或缓冲。
- "copy_if_overlap"使迭代器确定读操作数是否与写操作数重叠，并根据需要进行临时复制以避免重叠。
- "delay_bufalloc"延迟缓冲区的分配，直到进行 reset()调用。允许"allocate"操作数在其值复制到缓冲区之前进行初始化。
- "external_loop"导致给定的值是具有多个值的一维数组，而不是零维数组。
- "ranged"允许将迭代器限制为 iterindex 值的子范围。
- "refs_ok"允许迭代引用类型，例如对象数组。
- "reduce_ok"允许迭代广播的"readwrite"操作数，也称为缩减操作数。
- "zerosize_ok"允许 itersize 为零。

③ op_flags：每个操作数的标志列表。必须指定"readonly","readwrite"或"writeonly"中的一个。

- "readonly"表示只读取操作数。
- "readwrite"表示将读取和写入操作数。
- "writeonly"表示只会写入操作数。

案例3　数组输出示例

PyCharm 程序如下。

```
#! /usr/bin/env python3
# -*- coding: UTF-8 -*-
import numpy as np                          # 导入 numpy 模块
#生成全一数组
a = np. ones([2, 3])
print('* ' * 10, '数组输出','* ' * 10, '\n', a)
```

扫码看视频

```
print ('迭代输出全1元素:')
forx in np. nditer(a):
    print (x, end ="\n")
print ('迭代输出全2元素:')
forx in np. nditer(a):
    print (2* x, end ="\n" )
print ('迭代输出复数元素:')
forx in np. nditer(a):
    print (complex(x), end ="\n" )
```

运行结果如下。

```
********** 数组输出 **********
 [[1. 1. 1.]
 [1. 1. 1.]]
迭代输出全1元素:
1.0
1.0
1.0

1.0
1.0
1.0
迭代输出全2元素:
2.0
2.0
2.0
2.0
2.0
2.0
迭代输出复数元素:
(1+0j)
(1+0j)
(1+0j)
(1+0j)
(1+0j)
(1+0j)
```

3. 数组元素的增减

数组元素用整个数组的名字和它自己在数组中的顺序位置来表示。因为数组元素的下表是从0开始，因此索引i表示数组的第i+1个元素。例如，a[0]表示名字为a的数组中的第一个元素，a[1]代表数组a的第二个元素，以此类推。

数组元素的增减是最基本的数组元素操作，常用的数组元素的增减函数见表3-8。

表 3-8　数组元素的增减函数

函数格式	说明
numpy. append (arr, values, axis = None)	将值添加到数组末尾，values 为要向数组 arr 添加的值，需要和 arr 形状相同。默认为 None。当 axis 无定义时，是横向加成，返回一维数组。当 axis 有定义的时候，分别为 0 和 1 的时候(列数要相同)。当 axis 为 1 时，数组是加在右边(行数要相同)
numpy. insert (arr, obj, values, axis)	沿指定轴 axis 将值 values 插入到指定下标 obj 之前
numpy. delete(arr, obj, axis)	删掉数组 arr 中轴 axis 的子数组 obj，并返回删除后的新数组
numpy. unique (arr, return_index, return_inverse, return_counts)	查找数组内的唯一元素，参数说明如下： ① return_index：如果为 true，返回新列表元素在旧列表中的位置(下标)，并以列表形式储； ② return_inverse：如果为 true，返回旧列表元素在新列表中的位置(下标)，并以列表形式储； ③ return_counts：如果为 true，返回去重数组中的元素在原数组中的出现次数

案例4　数组元素操作示例

PyCharm 程序如下。

```
#! /usr/bin/env python3
# -* - coding: UTF-8 -* -
import numpy as np                          # 导入 numpy 模块
#生成数组
arr = np. eye(4)* 6                         # 创建数组
b = np. ones([4, 2])                        # 创建全 1 数组
#数组元素的增减
a1 = np. append(arr, b, axis =1)            # 沿纵轴添加 1 到数组末尾
a2 = np. insert(arr, 3, 0, axis =1)         # 添加第 4 列,值均为 1
a3 = np. delete(arr, 3, axis =1)            # 删除第二列
#输出数组
print('*' * 10, '创建数组', '*' * 10)
print('原始数组', '\n', arr)
print('append 函数右侧添加两列 0', '\n', a1)
print('insert 函数插入第四列 0', '\n', a2)
print('delete 函数删除第三列', '\n', a3)
```

扫码看视频

运行结果如下。

```
********** 创建数组 **********
原始数组
 [[6. 0. 0. 0.]
 [0. 6. 0. 0.]
 [0. 0. 6. 0.]
 [0. 0. 0. 6.]]
append 函数右侧添加两列 0
 [[6. 0. 0. 0. 1. 1.]
 [0. 6. 0. 0. 1. 1.]
 [0. 0. 6. 0. 1. 1.]
 [0. 0. 0. 6. 1. 1.]]
insert 函数插入第四列 0
 [[6. 0. 0. 0. 0.]
 [0. 6. 0. 0. 0.]
 [0. 0. 6. 0. 0.]
 [0. 0. 0. 0. 6.]]
delete 函数删除第三列
 [[6. 0. 0.]
 [0. 6. 0.]
 [0. 0. 6.]
 [0. 0. 0.]]
```

任务评价

评价内容	评价标准	分值	自评	师评
数组数学运算	掌握数组数学运算方法	50		
数组元素运算	掌握数组元素运算方法	50		
总分		100		

任务 4 矩阵操作

任务描述

小王已经了解了数组的运算，但是对于特殊的运算，需要涉及矩阵、向量。那么，矩阵、向量、数组有哪些区别？如何创建矩阵、向量？

任务分析

本任务全面讲解矩阵操作。首先讲解如何创建矩阵；其次讲解向量的运算；最后介绍 NumPy 中的统计函数。通过本任务的学习，读者能够全面掌握矩阵的创建方法、向量的基本运算以及 NumPy 中的统计函数。这将为读者后续学习线性代数、数据科学、机器学习等领域的高级知识打下坚实的基础。

任务重点与实施

矩阵运算是线性代数中极其重要的部分，利用 NumPy 对矩阵除了进行一些基本的运算，还可以用 NumPy 求矩阵的逆与转置。

3.4.1　创建矩阵

矩阵只能是 2 维的，而数组可以是任意维度的，矩阵和数组在数学运算上会有不同的结构。除了维度的不同，矩阵是一个矩阵 matrix 对象，数组是 ndarray 对象。

矩阵是由 $m \times n$ 个数 a_{ij}($i=1, 2, \cdots, m$; $j=1, 2, \cdots, n$) 排成的 m 行 n 列数表，记成

$$A=\begin{pmatrix} a_{11} & a_{12} & \cdots & a_{1n} \\ a_{21} & a_{22} & \cdots & a_{2n} \\ \cdots & \cdots & \cdots & \cdots \\ a_{m1} & a_{m2} & \cdots & a_{mn} \end{pmatrix}$$

称为 $m \times n$ 矩阵，也可以记成 a_{ij} 或 $A_{m\times n}$。其中，i 表示行数，j 表示列数。若 $m=n$，则该矩阵为 n 阶矩阵(n 阶方阵)。

矩阵的生成主要有两种方法，采用 mat 函数创建矩阵和采用 matrix 函数创建矩阵。

1. matrix 函数

在 NumPy 中，matrix 函数用于创建矩阵，该函数的调用形式如下。

```
numpy. matrix(data, dtype=None, copy=True)
```

参数说明如下。

(1) data：表示定义矩阵的数据，可以是 ndarray 对象或者字符形式，矩阵的换行必须是用分号(;)隔开，内部数据必须为字符串形式(' ')，矩阵的元素之间必须以空格隔开。

(2) dtype：定义数据类型。

(3) copy：为 bool 类型，定义是否引用内置对象。

2. mat 函数

mat 函数用来创建一个矩阵，该函数中数据可以为字符串以分号(;)分割，或者为

列表形式以逗号(,)分割，该函数的调用形式如下。

```
numpy.mat(data, dtype=None)
```

参数说明如下。

(1) data：表示定义矩阵的数据。

(2) dtype：定义数据类型。

mat 函数可以看做是 matrix 函数的特例，即 copy=False 时。

案例 生成矩阵示例

PyCharm 程序如下。

```
#! /usr/bin/env python3
# -*- coding: UTF-8 -*-
import numpy as np                      # 导入 numpy 模块
#生成数组
list = [1, 2, 3, 4]
a1 = np.array(list)                     # 创建数组
a2 = np.mat(list)                       # 创建矩阵
a3 = np.matrix(list)                    # 创建矩阵
#输出数组
print('*' '*' 10, '创建数组和矩阵', '*' '*' 10)
print('数组', a1 ,type(a1), sep='\n')
print('矩阵', a2, type(a2), sep='\n')
print('矩阵', a3, type(a3), sep='\n')
```

扫码看视频

运行结果如下。

```
********** 创建数组和矩阵 **********
数组
[1 2 3 4]
<class 'numpy.ndarray'>
矩阵
[[1 2 3 4]]
<class 'numpy.matrix'>
矩阵
[[1 2 3 4]]
<class 'numpy.matrix'>
```

3.4.2 向量运算

向量是由 n 个数 a_1，a_2，…，a_n 组成的有序数组，记成

$$a=\begin{pmatrix} a_1 \\ a_2 \\ \cdots \\ a_n \end{pmatrix} \text{或 } a^T=(a_1,\ a_2,\ \ldots,\ a_n)$$

叫作 n 维向量，向量 a 的第 i 个分量称为 a_i。

1. 向量生成

由有限个向量所组成的向量组可以构成矩阵，如果 $A=(a_{ij})$ 是 $m\times n$ 矩阵或数组，那么 A 有 m 个 n 维行向量；有 n 个 m 维列向量。

案例1 向量生成示例

PyCharm 程序如下。

```
#! /usr/bin/env python3
# -*- coding: UTF-8 -*-
import numpy as np                          # 导入 numpy 模块
arr = np.linspace(1, 10, 6)                 # 创建一维数组
a1 = np.matrix(arr)                         # 创建向量
a2 = np.matrix(np.zeros((3, 3)))            # 创建全 0 矩阵
#输出数组
print('*' * 10, '向量', '*' * 10)
print('一维数组', arr,type(arr), sep='\n')
print('向量', a1, type(a1), sep='\n')
print('二维矩阵', a2, type(a2), sep='\n')
```

扫码看视频

运行结果如下。

```
********** 向量 **********
一维数组
[ 1.   2.8  4.6  6.4  8.2 10. ]
<class 'numpy.ndarray'>
向量
[[ 1.   2.8  4.6  6.4  8.2 10. ]]
<class 'numpy.matrix'>
二维矩阵
[[0. 0. 0.]
 [0. 0. 0.]
 [0. 0. 0.]]
<class 'numpy.matrix'>
```

2. 向量乘法

一个行向量乘以一个列向量称作向量的内积，又叫作点积，结果是一个数值；一个列向量乘以一个行向量称作向量的外积，结果是一个矩阵。

$$\begin{pmatrix} a_1 \\ a_2 \\ a_3 \end{pmatrix} (b_1 \quad b_2 \quad b_3) = \begin{pmatrix} a_1 b_1 & a_1 b_2 & a_1 b_3 \\ a_2 b_1 & a_2 b_2 & a_2 b_3 \\ a_3 b_1 & a_3 b_2 & a_3 b_3 \end{pmatrix} \quad \Leftrightarrow A_{3\times1} B_{1\times3} = C_{3\times3}$$

$$(b_1 \quad b_2 \quad b_3) \begin{pmatrix} a_1 \\ a_2 \\ a_3 \end{pmatrix} = b_1 a_1 + b_2 a_2 + b_3 a_3 \quad \Leftrightarrow A_{1\times3} B_{3\times1} = C_{1\times1}$$

在 NumPy 中，vdot 函数用于计算向量 a 和 b 的点积，该函数的调用形式如下。

```
numpy. vdot(a, b, out=None)
```

out 用于保存输出结果，需要说明的是，a 和 b 必须同维。

案例2 计算向量点积示例

PyCharm 程序如下。

```
#! /usr/bin/env python3
# -* - coding: UTF-8 -* -
import numpy as np                    # 导入 numpy 模块
a = np. linspace(1, 10, 6)            # 创建一维数组
a = np. matrix(a)                     # 创建向量
b = np. transpose(a)                  # 翻转向量
c1 = np. dot(a, b)                    # 计算向量的内积,结果是一个数值
c2 = np. dot(b, a)                    # 向量的外积,结果是一个矩阵
#输出数组
print('*' '* 10, '向量', '*' '* 10)
print(a, b, sep='\n')
print('点积运算', c1, c2, sep='\n')
```

扫码看视频

运行结果如下。

```
********** 向量 **********
[[ 1.   2.8  4.6  6.4  8.2 10. ]]
[[ 1. ]
 [ 2.8]
 [ 4.6]
 [ 6.4]
 [ 8.2]
 [10. ]]
点积运算
[[238.2]]
[[  1.     2.8    4.6    6.4    8.2   10.  ]
 [  2.8    7.84  12.88  17.92  22.96  28.  ]
 [  4.6   12.88  21.16  29.44  37.72  46.  ]
 [  6.4   17.92  29.44  40.96  52.48  64.  ]
 [  8.2   22.96  37.72  52.48  67.24  82.  ]
 [ 10.    28.    46.    64.    82.   100.  ]]
```

3.4.3　统计函数

NumPy 模块的核心就是基于数组的运算，数组的运算效率是最高的。在统计分析过程中，经常会使用到 NumPy 模块的函数。NumPy 模块用于数理统计的函数是较为简单的，其涉及的数学知识是大家都很熟悉的数据分析，比如求均值与方差等。

在数学分析中，在给定范围内(相对极值)或函数的整个域(全局或绝对极值)，函数的最大值和最小值被统称为极值(极数)。NumPy 中的极值统计函数见表 3-9。

表 3-9　极值统计函数

名称	说明
np. min(ar, axis) np. amin(ar, axis)	按照轴的方向计算数组中的元素最小值
np. max(arr, axis) np. amax(arr, axis)	按照轴的方向计算数组中的元素最大值
np. argmin(arr, axis)	按照轴的方向返回数组中的元素最小值所在的位置
np. argmax(arr, axis)	按照轴的方向返回数组中的元素最大值所在的位置
np. ptp(arr)	计算数组中元素最大值与最小值的差(最大值 - 最小值)
np. mean(ar, axis)	计算数组或矩阵的算术平均值
np. average(ar, axis)	计算加权平均值

NumPy 其余常用的统计函数见表 3-10。

表 3-10　数学统计运算函数

名称	说明
np. median(arr, axis)	按照轴的方向计算数组中的元素中位数
np. sum(arr, axis)	按照轴的方向计算数组中的元素和
np. std(ar, axis)	按照轴的方向计算数组中的元素标准差
np. var(arr, axis)	按照轴的方向计算数组中的元素方差
np. cumsum(arr, axis)	按照轴的方向计算数组中的元素累计和
np. cumprod(arr, axis)	按照轴的方向计算数组中的元素累计乘积
np. corrcoef(arr)	计算数组中的元素皮尔逊相关系数
np. cov(arr)	计算数组中的元素协方差矩阵
np. percentile(a, q, axis)	计算数组中元素的百分位数

任务评价

评价内容	评价标准	分值	自评	师评
创建矩阵	掌握矩阵的创建方法	40		
向量运算	掌握向量的基本运算	40		
统计函数	熟悉 NumPy 中的统计函数	20		
总分		100		

项 目 小 结

本项目主要介绍了 NumPy 计算库在数学计算数组方面的应用。首先介绍了数组的类型；其次介绍了随机和单位数组、数组数学运算；最后介绍了创建矩阵和向量运算等内容。通过本项目的学习，读者能了解 NumPy 的核心功能和强大之处，还能通过实践加深了对 NumPy 的理解和应用能力，为深入学习 NumPy 的高级功能和应用，不断提升自己的数据处理和分析能力。

项 目 习 题

一、选择题

1. NumPy 的数组对象 ndarray 不描述数据的哪个方面？(　　)

A. 数据的存储位置　　B. 数据的类型

C. 数据的大小　　D. 数据的字节顺序

2. 根据元素的维度，NumPy 中的数组可以分为哪几种类型？(　　)

A. 标量、向量、矩阵　　B. 一维数组、二维数组、多维数组

C. 整数数组、浮点数数组、字符串数组　　D. 密集数组、稀疏数组

3. 在 NumPy 中，空数组使用哪个函数表示？(　　)

A. zeros　　B. ones　　C. empty　　D. full

4. 在间隔时间内放射出 α 粒子的数目服从什么分布？(　　)

A. 正态分布　　B. 指数分布　　C. 均匀分布　　D. 二项分布

5. 在数组 a 和 b 的点积计算公式中，若 a 和 b 是两个一维数组，它们的点积计算的是(　　)。

A. 这两个数组对应下标元素的乘积　　B. 这两个数组对应下标元素的乘积和

C. 这两个数组对应下标元素的和　　D. 这两个数组的形状相乘

6. 矩阵只能是几维的？(　　)

A. 一维　　B. 二维　　C. 三维　　D. 任意维度

7. 行向量乘以列向量得到什么？(　　)

A. 数值　　B. 向量　　C. 矩阵　　D. 无法确定

8. NumPy 模块的核心是什么？(　　)

A. 基于列表的运算　　B. 基于字典的运算

C. 基于数组的运算　　D. 基于元组的运算

二、上机操作题

月度收诊病例数据统计

某市三家医院月度收诊病例统计数据见表 3-11，试对其进行求和运算。

表 3-11　医院月度收诊病例

月份/医院	医大一院	医大二院	医大三院
1 月	5 679	6 653	9 869
2 月	6 949	5 569	8 972
3 月	6 329	4 569	9 642
4 月	6 526	5 562	8 992
5 月	6 573	6 012	9 626
6 月	7 296	7 259	8 596
7 月	6 398	8 629	7 996
8 月	8 275	7 956	8 279
9 月	9 632	8 969	9 326

操作提示如下。

(1)定义数组数据。

```
#! /usr/bin/env python3
# -* - coding: UTF-8 -* -
import numpy as np                              # 导入 numpy 模块
A1 =[5679, 6949, 6329, 6526, 6573, 7296, 6398, 8275, 9632, 10056, 11326, 12096]
A2 =[6653, 5569, 4569, 5562, 6012, 7259, 8629, 7956, 8969, 9972, 9196, 10231]
A3 =[9869, 8972, 9642, 8992, 9626, 8596, 7996, 8279, 9326, 9972, 9156, 9008]
arr = np. array([A1, A2, A3])
print('原始数据', arr, sep ='\n')
```

(2)统计运算。

```
#计算每个月所有医院的收诊病历和
arr1 = np. sum(arr, axis =0)
#计算每个医院整年的收诊病历和
arr2 = np. sum(arr, axis =1)
```

(3)使用 for 循环输出数组元素。

```
print('每个医院整年的收诊病历和')
for element in arr2:
    print(element)
```

(4)插入数据。

```
a1 = np. insert(arr, 3, arr1, axis =0)          # 添加第 4 行
a2 = np. insert(arr, 12, arr2, axis =1)         # 添加第 12 列
print('添加每个月所有医院的收诊病历和', a1, sep ='\n')
print('添加每个医院整年的收诊病历和', a2, sep ='\n')
```

(5)运行程序。

项目4　数据分析库 Pandas

项 目 导 读

数据分析库 Pandas 和 NumPy 都是 Python 中数据处理的支持库，Pandas 是基于 NumPy 数组构建的一种工具，但 Pandas 是专门为处理表格和混杂数据设计的，而 NumPy 更适合处理统一的数值数组数据。Pandas 提供了大量能快速便捷地处理数据的函数和方法。是使 Python 成为强大而高效的数据分析环境的重要因素之一。

学习目标

◆ 知识目标

- 熟悉 Pandas 数据结构。
- 理解数据转换的概念和目的。
- 了解数据合并的方法。

◆ 技能目标

- 掌握数据的导入与处理。
- 掌握数据的统计与统计分析。
- 学会使用 Pandas 提供的函数和工具进行数据清洗。

◆ 素质目标

- 培养读者的逻辑思维能力和数据分析能力，使其能够灵活运用 Pandas 进行数据处理和分析。
- 培养读者的创新意识和创新精神，鼓励其探索 Pandas 在数据分析领域的更多应用。

◆ 思政目标

- 培养读者的职业责任心，树立正确的价值观念，塑造良好人格。
- 引导读者制定计划，树立远大理想，为理想而努力奋斗。

任务 1　Pandas 数据结构

任务描述

小刘负责一个数据分析的项目，使用 Pandas 进行数据采集。最简单的是直接定义的数组数据，那么，Pandas 数据结构有哪些？如何定义这些数组？

任务分析

本任务全面讲解 Pandas 数据结构。首先介绍一维数组 Series，然后介绍二维数组 DataFrame。通过本任务的学习，读者能够更有效地管理和操作数据集。这对于后续的数据清洗、转换、分析和可视化等步骤至关重要。

任务重点与实施

Pandas 的两个主要数据结构为一维数组结构（Series）和二维数组结构（DataFrame）。这两种数据结构足以处理金融、统计、社会科学、工程等领域里的大多数据分析典型案例。

对于图 4-1 所示的一个部门费用统计表，统计一个季度内各部门的费用使用情况；一维数组对象 Series 包含列数据和列索引，如图 4-2 所示；二维数组对象 DataFrame 包含行、列数据和行索引、列索引如图 4-3 所示。

	A	B	C	D	E
1	部门费用统计表				
2	部门	每月费用标准	4月费用	5月费用	6月费用
3	研发部	¥8,000.00	¥11,000.00	¥9,000.00	¥7,550.00
4	市场部	¥10,000.00	¥9,800.00	¥10,000.00	¥9,780.00
5	财务部	¥6,000.00	¥5,500.00	¥5,900.00	¥6,500.00
6	销售部	¥12,000.00	¥11,500.00	¥12,000.00	¥13,000.00

图 4-1　部门费用统计表

图 4-2　一维数组对象 Series

	A	B	C	D	E
1	部门	每月费用标准	4月费用	5月费用	6月费用
2	研发部	¥8,000.00	¥11,000.00	¥9,000.00	¥7,550.00
3	市场部	¥10,000.00	¥9,800.00	¥10,000.00	¥9,780.00
4	财务部	¥6,000.00	¥5,500.00	¥5,900.00	¥6,500.00
5	销售部	¥12,000.00	¥11,500.00	¥12,000.00	¥13,000.00

图 4-3　二维数组对象 DataFrame

4.1.1　一维数组(Series)

一维数组(Series)是一种类似于一维数组的对象，它由一组数据(NumPy 中的数据类型)以及一组与之相关的数据标签(即索引)组成。

1. 创建 Series

在 Pandas 中，Series 函数用来创建一维数组对象 Series，使用格式如下。

```
pandas. Series(data, index, dtype, name, copy)
```

参数说明如下。

(1) data：一组数据(ndarray 类型)。

(2) index：数据索引标签，默认从 0 开始。

(3) dtype：数据类型。

(4) name：设置名称。

(5) copy：拷贝数据，默认为 False。

创建 Series 对象后，可以通过设置 Series 属性达到修改 Series 的目的，Series 常用属性见表 4-1。

表 4-1　Serie 常用属性

属性	说明	属性	说明
values	获取数组数据	name	values 的 name
index	获取索引	index. name	索引的 name

案例1　根据图 4-4 所示的某工厂产量成本报表，创建一维数组对象

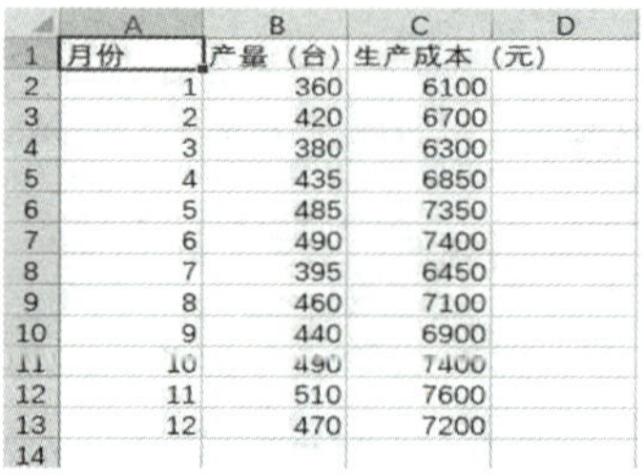

	A	B	C	D
1	月份	产量（台）	生产成本（元）	
2	1	360	6100	
3	2	420	6700	
4	3	380	6300	
5	4	435	6850	
6	5	485	7350	
7	6	490	7400	
8	7	395	6450	
9	8	460	7100	
10	9	440	6900	
11	10	490	7400	
12	11	510	7600	
13	12	470	7200	
14				

扫码看视频

图 4-4　工厂产量成本报表

PyCharm 程序如下。

```
#! /usr/bin/env python3
# -*- coding: UTF-8 -*-
import numpy as np                          # 导入 numpy 模块
import pandas as pd                         # 导入 pandas 模块
#创建列表
list1 = [360, 420, 380, 435, 485, 490, 395, 460, 440, 490, 510, 470]
list2 = [6100, 6700, 6300, 6850, 7350, 7400 ,6450, 7100, 6900, 7400, 7600, 7200]
#创建一维数组对象 Series
Se1 = pd. Series(list1)
Se2 = pd. Series(list2)
#输出数据
print('* '* 10, '某工厂产量成本报表', '* '* 10)
print('产量(台)', Se1, Se1. values, Se1. index, sep ='\n')
print('生产成本(元)', Se2, Se2. values, Se2. index, sep ='\n')
```

运行结果如下。

```
********** 某工厂产量成本报表 **********
产量(台)
0      360
1      420
2      380
3      435
4      485
5      490
6      395
7      460
8      440
9      490
10     510
11     470
dtype: int64
[360 420 380 435 485 490 395 460 440 490 510 470]
RangeIndex(start =0, stop =12, step =1)
生产成本(元)
0      6100
1      6700
2      6300
3      6850
4      7350
5      7400
6      6450
7      7100
8      6900
```

```
9      7400
10     7600
11     7200
dtype: int64
[6100 6700 6300 6850 7350 7400 6450 7100 6900 7400 7600 7200]
RangeIndex(start=0, stop=12, step=1)
```

通过上面的例子发现，Series 的表现形式为：索引在左边，值在右边。若没有为数据指定索引，自动创建一个 0 到 N-1(N 为数据的长度)的整数型索引。上面的例子中月份从一月份开始，因此需要重新指定索引。可以通过 Series 的 values 和 index 属性获取其数组表示形式和索引对象，索引列表 index，包含的可以是整数，也可以是字符串。

案例2 利用上例中的某工厂产量成本报表，通过定义索引属性编辑一维数组对象

PyCharm 程序如下。

```
#! /usr/bin/env python3
# -*- coding: UTF-8 -*-
import numpy as np                          # 导入 numpy 模块
import pandas as pd                         # 导入 pandas 模块
#创建列表
list1 = [360, 420, 380, 435, 485, 490, 395, 460, 440, 490, 510, 470]
list2 = [6100, 6700, 6300, 6850, 7350, 7400, 6450, 7100, 6900, 7400, 7600, 7200]
index = ['1月', '2月', '3月', '4月', '5月', '6月', '7月', '8月',\
         '9月', '10月', '11月', '12月']
#创建一维数组对象 Series
Se1 = pd.Series(list1, index)
Se2 = pd.Series(list2, index)
#输出数据
print('*' * 10, '某工厂产量成本报表', '*' * 10)
print('产量(台)', Se1, Se1.index, sep='\n')
print('生产成本(元)', Se2, Se2.index, sep='\n')
```

扫码看视频

运行结果如下。

```
********** 某工厂产量成本报表 **********
产量(台)
1月    360
2月    420
3月    380
4月    435
5月    485
6月    490
7月    395
8月    460
```

```
9 月        440
10 月       490
11 月       510
12 月       470
dtype: int64
Index(['1 月','2 月','3 月','4 月','5 月','6 月','7 月','8 月','9 月','10 月','11 月',
       '12 月'],
      dtype='object')
生产成本(元)
1 月        6100
2 月        6700
3 月        6300
4 月        6850
5 月        7350
6 月        7400
7 月        6450
8 月        7100
9 月        6900
10 月       7400
11 月       7600
12 月       7200
dtype: int64
Index(['1 月','2 月','3 月','4 月','5 月','6 月','7 月','8 月','9 月','10 月','11 月',
       '12 月'],
      dtype='object')
```

2. Series 常用函数

Series 常用函数集成了 ndarray 和 dict 的优点，使用 ndarray 或 dict 所有索引操作和函数，Series 常用函数见表 4-2。

表 4-2　Series 常用函数

函数名称	说明
Series. copy( )	复制一个 Series
Series. reindex ([x, y, ...], fill_value=NaN)	返回一个适应新索引的新对象，fill_value 表示填充的缺失值
Series. reindex(columns=[x, y, ...])	对列进行重新索引
Series. reindex([x, y, ...], method=NaN)	返回适应新索引的新对象，填充方式 method 选项可选值为 ffill(向前填充)、bfill(向后填充)、pad(向前搬运)、ackfill(向后搬运)

案例3 利用某工厂产量成本报表，输出指定的对象

PyCharm 程序如下。

```
#! /usr/bin/env python3
# -* - coding: UTF-8 -* -
import numpy as np                           # 导入 numpy 模块
import pandas as pd                          # 导入 pandas 模块
#创建列表
list1 = [360, 420, 380, 435, 485, 490, 395, 460, 440, 490, 510, 470]
list2 = [6100, 6700, 6300, 6850, 7350, 7400, 6450, 7100, 6900, 7400, 7600, 7200]
index = range(1, 13)
#创建一维数组对象 Series
Se1 = pd. Series(list1, index)
Se2 =Se1. drop([1, 2, 3, 4, 5, 6])           # 删除前六月数据
Se2. name = '下半年产量(台)'                  # 定义名称
#输出数据
print('*  '* 10, '某工厂产量成本报表', '*  '* 10)
print('六月份产量(台)', Se1[6])
print('下半年产量(台)', Se2, sep ='\n')
```

扫码看视频

运行结果如下。

```
********** 某工厂产量成本报表 **********
六月份产量(台) 490
下半年产量(台)
7     395
8     460
9     4405
10    490
11    510
12    470
Name:下半年产量(台), dtype: int64
```

4.1.2 二维数组 DataFrame

二维数组 DataFrame 是一个表格型的数据结构，它含有一组有序的列，每列可以是不同的值类型(数值、字符串、布尔值等)。DataFrame 既有行索引也有列索引，它可以被看做由 Series 组成的字典(共用同一个索引)。DataFrame 中的数据是以一个或多个二维块存放的，而不是列表、字典或其他一维数据结构。

1. DataFrame 生成

在 Pandas 中，DataFrame 函数用来创建二维数组对象 DataFrame，使用格式如下。

```
pandas. DataFrame( data, index, columns, dtype, copy)
```

参数说明如下。

(1) data：一组数据(ndarray、series、map、lists、dict 等类型)，DataFrame 生成最常用的一种是直接输入一个由等长列表或 NumPy 数组组成的字典。

(2) index：索引值，或者可以称为行标签。

(3) columns：列标签，默认为 RangeIndex (0, 1, 2, …, n)。

(4) dtype：数据类型。

(5) copy：拷贝数据，默认为 False。

案例4　根据图 4-5 所示的某公司职员的医疗费用，创建 DataFrame

	A	B	C	D	E	F	G	H
1	员工医疗费用统计表							
2	编号	日期	员工姓名	性别	所属部门	医疗种类	医疗费用	报销金额
3	1	2月6日	李想	男	研发部	手术费	1500	1050
4	2	3月5日	陆谦	男	销售部	药品费	250	200
5	3	5月8日	苏攸攸	女	人资部	输液费	320	256
6	4	6月4日	王荣	女	广告部	住院费	900	675
7	5	6月15日	谢小磊	男	研发部	药品费	330	264
8	6	7月12日	白雪	女	人资部	药品费	200	160
9	7	8月10日	肖雅娟	女	财务部	输血费	1400	980
10	8	9月18日	张晴晴	女	广告部	住院费	800	600
11	9	10月14日	徐小旭	男	销售部	针灸费	380	304
12	10	11月15日	赵峥嵘	男	研发部	理疗费	180	144
13	11	11月22日	杨小茉	女	财务部	药品费	550	440
14	12	12月11日	黄岘	男	研发部	体检费	150	120

图 4-5　员工医疗费用表

扫码看视频

PyCharm 程序如下。

```
#! /usr/bin/env python3
# -*- coding: UTF-8 -*-
import numpy as np                          # 导入 numpy 模块
import pandas as pd                         # 导入 pandas 模块
#定义字典
data = {'日期':['2月6日','3月5日','5月8日','6月4日','6月15日','7月12日','8月10日',\
                '9月18日','10月14日','11月15日','11月22日','12月11日'],
        '员工姓名':['李想','陆谦','苏攸攸','王荣','谢小磊','白雪','肖雅娟',\
                  '张晴晴','徐小旭','赵峥嵘','杨小茉','黄妮'],
        '性别':['男','男','女','女','男','女','女','女','男','男','女','男'],
        '所属部门':['研发部','销售部','人资部','广告部','研发部','人资部',\
                  '财务部','广告部','销售部','研发部','财务部','研发部'],
        '医疗种类':['手术费','药品费','输液费','住院费','药品费','药品费',\
                   '输血费','住院费','针灸费','理疗费','药品费','体检费'],
```

```
         '医疗费用': [1500, 250, 320, 900, 330, 200, 1400, 800, 380, 180, 550, 150],
         '报销金额': [1050, 200, 256, 675, 264, 160, 980, 600, 304, 144, 440, 120]}
frame = pd.DataFrame(data)
#输出数据
print('*' * 10, '2016 年某公司职员的医疗费用', '*' * 10)
print(frame)
```

运行结果如下。

```
********** 某公司职员的医疗费用 **********
日期 员工姓名 性别 所属部门 医疗种类  医疗费用  报销金额
0     2月6日    李想   男   研发部   手术费   1500   1050
1     3月5日    陆谦   男   销售部   药品费   250    200
2     5月8日   苏攸攸   女   人资部   输液费   320    256
3     6月4日    王荣   女   广告部   住院费   900    675
4    6月15日   谢小磊   男   研发部   药品费   330    264
5    7月12日    白雪   女   人资部   药品费   200    160
6    8月10日   肖雅娟   女   财务部   输血费   1400   980
7    9月18日   张晴晴   女   广告部   住院费   800    600
8   10月14日   徐小旭   男   销售部   针灸费   380    304
9   11月15日   赵峥嵘   男   研发部   理疗费   180    144
10  11月22日   杨小莱   女   财务部   药品费   550    440
11  12月11日    黄妮   男   研发部   体检费   150    120
```

通过上面的程序可以发现，DataFrame 会自动添加索引，默认从 0 开始且全部列会被有序排列。

2. DataFrame 属性

通过属性的属性可以查看定义的数据，DataFrame 常用属性见表 4-3。

表 4-3 DataFrame 常用属性

属性	说明
df. index	DataFrame 的行索引值
df. columns	DataFrame 的列索引值
df. axes	DataFrame 的行坐标轴
df. T	DataFrame 的行列对调
df. values	DataFrame 的数值
df. index. name df. columns. name	为行索引、列索引设置 name 名称属性
df. info( )	二维数组 DataFrame 的基本信息

（续表）

属性	说明
describe( )	查看数据值列的汇总统计，可返回变量和观测的数量、缺失值和唯一值的数目、平均值、分位数等相关信息

案例5　根据图 4-6 所示的淘宝某新开店铺产品日销售表，创建 DataFrame

品牌	商品名称	单价	数量
A	奶茶	22	5
B	果茶	18	3
C	花茶	16	3
D	咖啡	25	2

图 4-6　产品日销售表

扫码看视频

PyCharm 程序如下。

```
#! /usr/bin/env python3
# -* - coding: UTF-8 -* -
import numpy as np                      # 导入 numpy 模块
import pandas as pd                     # 导入 pandas 模块
#定义字典
data = {'商品名称': ['奶茶', '果茶', '花茶', '咖啡'],\
        '单价': [22, 18, 16, 25],\
        '数量': [5, 3, 3, 2]}
index = ['A', 'B',' C', 'D']            # 定义行索引
columns = ['商品名称', '单价','数量']      # 定义列索引
frame = pd. DataFrame(data, index, columns)
#输出数据
print('*  '* 10, '淘宝店产品日销售表', '*  '* 10)
print(frame)
print('*  '* 10, '输出索引', '*  '* 10)
print(frame. index)
print(frame. columns)
print('基本信息', frame. info(), sep ='\n')
print('统计信息', frame. describe(), sep ='\n')
```

运行结果如下。

```
********** 淘宝店产品日销售表 **********
商品名称  单价  数量
A 奶茶   22   5
```

```
B 果茶   18    3
C 花茶   16    3
D 咖啡   25    2
********** 输出索引 **********
Index(['A', 'B', 'C', 'D'], dtype='object')
Index(['商品名称', '单价', '数量'], dtype='object')
基本信息
None
统计信息
            单价          数量
count    4.000000   4.000000
mean    20.250000   3.250000
std      4.031129   1.258306
min     16.000000   2.000000
25%     17.500000   2.750000
50%     20.000000   3.000000
75%     22.750000   3.500000
max     25.000000   5.000000
```

一维数组数据 Series 是二维数组数据 DataFrame 的子集，通过类似字典标记的方式或属性的方式，可以将 DataFrame 的列获取为一个 Series，例如，淘宝某新开店铺产品日销售表 frame 中包含三列数据'商品名称'，'单价'，'数量'，任意抽取一列即可生成一维数组数据 Series。

```
print(frame['商品名称'], type(frame['商品名称']), sep='\n')
```

运行结果如下。

```
数据类型为
<class 'pandas.core.frame.DataFrame'>
A 奶茶
B 果茶
C 花茶
D 咖啡
Name:商品名称, dtype: object
数据类型为
<class 'pandas.core.series.Series'>
```

任务评价

评价内容	评价标准	分值	自评	师评
一维数组 Series	掌握创建一维数组 Series 的方法	50		
二维数组 DataFrame	掌握创建二维数组 DataFrame 的方法	50		
总分		100		

任务 2　导入数据

任务描述

小刘对公司的财务数据进行统计分析，资料员发给他一份文件，小刘使用 Pandas 导入文件数据，进行统计分析。那么，Pandas 导入文件有哪些？如何进行导入？文件数据是否会出现乱码？如何解决数据读取中出现的问题？

任务分析

本任务全面讲解如何使用 Pandas 导入数据。首先讲解读取 Excel 文件；其次讲解写入 Excel 文件。通过本任务的学习，读者能够全面掌握如何使用 Pandas 导入与导出 Excel 文件，为后续的数据处理与分析工作打下坚实的基础。

任务重点与实施

数据分析的前提必须有数据，利用最基础的数据结构元组、列表、字典和集合创建数据已经无法满足发展越来越快速的社会需求，这就需要导入数据。对于导入数据意味着从外部文件加载数据，Pandas 导入文件数据采用何种函数取决于文件的格式。根据以下标准确定使用的文件格式。

二进制文件可用来保存数值数据并访问文件中的指定数字，或随机访问文件中的数字。与人可识别的文本文件不同，二进制文件只能通过机器读取。二进制文件是存储数据最为紧凑和快速的格式。

如需随机读写文件或读取速度及磁盘空间有限，使用二进制文件。在磁盘空间利用和读取速度方面二进制文件优于文本文件。二进制文件可用来保存数值数据并访问文件中的指定数字，或随机访问文件中的数字。与人可识别的文本文件不同，二进制文件只能通过机器读取。二进制文件是存储数据最为紧凑和快速的格式。

如需在其他应用程序(如 Excel)中访问这些数据，使用最常见且便于存取的 XLS 或 XLSX 件。

csv 文件是为了实现简单的数据存储，是一个纯文本的文件，最广泛的应用是在程序之间转移表格数据，能够兼容各类程序。

4.2.1 读取 Excel 文件

openpyxl 模块是一个读写 Excel 2010 文档的 Python 库，能够同时读取和修改 Excel 文档。执行其他与 Excel 相关的项目(包括读或者写 Excel)需要安装、加载该模块库。

安装 openpyxl 模块后，在程序中使用该模块库，还需要导入该模块，例如：

```
import openpyxl as op                    # 导入 openpyxl 模块
```

在 Pandas 中，使用 read_excel 函数将读取 Excel 自带的 XLS 或 XLSX 文件中的数据，该函数的使用格式如下。

```
pd. read_excel( io,
                sheet_name =0,
                header =0,
                names =None,
                index_col =None,
                usecols =None,
                squeeze =False,
                dtype =None,
                engine =None,
                converters =None,
                true_values =None,
                false_values =None,
                skiprows =None,
                nrows =None,
                na_values =None,
                keep_default_na =True,
                verbose =False,
                parse_dates =False,
                date_parser =None,
                thousands =None,
                comment =None,
                skipfooter =0,
                convert_float =True,
                mangle_dupe_cols =True,
                storage_options =None )
```

参数说明如下。

(1) io：文件路径。

(2) sheet_name：指定表格的第几个 sheet，默认第一个，可以传递整数也可以传递 sheet 的名称。当一个表格有多个 sheet，用 sheet_name 传递整数时，默认 0 表示第一个 sheet(计算机语言都是从 0 开始计数)，所以若想读取第二个 sheet 时，应该赋值 1 而不是 2。

(3) header：是否需要将数据集的第一行用作表头。

(4) skiprows：指定需要跳过原数据集中的起始行数。

(5) skip_footer：指定需要跳过原数据集中的末尾行数。

(6) names：如果原数据集中没有变量，可以通过该参数在数据读取时给数据框添加具体的表头。

(7) index_col：将文件中的某一列或者几个列指定为 DataFrame 的 index，可以输入一个 int 或者 int 构成的列表，后者表示创建 mult-index。还可以输入 None，表示不为 DataFrame 指定专门的 index。

(8) usecols：使用 int、str、int 或 str 构成的列表指定需要的列。

(9) squeeze：如果数据中只有一列，或者函数的返回值只有一列，默认返回 DataFrame。指定为 True 时，可以返回 Series。

(10) dtype：为 sheet 中的各列指定数据类型。

(11) engine：指定解析数据时使用的引擎。支持的引擎包括 xlrd、openpyxl、odf、pyxlsb。

(12) converters：通过字典的形式，指定哪些列需要转换成什么形式。

(13) true_values 和 false_value：将数据中某一列的所有值替换为 True 或 False。

(14) skiprows：读取数据时跳过的行。输入整数，表示前 n 行跳过；接收一个整数列表，会跳过列表中指定的行，还可以输入可调用对象。

(15) nrows：指定读取数据中行数。

(16) skipfooter：输入整数 n，表示不读取数据的最后 n 行。

(17) na_filter：参数为 True 时，表示读取数据时进行缺失值检测，为 False 时，则不进行缺失值检测。na_filter 为 True 时，na_values、keep_default_na 两个参数才有效。

(18) na_values：指定原数据中哪些特殊值代表了缺失值。

(19) keep_default_na：为 True 时，表示数据如果包含下面的字符，将被定义为缺失值 an。

① throusands：指定原数据集中的千分位符。

② parse_dates：该参数在函数内不再生效。

③ convert_float：默认将所有的数值型变量转换位浮点型变量。

(20) verbose：设置放置在非数字列中的 NA 值的数目。

(21) parse_dates：该参数在函数内不再生效。

(22) date_parser：用于解析日期。

(23) throusands：指定原数据集中的千分位符。

(24) comment：用于指定一个字符或者字符串，Pandas 将忽略这个字符或者字符串后面的所有内容。

(25) skipfooter：输入整数 n，表示不读取数据的最后 n 行。

(26) convert_float：默认将所有的数值型变量转换位浮点型变量。

(27) mangle_dupe_cols：指定当列名重复时是否修改列名。

(28) storage_options：通过一个字典传递额外的参数给存储系统。

read_excel 函数不仅可以从一个 Excel 文件中读取数据到 DataFrame 中，还支持包括 xls、xlsx、xlsm、xlsb、odf、ods 及 odt 多种格式；不仅支持读取一个 sheet，而且支持读取多个 sheet。

案例 导入图 4-7“成本费用表”中两个 sheet 中各个产品的费用

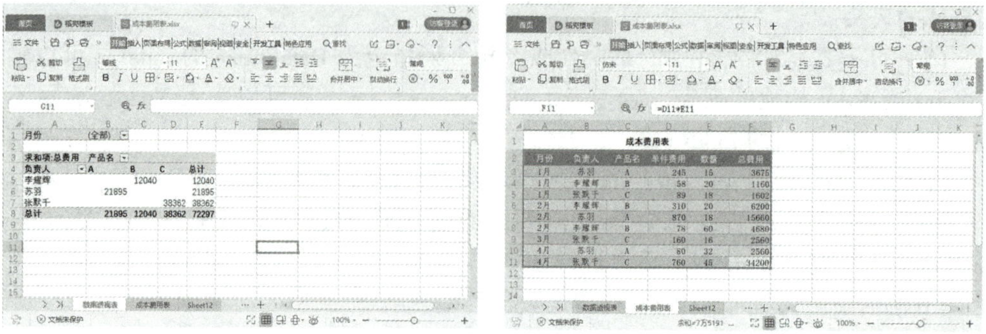

图 4-7 成本费用表

PyCharm 程序如下。

```
#! /usr/bin/env python3
# -*- coding: UTF-8 -*-
import numpy as np                                          # 导入 numpy 模块
import pandas as pd                                         # 导入 pandas 模块
import openpyxl                                             # 导入 openpyxl 模块
basestation = 'D:\\NewPython\\成本费用表.xlsx'               # 定义 excel 文件路径
#读取指定路径下的文件
excel_data1 = pd.read_excel(basestation, sheet_name = 0)    # 读取表格 sheet 1
excel_data2 = pd.read_excel(basestation, sheet_name = 1)    # 读取表格 sheet 2
print('*' '*' 10, '导入成本费用表数据', '*' '*' 10)
print('sheet 1', excel_data1, sep = '\n')
print('sheet 2', excel_data2, sep = '\n')
```

扫码看视频

运行结果如下。

```
********** 导入成本费用表数据 **********
sheet 1
月份    (全部) Unnamed: 2 Unnamed: 3 Unnamed: 4
0        NaN       NaN        NaN        NaN        NaN
1   求和项:总费用     产品名        NaN        NaN        NaN
2   负责人       A        B        C        总计
3   李耀辉     NaN      12040      NaN      12040
4   苏羽   21895       NaN       NaN     21895
5   张默千     NaN       NaN     38362     38362
```

```
6   总计   21895      12040      38362      72297
sheet 2
成本费用表 Unnamed: 1 Unnamed: 2 Unnamed: 3 Unnamed: 4 Unnamed: 5
0    月份        负责人      产品名    单件费用     数量      总费用
1    1月         苏羽         A         245       15       3675
2    1月        李耀辉         B          58       20       1160
3    1月        张默千         C          89       18       1602
4    2月        李耀辉         B         310       20       6200
5    2月         苏羽         A         870       18      15660
6    2月        李耀辉         B          78       60       4680
7    3月        张默千         C         160       16       2560
8    4月         苏羽         A          80       32       2560
9    4月        张默千         C         760       45      34200
```

Pandas 中还有一些其他读取文件函数见表 4-4。

表 4-4　读取文件函数

函数	说明
read_csv	从文件、URL、文件型对象中加载带分隔符的数据，默认分隔符为逗号
readtable	从文件、URL、文件型对象中加载带分隔符的数据。默认分隔符为制表符
read_fwf	读取定宽列格式数据(没有分隔符)
read_clipboard	读取剪贴板中的数据，主要用于将网页转换为表格
Read_hdf	读取 Pandas 编写的 HDF5 文件
read htl	读取 HTML 文档中的所有表格
read_json	读取 JSON(JavaScript Object Notation)字符串中的数据
read_msgpack	读取二进制格式编码的 Pandas 数据
read_pickle	读取 Python pickle 格式中存储的任意对象
read_sas	读取存储于 SAS 系统自定义存储格式的 SAS 数据集
read_sql l	(使用 SQLAlchemy)读取 SQL 查询结果为 Pandas 的 DataFrame
read_stata	读取 Stata 文件格式的数据集
read_feather	读取 Feather 二进制文件格式，feather 是一种比 csv 更快，体积更小的数据格式

4.2.2　写入 Excel 文件

在 Pandas 中，从文件读取的数据，以 DataFrame 或 Seral 格式保存在内存中，to_excel 函数可以将数据保存为 XLS 或 XLSX 文件，该函数的使用格式如下。

```
to_excel(self,
         excel_writer,
```

```
sheet_ name='Sheet1',
na_ rep='',
float_ format=None,
columns=None,
header=True,
index=True,
index_ label=None,
startrow=0,
startcol=0,
engine=None,
merge_ ce11s=True,
encoding=None,
inf_ rep='inf',
verbose=True,
freeze_ panes=None)
```

参数说明如下。

(1)excel_writer：输出路径。

(2)sheet_name：将数据存储在 Excel 的 sheet 页面。

(3)na_rep：缺失值填充。

(4)float_format：选择输出的列。

(5)header：默认为 True，可以用 list 命名列的名字。header=False 则不输出表头。

(6)index：默认为 True，显示 index，当 index=False 则不显示行索引(名字)。

(7)index_label：设置索引列的列名。

(8)startcol：将左上方单元格数据转存为数据帧。

(9)merge_cells：默认为 true，合并单元格。

(10)encoding：设置编码名称，Python 默认编码为 UTF-8，CSV 文件默认编码为 GBK，导入 CSV 文件时，需要设置编码格式，否则会提示错误。

(11)inf_rep：表示无穷大。

案例 导入图 4-8 中的“商品订购单 . csv”中某家具销售公司二季度商品订购记录，将数据保存为“商品订购单 . xlsx”

	A	B	C	D	E	F	G
1	名称	型号	生产厂	单价	采购数量	总价	订购日期
2	沙发	S001	天成沙发厂	1000	3	3000	2024年4月2日
3	椅子	Y001	永昌椅业	230	6	1380	2024年4月4日
4	沙发	S002	天成沙发厂	1200	8	9600	2024年4月6日
5	茶几	C001	新时代家具城	500	9	4500	2024年4月7日
6	桌子	Z001	新时代家具城	600	6	3600	2024年4月10日
7	茶几	C002	新时代家具城	360	12	4320	2024年4月14日
8	椅子	Y002	永昌椅业	550	15	8250	2024年4月17日
9	沙发	S003	新世界沙发城	2300	11	25300	2024年4月20日
10							

扫码看视频

图 4-8 商品订购单 . csv

PyCharm 程序如下。

```
#! /usr/bin/env python3
# -* - coding: UTF-8 -* -
import numpy as np                          # 导入 numpy 模块
import pandas as pd                         # 导入 pandas 模块
import openpyxl                             # 导入 openpyxl 模块
basestation ='D:\\NewPython\\商品订购单.csv'#定义文件路径
#读取指定路径下的 CSV 文件,读取表格型的文本数据
csv_data = pd.read_csv(basestation, encoding ='gbk')
#在 CSV 文件的工作路径下写入 xlsx 文件
excel_data = csv_data.to_excel('D:\\NewPython\\商品订购单 1.xlsx')
data = pd.read_excel('D:\\NewPython\\商品订购单 1.xlsx')
print('* '* 10, '商品订购单数据', '* '* 10)
print('CSV 文件数据', csv_data, sep ='\n')
print('excel 文件数据', data, sep ='\n')
```

运行结果如下。

```
********** 商品订购单数据 **********
CSV 文件数据
  名称   型号    生产厂     单价  采购数量    总价        订购日期
0 沙发  S001   天成沙发厂   1000     3    3000  2024 年 4 月 2 日
1 椅子  Y001    永昌椅业    230      6    1380  2024 年 4 月 4 日
2 沙发  S002   天成沙发厂   1200     8    9600  2024 年 4 月 6 日
3 茶几  C001  新时代家具城   500      9    4500  2024 年 4 月 7 日
4 桌子  Z001  新时代家具城   600      6    3600  2024 年 4 月 10 日
5 茶几  C002  新时代家具城   360     12    4320  2024 年 4 月 14 日
6 椅子  Y002    永昌椅业    550     15    8250  2024 年 4 月 17 日
7 沙发  S003  新世界沙发城  2300     11   25300  2024 年 4 月 20 日
excel 文件数据
   Unnamed: 0 名称   型号   生产厂     单价  采购数量   总价        订购日期
0           0 沙发  S001   天成沙发厂   1000     3    3000  2024 年 4 月 2 日
1           1 椅子  Y001    永昌椅业    230      6    1380  2024 年 4 月 4 日
2           2 沙发  S002   天成沙发厂   1200     8    9600  2024 年 4 月 6 日
3           3 茶几  C001  新时代家具城   500      9    4500  2024 年 4 月 7 日
4           4 桌子  Z001  新时代家具城   600      6    3600  2024 年 4 月 10 日
5           5 茶几  C002  新时代家具城   360     12    4320  2024 年 4 月 14 日
6           6 椅子  Y002    永昌椅业    550     15    8250  2024 年 4 月 17 日
7           7 沙发  S003  新世界沙发城  2300     11   25300  2024 年 4 月 20 日
```

任务评价

评价内容	评价标准	分值	自评	师评
读取 Excel 文件	掌握读取 Excel 文件的方法	50		
写入 Excel 文件	掌握写入 Excel 文件的方法	50		
总分		100		

任务 3　数据处理

任务描述

小刘需要从一堆文件中，筛选出可使用的数据文件。那么，如何筛选出可用的数据？异常、重复、无用的数据如何进行处理？

任务分析

本任务全面讲解 Pandas 的数据处理方法。首先讲解数据清理；其次讲解数据转换，接下来讲解数据合并。通过本任务的学习，读者能够全面掌握 Pandas 的数据处理方法，包括数据清理、数据转换和数据合并等关键技能。这些技能将为读者后续的数据分析、建模和可视化工作提供坚实的基础。

任务重点与实施

数据处理是从大量、杂乱无章、难以理解、缺失的数据中，抽取出有意义的数据，数据处理主要包括数据清洗、数据加工等方法。

4.3.1　数据清洗

数据清洗是对一些没有用的数据进行处理的过程。在数据分析工作中，很多数据集存在数据缺失、数据格式错误、错误数据或重复数据的情况，如果要使数据分析更加准确，就需要对这些没有用的数据进行处理。

1. 数据缺失

在数据输入过程中，很容易出现数据遗漏现象，Pandas 对象的所有描述性统计默认都不包括缺失数据，因此在数值数据中，Pandas 使用浮点值 NaN(Not a Number)表示缺失数据。这样可以很明显是的发现确实数据，方便修改。

案例 1　处理缺失数据

PyCharm 程序如下。

```
#! /usr/bin/env python3
# -* - coding: UTF-8 -* -
import numpy as np                              # 导入 numpy 模块
import pandas as pd                             # 导入 pandas 模块
#定义列表
data = [[1, 10], [2, 12, 222]]
frame = pd.DataFrame(data, columns=['一位数','两位数', '三位数'])
#输出数据
print(frame)
print('*' * 10, '输出索引', '*' * 10)
print('输出行索引',f rame. index, sep='\n')
print('输出列索引', frame. columns, sep='\n')
print('*' * 10, '修改数据', '*' * 10)
print('输出第一行数据', frame. loc[0], '输出第二行数据', frame. loc[1], sep='\n')
frame['三位数'] = [999, 666]                      # 定义列数据
print('输出第三列数据', frame['三位数'], sep='\n')
print('输出数据', frame, sep='\n')
```

扫码看视频

运行结果如下。

```
一位数  两位数    三位数
0    1   10       NaN
1    2   12       222.0
********** 输出索引 **********
输出行索引
RangeIndex(start=0, stop=2, step=1)
输出列索引
Index(['一位数', '两位数', '三位数'], dtype='object')
********** 修改数据 **********
输出第一行数据
一位数      1.0
两位数     10.0
三位数      NaN
Name: 0, dtype: float64
输出第二行数据
一位数       2.0
两位数      12.0
三位数     222.0
Name: 1, dtype: float64
```

```
输出第三列数据
0     999
1     666
Name:三位数, dtype: int64
输出数据
一位数  两位数  三位数
0   1   10   999
1   2   12   666
```

除了直接赋值外，Pandas 还提供了 dropna 函数用于滤除缺失数据，其使用格式如下。

```
DataFrme. dropna(axis =0,
                 how ='any',
                 thresh =None,
                 subset =None,
                 inplace =False)
```

参数说明如下。

(1) axis：确定是否删除包含缺失值的行或列。axis = 0 或 axis = 'index'删除含有缺失值的行；axis = 1 或 axis = 'columns'删除含有缺失值的列。

(2) how：当至少有一个 NA 时，确定是否从 DataFrame 中删除行或列，how = 'all'或者 how = 'any'。how = 'all'时表示删除全是缺失值的行(列)；how = 'any'时表示删除只要含有缺失值的行(列)。

(3) thresh：保留至少含有非 na 数值的行数。

(4) subset：定义要在哪些列中查找缺失值。

(5) inplace：选择是否用排序后的数据替换现有的数据，默认不替换。

fillna 函数用来指定值或者插值的方式填充缺失数据，其使用格式如下。

```
DataFrame. fillna(value =None,
                  method =None,
                  axis =None,
                  inplace =False,
                  limit =None,
                  downcast =None,
                  ** kwargs)
```

参数说明如下。

(1) value：是一个用于填充空值的值，或者是一个 Series / dict / DataFrame。

(2) method：一种用于填充重新索引的 Series 中的空值的方法。包括 pad/ffill(用前一个非缺失值去填充该缺失值)、backfill/bfill(用下一个非缺失值填充该缺失值)、None (默认，指定一个值去替换缺失值)。

(3) axis：行/列的整数或字符串值。

(4) inplace：如果为 True，它将在空白处填充值。

(5) limit：指定连续的前向/后向 NaN 值填充的最大数量。

(6) downcast：需要指定一个指定将 Float64 转换为 int64 的内容的字典。

(7) Return：它返回一个对象，在其中填充了缺少的值。

isnull 函数返回一个含有布尔值的对象，这些布尔值表示那些值是缺失值 NA，notnull 函数 isnull 的否定式。

在做分析的时候，经常要将缺失值填充为前一个值，或者是后一个值，而不是单纯的填充 0 或者均值。

2. 重复数据

unique 函数用于获取 Series 中的唯一值数组，删除重复数据。

案例2　利用函数删除重复数据

PyCharm 程序如下。

```
#! /usr/bin/env python3
# -* - coding: UTF-8 -* -
import numpy as np                              # 导入 numpy 模块
import pandas as pd                             # 导入 pandas 模块
#定义数组
frame = pd. DataFrame([(.21,.32),(.21,.6),(.66,.03),(.21,.183)],\
                      columns=['number1','number2'])
#输出数据
print('样本数据', frame, sep='\n')
frame0 = frame['number1']. unique()             # 数据去重
print('数据去重', frame0, sep='\n')
```

扫码看视频

运行结果如下。

```
样本数据
   number1  number2
0     0.21    0.320
1     0.21    0.600
2     0.66    0.030
3     0.21    0.183
数据去重
[0.21 0.66]
```

3. 数据格式化

数据格式化可以增加数据的可读性，如统一数据的小数点位数、添加千位分隔符，还可以实现特定的功能，比如转换为百分比数据，百分比数据主要用于成绩分数等统计计算。

round 函数将 DataFrame 舍入到可变数量的小数位数，其使用格式如下。

```
DataFrame. round (decimal, args =(), ** kwds)
```

参数说明如下。

(1)decimal：每一列四舍五入的小数位数。

(2)args、 ** kwds：函数传递参数。

案例3 对所有列保持统一精度

PyCharm 程序如下。

```
#输出数据
print('*  ' *  10, '输出数据统一精度', '*  ' *  10)
print('默认', frame, sep ='\n')
frame1 = frame. applymap(lambdax: '%.4f' % x)       # 小数点后保留 4 位小数
print('四位', frame1, sep ='\n')
frame2 = frame. round(2)                            # 小数点后保留 2 位小数
print('两位', frame2, sep ='\n')
frame3 = frame. round({'number1': 1})               # 指定列小数点后保留 1 位小数
print('第一列一位', frame3, sep ='\n')
```

扫码看视频

运行结果如下。

```
********** 输出数据统一精度 **********
默认
   number1   number2
0      0.21     0.320
1      0.21     0.600
2      0.66     0.030
3      0.21     0.183
四位
  number1 number2
0  0.2100  0.3200
1  0.2100  0.6000
2  0.6600  0.0300
3  0.2100  0.1830
两位
   number1   number2
0      0.21     0.32
1      0.21     0.60
2      0.66     0.03
3      0.21     0.18
```

```
第一列一位
     number1  number2
0        0.2    0.320
1        0.2    0.600
2        0.7    0.030

3        0.2    0.183
```

对 DataFrame 对象进行格式化时，对每一个 DataFrame 进行遍历、格式化，比较繁琐，且处理大量数据时耗时较长。

Pandas 提供了对数组批量格式化的函数：map、apply 和 applymap。apply 函数用来调用一维、二维数组对象中的元素，map 函数应用在单独一个 Series 的每个元素中，applymap 函数应用在 DataFrame 的每个元素中。apply 函数的使用格式如下。

```
DataFrame. apply(func,
                 axis =0,
                 broadcast =False,
                 raw =False,
                 reduce =None,
                 args =(),
                 ** kwds)
```

参数说明如下。

(1) func：调用的函数，一般使用 lambda，定义变量。

(2) axis：调用顺序，指定按行或列，默认 axis=0，按行调用。

(3) args、** kwds：函数传递参数。

案例4　已知某小学数学、语文考试分数，从中各抽取 6 份进行估测，并且成员进行格式化

某小学数学，语文测得数据如下：语文：95 分，82 分，79.5 分，87 分，83 分，86.5 分，数学：91 分，95 分，93 分，96 分，97 分，98 分，试对学校成绩进行格式化。

PyCharm 程序如下。

```
#! /usr/bin/env python3
# -* - coding: UTF-8 -* -
import numpy as np                          # 导入 numpy 模块
import pandas as pd                         # 导入 pandas 模块
#定义数组
frame = pd. DataFrame({'语文': [95, 82, 79. 5, 87, 83, 86. 5],
                       '数学': [91, 95, 93, 96, 97, 98]})
```

扫码看视频

```
#输出数据
print('*' * 10, '输出考试分数', '*' * 10)
print(frame)
frame1 = frame.applymap(lambdax: '%.4f' % x)          # 小数点后保留 4 位小数
print(frame1)
frame['百分比'] = (frame['语文']/100).apply(lambda x:format(x, '.0%'))  # 添加百分号
#输出数据
print('*' * 10, '输出考试分数百分比', '*' * 10)
print(frame)

print('*' * 10, '统一一格式', '*' * 10)
frame['数学'] = frame['语文'].apply(lambda x: '%.1f'%x)  # 第一列小数点后保留一位小数
print(frame)
frame['数学'] = frame['语文'].map(lambda x:'%.4f'%x)     # 第一行小数点后保留两位小数
print(frame)
```

运行结果如下。

```
********** 输出考试分数 **********
     语文  数学
0  95.0  91
1  82.0  95
2  79.5  93
3  87.0  96
4  83.0  97
5  86.5  98
     语文        数学
0  95.0000  91.0000
1  82.0000  95.0000
2  79.5000  93.0000
3  87.0000  96.0000
4  83.0000  97.0000
5  86.5000  98.0000
********** 输出考试分数百分比 **********
语文  数学  百分比
0  95.0  91  95%
1  82.0  95  82%
2  79.5  93  80%
3  87.0  96  87%
4  83.0  97  83%
5  86.5  98  86%
********** 统一一格式 **********
语文     数学   百分比
0  95.0  95.0  95%
1  82.0  82.0  82%
2  79.5  79.5  80%
```

```
3  87.0  87.0  87%
4  83.0  83.0  83%
5  86.5  86.5  86%
     语文      数学     百分比
0  95.0  95.0000  95%
1  82.0  82.0000  82%
2  79.5  79.5000  80%
3  87.0  87.0000  87%
4  83.0  83.0000  83%
5  86.5  86.5000  86%
```

通过上面的结果发现，输出数据列名与数据不对齐，这就需要调用 set_option 函数，用来设置一些指定参数的值，该函数的使用格式如下。

```
pandas. set_option(pat, value)
```

参数说明如下。

（1）pat：字符。可以匹配一个特定选项的正则表达式，可以设置的选项见表 4-5。

（2）value：对象，可以为数值，或者字符。

表 4-5　可以设置的选项

设置选项	说明
compute. use_bottleneckl	使用 bottleneck 模块库进行加速计算。默认值为 True
compute. use_numexpr	安装 numexpr 模块库后，使用 numexpr 进行加速计算，默认值为 True
display. chop_threshold	设置浮点型的数值阈值，DataFrame 中所有绝对值小于该阈值的数值，都会以 0 展示
display. column_space	设置列名所占空间，默认为 12 行
display. date_dayfirst	默认将日期放在最前面
display. date_yearfirst	默认将年份放在最前面
pd. set_option('expand_frame_repr', False)	默认值为 True，可以换行显示。反之，不允许换行
pd. set_option('max_colwidth', width)	设置列长度 width
pd. set_option('large_repr', A)	dataframe 字段过长的操作，默认为'truncate'(被截断)
pd. set_option('colheader_justify', 'left')	调整展示的列名靠左对齐或者右对齐，'right'(默认)，'left'
pd. set_option(display. unicode. [ambiguous_as_wide, east_asian_width])	数据列名与数据对齐方式

(续表)

设置选项	说明
pd. set_option('precision', n)	显示小数点后的 n 位数
pd. set_option('display. width', width)	设置显示数据的宽度 width
display. [max_columns, max_colwidth, max_info_columns, max_info_rows, max_rows, max_seq_items, memory_usage, min_rows, multi_sparse, notebook_repr_html, pprint_nest_depth, precision, show_dimensions]	显示的最大行数和列数等信息，如果超额就显示省略号，info 表示查看信息

案例5 输入 4 所小学的联考平均分，控制输出精度、对齐数据，保存到 Excel 文件中

PyCharm 程序如下。

扫码看视频

```
#! /usr/bin/env python3
# -* - coding: UTF-8 -* -
import numpy as np                                  # 导入 numpy 模块
import pandas as pd                                 # 导入 pandas 模块
import openpyxl                                     # 导入 openpyxl 模块
#定义数组
frame = pd. DataFrame({'华西小学': [95, 82, 79. 5, 67, 83, 86. 5],\
                       '华北小学': [81 ,85, 93, 56, 87, 88],\
                       '华东小学': [75, 82, 89. 5, 57, 83, 85],\
                       '华南小学': [91, 95, 99, 56, 97, 98]})
#输出数据
print('* ' * 10, '输出联考平均分', '* ' * 10)
print(frame)
#输出数据列名与数据对齐方式
pd. set_option('display. unicode. east_asian_width', True)
#控制数据居中还是左边，默认为'left'(左)
pd. set_option('colheader_justify', 'left')
basestation = 'D: \ \ NewPython \ \ 联考平均分 . xlsx'                # 定义 excel 文件路径
#输出数据
print('* ' * 10, '输出联考平均分', '* ' * 10)
print(frame)
#在指定文件的工作路径下写入 xlsx 文件
excel_data = frame. to_excel(basestation)
```

运行结果如下。

```
********** 输出联考平均分 **********
华西小学  华北小学  华东小学  华南小学
0  95.0    81  75.0    91
1  82.0    85  82.0    95
2  79.5    93  89.5    99          3  67.0     56  57.0     56
4  83.0    87  83.0    97
5  86.5    88  85.0    98
********** 输出联考平均分 **********
华西小学  华北小学  华东小学  华南小学
0  95.0      81      75.0    91
1  82.0      85      82.0    95
2  79.5      93      89.5    99
3  67.0      56      57.0    56
4  83.0      87      83.0    97
5  86.5      88      85.0    98
```

运行结果如图 4-9 所示。

	A	B	C	D	E
1		华西小学	华北小学	华东小学	华南小学
2	0	95	81	75	91
3	1	82	85	82	95
4	2	79.5	93	89.5	99
5	3	67	56	57	56
6	4	83	87	83	97
7	5	86.5	88	85	98

图 4-9　保存到 Excel 文件

4.3.2　数据转换

当获得数据时，首先需要确定的是正确类型的数据，Pandas 扩展了 NumPy 的类型系统，用 dtype 属性来显示元素的数据类型，Pandas 主要有以下几种数据类型。

(1) 字符串类型：object。

(2) 整数类型：Int64，Int32，Int16，Int8。

(3)无符号整数：UInt64，UInt32，UInt16，UInt8。

(4)浮点数类型：float64，float32。

(5)日期和时间类型：datetime64[ns]，datetime64[ns，tz]，timedelta[ns]。

(6)布尔类型：bool。

当利用 Pandas 进行数据处理的时候，经常会遇到数据类型的问题，通常需要通过数据类型的转化，才能进行后续的数据操作。表 4-6 中列出了关于数据转换的函数。

表 4-6 数据转换函数

设置选项	说明
astype	把对象的类型从一个类型强制转换为指定的数据类型
to_numeric()	把对象的类型转换为特定的整数数据类型
to_datetime()	把对象的类型转换为特定的日期和时间数据类型
to_timedelta()	把对象的类型转换为特定的时间类型数据类型

案例 将输入的数据转换为浮点型，并分别输出

PyCharm 程序如下。

```
#! /usr/bin/env python3
# -* - coding: UTF-8 -* -
import numpy as np                          # 导入 numpy 模块
import pandas as pd                         # 导入 pandas 模块
import openpyxl                             # 导入 openpyxl 模块
#定义数组
frame = pd. DataFrame({'number1': [9582795, 6783865],\
  'number2': [818593, 568788]})
#没有改变原始的数据框,创建新的数组
frame0 = frame. applymap(lambdax:format(int(x), ', '))
#输出数据
print('* ' * 10, '数据转换', '* ' * 10)
print("转换前" ,frame, frame0, sep ='\n')
frame1 = frame. astype("float")
print('* ' * 10, '第一次转换', '* ' * 10)
print("转换前", frame, "转换后", frame1, sep ='\n')
#改变原数组数据框
frame2 = frame. astype("float")
print('* ' * 10, '第二次转换', '* ' * 10)
print("转换前", frame, "转换后", frame2, sep ='\n')
```

扫码看视频

运行结果如下。

```
********** 数据转换 **********
转换前
   number1  number2
0  9582795   818593
1  6783865   568788
     number1   number2
0  9,582,795  818,593    1  6,783,865  568,788
********** 第一次转换 **********
转换前
   number1  number2
0  9582795   818593
1  6783865   568788
转换后
      number1    number2
0  9582795.0   818593.0
1  6783865.0   568788.0
Name: number1, dtype: float64
********** 第二次转换 **********

转换前
   number1  number2
0  9582795   818593
1  6783865   568788
转换后
      number1    number2
0  9582795.0   818593.0
1  6783865.0   568788.0
```

4.3.3 数据合并

在实际处理数据中，经常会遇到将多个表连接起来再进行数据的处埋和分析的情况，Pandas 中也提供了几种方法来实现数据合并功能。

merge 函数基于两个 DataFrame 的共同列进行合并，该函数的使用格式如下。

```
DataFrame. merge(left/right, how,
                 default ' inner'
                 on =None,
                 left_index =False,
                 right_index =False,
                 1eft_on =None,
                 right_on =None,
                 sort =False,
                 suffixes =("x","y))
```

参数说明如下。

(1)left/right：左/右位置的 DataFrame。

(2)on：用来对齐的列名。

(3)how：数据融合的方法。how='inner'，为内连接，基于共同列的交集进行连接；how='outer'，为外连接，基于共同列的并集进行连接；how='left'，为左连接，基于左边位置的列进行连接；how=right'，为右连接，基于右边位置的列进行连接。

(4)left_on：左表对齐的列，可以是列名，也可以是和 DataFrame 同样长度的 arrays。

(5)right_on：右表对齐的列，可以是列名，也可以是和 DataFrame 同样长度的 arrays。

(6)left_index、right_index：如果是 True 的 haunted 以 index 作为对齐的 key。

(7)sort：根据 DataFrame 合并的 keys 按字典顺序排序。

(8)suffixes：若有相同列且该列没有作为合并的列，可通过 suffixes 设置该列的后缀名，一般为元组和列表类型。

案例1 使用 merge 函数连接两个数组：正弦表、余弦表

PyCharm 程序如下。

```
#! /usr/bin/env python3
# -* - coding: UTF-8 -* -
import numpy as np                    # 导入 numpy 模块
import pandas as pd                   # 导入 pandas 模块
import openpyxl                       # 导入 openpyxl 模块
#输出数据列名与数据对齐方式
pd. set_option('display. unicode. east_asian_width', True)
#定义数组
frame1 = pd. DataFrame({'自变量 x': np. linspace(0, 2* np. pi, 4),
                       '正弦值': np. sin(np. linspace(0, 2* np. pi, 4))})
frame2 = pd. DataFrame({'自变量 x': np. linspace(0, 2* np. pi, 4),
                       '余弦值': np. cos(np. linspace(0, 2* np. pi, 4))})
#输出数据
print('* ' * 10, '数据合并', '* ' * 10)
#通过列名合并
res1 = pd. merge(frame1, frame2, on='自变量 x')
#通过索引合并
res2 = pd. merge(frame1, frame2, right_index=True, left_index=True)
print(frame1, frame2, sep='\n')
print('通过列名合并', res1, '通过索引合并', res2, sep='\n')
```

扫码看视频

运行结果如下。

```
********** 数据合并 **********
     自变量 x         正弦值
0   0. 000000   0. 000000e+00
1   2. 094395   8. 660254e-01
```

```
2  4.188790 -8.660254e-01
3  6.283185 -2.449294e-16
     自变量 x   余弦值
0  0.000000     1.0
1  2.094395    -0.5
2  4.188790    -0.5          3  6.283185    1.0
通过列名合并
     自变量 x     正弦值        余弦值
0  0.000000  0.000000e+00     1.0
1  2.094395  8.660254e-01    -0.5
2  4.188790 -8.660254e-01    -0.5
3  6.283185 -2.449294e-16     1.0
通过索引合并
     自变量 x_x     正弦值       自变量 x_y    余弦值
0   0.000000  0.000000e+00  0.000000     1.0
1   2.094395  8.660254e-01  2.094395    -0.5
2   4.188790 -8.660254e-01  4.188790    -0.5
3   6.283185 -2.449294e-16  6.283185     1.0
```

表 4-7 中列出了其他数据合并的函数。

表 4-7　数据合并函数

设置选项	说明
join	基于 index 连接 DataFrame
concat	拼接数组，包括行拼接和列拼接，默认是行拼接，拼接方法默认是外拼接(并集)，拼接的对象是 Pandas 数据类型

案例2　使用 concat 函数连接两个数组：正弦表、余弦表

PyCharm 程序如下。

```
res3 = pd.concat([frame1, frame2])                 # 首尾合并,直接相连
res4 = pd.concat([frame1, frame2], axis=1)         # 横向相连
print('纵向相连', res3, '横向相连', res4, sep='\n')
```

扫码看视频

运行结果如下。

```
纵向相连
     自变量 x        正弦值      余弦值
0  0.000000  0.000000e+00    NaN
1  2.094395  8.660254e-01    NaN
2  4.188790 -8.660254e-01    NaN
3  6.283185 -2.449294e-16    NaN
```

```
0   0.000000              NaN      1.0
1   2.094395              NaN     -0.5
2   4.188790              NaN     -0.5
3   6.283185              NaN      1.0
    横向相连
    自变量 x          正弦值     自变量 x     余弦值
0   0.000000   0.000000e+00   0.000000     1.0

1   2.094395   8.660254e-01   2.094395    -0.5
2   4.188790  -8.660254e-01   4.188790    -0.5
3   6.283185  -2.449294e-16   6.283185     1.0
```

任务评价

评价内容	评价标准	分值	自评	师评
数据清洗	掌握数据清洗的方法	40		
数据转换	掌握数据转换的方法	30		
数据合并	掌握数据合并的方法	30		
总分		100		

任务 4　数据统计

任务描述

小刘将可用数据进行处理后，下一步就是进行数据统计。那么，统计数据的指标有哪些，如何进行统计？统计前还需要进行什么操作？

任务分析

本任务全面讲解 Pandas 中的数据统计方法。首先讲解数据提取，然后讲解数据分类；其次讲解数据排序；最后讲解统计分组。通过本任务的学习，读者能够全面掌握 Pandas 中的数据统计方法，包括数据提取、数据分类、数据排序和统计分组等关键技能。这些技能将为读者后续的数据分析、建模和可视化工作提供强有力的支持。

任务重点与实施

数据统计是数据分析的前提，是数据收集的后处理，通过对数据的提取、清洗、查找与分类，能更精准、快速的进行数据分析。

4.4.1　数据提取

在数据的分析过程中，并不是所有的数据都是用户想要的，这就需要提取部分数据，从源数据中抽取部分或全部数据到目标系统，从而在目标系统再进行数据加工利用。但是从哪取、何时取、如何取。数据的提取过程数据提取是将数据取出的过程，不同提取规则下的数据结果很难一致。Pandas 中数据抽取函数见表 4-8。

表 4-8　Pandas 中数据抽取函数

函数名称	说明
loc[index，columns]	根据行名(index)和列名(columns)抽取指定行的数据，默认情况下，第一行行名为 0，第二行索引为 1
iloc[i，j]	根据行索引 i 和列索引 j 抽取指定行的数据，0 表示第一行，1 表示第二行，当只有一个参数时，默认是行索引
head(i)	前头几行数据，以行为单位，i 表示行数
tail(i)	从后头显示几行信息，i 表示行数
drop([　]，axis = 0，inplace = False)	删除索引 index 指定项

案例　表 4-9 显示了中国 8 年间钢材消耗量与国民收入之间的关系，抽取表格中的数据

表 4-9　钢材消耗与国民经济

	第 1 年	第 2 年	第 3 年	第 4 年	第 5 年	第 6 年	第 7 年	第 8 年
A 钢材消费量 x/万 t	549	429	538	698	872	988	807	738
B 钢材消费量 x/万 t	910	851	942	1 097	1 284	1 502	1 394	1 303
C 钢材消费量 x/万 t	1 025	1 316	1 539	1 561	1 785	1 762	1 960	1 902
国民收入 y/亿元	1 555	1 917	2 051	2 111	2 286	2 311	2 003	2 435

PyCharm 程序如下。

```
#! /usr/bin/env python3
# -* - coding: UTF-8 -* -
import numpy as np                      # 导入 numpy 模块
import pandas as pd                     # 导入 pandas 模块
import openpyxl                         # 导入 openpyxl 模块
```

扫码看视频

```
#输出数据列名与数据对齐方式
pd.set_option('display.unicode.east_asian_width', True)
#定义字典
data = {'A 钢材消费量': [549, 429, 538, 698, 872, 988, 807, 738],\
        'B 钢材消费量': [910, 851, 942, 1097, 1284, 1502, 1394, 1303],\
        'C 钢材消费量': [1025, 1316, 1539, 1561, 1785, 1762, 960, 1902],\
        '国民收入': [1555, 1917, 2051, 2111, 2286, 2311, 2003, 2435]}
index = ['第 1 年', '第 2 年', '第 3 年', '第 4 年', '第 5 年', '第 6 年', '第 7 年', '第 8 年']# 定义索引
frame = pd.DataFrame(data, index=index)
#写入 xlsx 文件
excel_data = frame.to_excel('D:\\NewPython\\钢材消耗与国民经济表.xlsx')
print('*  '* 10, '钢材消耗与国民经济表', '*  '* 10)
print('原始数据', frame, sep='\n')
#根据行名(index)和列名(columns)抽取指定行的数据

print('抽取 B 钢材的数据', frame.loc[:, 'B 钢材消费量'], sep='\n')
# 显示抽取第 3 列的数据
print('抽取第 3 列的数据',f rame.iloc[1, :], sep='\n')
print('显示前 2 行数据',frame.head(2), sep='\n')# 显示前 2 行数据
print('显示后 2 行数据',frame.tail(2), sep='\n')# 显示后 2 行
```

运行结果如下。

```
********** 钢材消耗与国民经济表 **********
原始数据
           A 钢材消费量  B 钢材消费量  C 钢材消费量  国民收入
第 1 年            549            910           1025      1555
第 2 年            429            851           1316      1917
第 3 年            538            942           1539      2051
第 4 年            698           1097           1561      2111
第 5 年            872           1284           1785      2286
第 6 年            988           1502           1762      2311
第 7 年            807           1394            960      2003
第 8 年            738           1303           1902      2435
抽取 B 钢材的数据
第 1 年     910
第 2 年     851
第 3 年     942
第 4 年    1097
第 5 年    1284
第 6 年    1502
第 7 年    1394
第 8 年    1303
Name: B 钢材消费量, dtype: int64
抽取第 3 列的数据
A 钢材消费量      429
```

```
B钢材消费量        851
C钢材消费量       1316
国民收入          1917
Name:第 2 年, dtype: int64
显示前2行数据
          A钢材消费量  B钢材消费量  C钢材消费量  国民收入
第1年          549         910        1025      1555
第2年          429         851        1316      1917
显示后2行数据
          A钢材消费量  B钢材消费量  C钢材消费量  国民收入
第7年          807        1394         960      2003
第8年          738        1303        1902      2435
```

4.4.2 数据分类

数据分类是将数据进行一个自定义的分类，Pandas 中提供 cut 函数实现数据分类，该函数的调用格式如下。

```
pd. cut(x, bins, right=True,
        labels=None, retbins=False, precision=3,
        include_lowest=False, duplicates='raise')
```

参数说明如下。

(1) x：一维数组。

(2) bins：标量序列或者间隔索引，如果输入整数 n，则表示将 x 中的数值分成等宽的 n 份；如果是标量序列，序列中的数值表示用来分档的分界值；如果是间隔索引，“bins”的间隔索引必须不重叠。

(3) right：默认为 True 表示包含最右侧的数值，当“right=True”(默认值)时，则“bins”=[1、2、3、4]表示(1，2]、(2，3]、(3，4]；当 bins 是一个间隔索引时，该参数被忽略。

(4) labels：数组或布尔值，指定分箱的标签；如果是数组，长度要与分箱个数一致，比如“bins”=[1、2、3、4]表示(1，2]、(2，3]、(3，4]一共3个区间，则 labels 的长度也就是标签的个数也要是3；如果为 False，则仅返回分箱的整数指示符，即 x 中的数据在第几个间隔里；当 bins 是间隔索引时，将忽略此参数。

(5) retbins：是否显示分箱的分界值。默认为 False，当 bins 取整数时可以设置 retbins=True 以显示分界值，得到划分后的区间。

(6) precision：整数，默认为3，存储和显示分箱标签的精度。

(7) include_lowest：表示区间的左边是开还是闭，默认为 false，不包含区间左边。

(8) duplicates：如果分箱临界值不唯一，则引发 ValueError。

案例 对中国 8 年间钢材消耗量进行分类

PyCharm 程序如下。

```
datacut = pd. cut(frame. A 钢材消费量,bins =3, labels =[ '低', '中', '高'])# 分成 3 箱并指定标签
print('分割数据', datacut, sep ='\n')
```

运行结果如下。

```
分割数据
第 1 年     低
第 2 年     低
第 3 年     低
第 4 年     中
第 5 年     高
第 6 年     高
第 7 年     高
第 8 年     中
Name: A 钢材消费量, dtype: category
Categories (3, object): [ '低'<'中'<'高']
```

扫码看视频

4.4.3 数据排序

数据排序通过浏览数据发现一些明显的特征或趋势，找到解决问题的线索，同时，数据排序本身就是数据分析的目的之一。美国的《财富》杂志每年都要在全世界范围内排出 500 强企业，通过这一信息，不仅可以了解自己企业所处的地位，清楚自己的差距，还可以从一个侧面了解到竞争对手的状况，有效制定企业的发展规划和战略目标。

数据排序是按一定顺序将数据排列，Pandas 提供了 sort_values 函数用于根据行、列数据进行排序，该函数的调用格式如下。

```
DataFrame. sort_values(by, axis =0,
                       ascending =True,
                       inplace =False,
                       kind ='quicksort',
                       na_position ='last')
```

参数说明如下。

(1) axis：默认按照列排序，即纵向排序；如果 axis 1，则是横向排序。

(2) by：如果 axis = 0，by = “列名”；如果 axis = 1，by = “行名”。

(3) ascending：True 表示升序，如果 by = ['列名 1'，'列名 2']，则该参数可以是 [True，False]，即第一字段升序，第二个降序。

(4) inplace：选择是否用排序后的数据替换现有的数据，默认不替换。

(5) kind：排序方法，包括快速排序（'quicksort'）、混合排序（'mergesort'）、堆叠排序（'heapsort'），默认为'quicksort'。

(6) na_position：缺失值的排列顺序，可选值为'first'、'last'，默认为'last'（缺失值排在最后面）。

案例1 测布的缩水率，并进行排序

为了考查染整工艺对布的缩水率是否有影响，选用 5 种不同的染整工艺分别用 A1、A2、A3、A4、A5 表示，每种工艺处理 4 块布样，测得缩水率的百分数见表 4-10，试对其进行排序。

扫码看视频

表 4-10 测量数据

	A1	A2	A3	A4	A5
1	4.3	6.1	6.5	9.3	9.5
2	7.8	7.3	8.3	8.7	8.8
3	3.2	4.2	8.6	7.2	11.4
4	6.5	4.1	8.2	10.1	7.8

PyCharm 程序如下。

```
#! /usr/bin/env python3
# -* - coding: UTF-8 -* -
import numpy as np                      #导入 numpy 模块
import pandas as pd                     #导入 pandas 模块
import openpyxl                         # 导入 openpyxl 模块
#输出数据列名与数据对齐方式
pd.set_option('display.unicode.east_asian_width', True)
#定义字典
data = pd.DataFrame([[4.3, 6.1, 6.5, 9.3, 9.5], \
                     [7.8, 7.3, 8.3, 8.7, 8.8], \
                     [3.2, 4.2, 8.6, 7.2, 11.4], \
                     [6.5, 4.1, 8.2, 10.1 , 7.8]])
data.columns = ['A1', 'A2', 'A3', 'A4', 'A5']
#写入 xlsx 文件
excel_data = data.to_excel('D: \\NewPython\\布的缩水率.xlsx')
print('*' * 10, '布的缩水率', '*' * 10)
print('原始数据', data, sep ='\n')
print('按列升序排序', data.sort_values(by ='A3', axis =0), sep ='\n')
print('按行升序排序', data.sort_values(by =3, axis =1), sep ='\n')
```

```
print('按列降序排序', data. sort_values(by =[ 'A3', 'A2'], ascending =[ False, True]), sep =' \ n')
print('混合排序', data. sort_values(by ='A3', kind ='mergesort'), sep =' \ n')
print('堆叠排序', data. sort_values(by ='A3', kind ='heapsort'), sep =' \ n')
```

运行结果如下。

```
********** 布的缩水率 **********
原始数据
    A1   A2   A3    A4    A5
0  4.3  6.1  6.5   9.3   9.5
1  7.8  7.3  8.3   8.7   8.8
2  3.2  4.2  8.6   7.2  11.4
3  6.5  4.1  8.2  10.1   7.8

 按列升序排序
    A1   A2   A3    A4    A5
0  4.3  6.1  6.5   9.3   9.5
3  6.5  4.1  8.2  10.1   7.8
1  7.8  7.3  8.3   8.7   8.8
2  3.2  4.2  8.6   7.2  11.4
按行升序排序
    A2   A1    A5   A3    A4
0  6.1  4.3   9.5  6.5   9.3
1  7.3  7.8   8.8  8.3   8.7
2  4.2  3.2  11.4  8.6   7.2
3  4.1  6.5   7.8  8.2  10.1
按列降序排序
    A1   A2   A3    A4    A5
2  3.2  4.2  8.6   7.2  11.4
1  7.8  7.3  8.3   8.7   8.8
3  6.5  4.1  8.2  10.1   7.8
0  4.3  6.1  6.5   9.3   9.5
混合排序
    A1   A2   A3    A4    A5
0  4.3  6.1  6.5   9.3   9.5
3  6.5  4.1  8.2  10.1   7.8
1  7.8  7.3  8.3   8.7   8.8
2  3.2  4.2  8.6   7.2  11.4
堆叠排序
    A1   A2   A3    A4    A5
0  4.3  6.1  6.5   9.3   9.5
3  6.5  4.1  8.2  10.1   7.8
1  7.8  7.3  8.3   8.7   8.8
2  3.2  4.2  8.6   7.2  11.4
```

Pandas 中的其余排序参数见表 4-11。

表 4-11　数据排序函数

函数	说明
Series. sort_index(ascending=True)	根据索引返回已排序的新对象
Series. order(ascending=True)	根据值返回已排序的对象，nan 值在末尾
Series. rank (method = ' average ', ascending=True, axis=0)	为各组分配一个平均排名，排名方法 method 选项如下 'average'：相等分组中，为各个值分配平均排名 'max'，'min'：使用整个分组中的最小排名 'first'：按值在原始数据中出现的顺序排名

案例2　随机抽取 6 个包裹进行重量对比，并进行排序

某仓库超重包裹重新进行打包，随机抽取 6 个包裹进行重量对比。测得数据如下：136. 5 kg，138. 5 kg，140. 3 kg，112. 7 kg，88. 93 kg，54. 2 kg。试对其进行排序。

PyCharm 程序如下。

扫码看视频

```
#! /usr/bin/env python3
# -* - coding: UTF-8 -* -
import numpy as np                              # 导入 numpy 模块
import pandas as pd                             # 导入 pandas 模块
import openpyxl                                 # 导入 openpyxl 模块
#输出数据列名与数据对齐方式
pd. set_option('display. unicode. east_asian_width', True)
#定义字典
data = pd. DataFrame([[136. 5, 138. 5, 140. 3, 112. 7, 88. 93, 54. 2]],\
                columns =['包裹 1', '包裹 2', '包裹 3', '包裹 4', '包裹 5', '包裹 6'])
#写入 xlsx 文件
excel_data = data. to_excel('D:\\NewPython\\仓库超重包裹 . xlsx')
print('*  '* 10, '仓库超重包裹', '*  '* 10)
print('原始数据', data, sep ='\n')
print('按“行标签”升序排序', data. sort_index(), sep ='\n')
print('按“列标签”升序排序', data. sort_index(axis =1), sep ='\n')
print('按平均值升序排序', data. rank(method ='average'), sep ='\n')
print('按最大值升序排序', data. rank(method ='max'), sep ='\n')
print('按最小值升序排序', data. rank(method ='min'), sep ='\n')
```

运行结果如下。

```
********** 仓库超重包裹 **********
原始数据
     包裹1  包裹2  包裹3  包裹4  包裹5  包裹6
0  136.5  138.5  140.3  112.7  88.93   54.2
按“行标签”升序排序
     包裹1  包裹2  包裹3  包裹4  包裹5  包裹6
0  136.5  138.5  140.3  112.7  88.93   54.2
按“列标签”升序排序
     包裹1  包裹2  包裹3  包裹4  包裹5  包裹6
0  136.5  138.5  140.3  112.7  88.93   54.2
按平均值升序排序
     包裹1  包裹2  包裹3  包裹4  包裹5  包裹6
0    1.0    1.0    1.0    1.0    1.0    1.0
按最大值升序排序
     包裹1  包裹2  包裹3  包裹4  包裹5  包裹6
0    1.0    1.0    1.0    1.0    1.0    1.0

按最小值升序排序
     包裹1  包裹2  包裹3  包裹4  包裹5  包裹6
0    1.0    1.0    1.0    1.0    1.0    1.0
```

4.4.4 统计分组

统计分组是统计学的基本统计方法之一，使零散资料系统化，但怎样使资料系统化，本着什么去归类，这就取决于统计分组。在取得完整、正确的统计资料前提下，统计分组的优劣是决定整个数据统计成败的关键，它直接关系到数据分析的质量。例如，根据老师、读者、男性、女性、年龄、成绩、特长等标志，进行分类统计。

1. groupby 函数

Pandas 中的 groupby 函数用于对 DataFrame 对象进行分组，该函数的调用格式如下。

```
DataFrame. groupby(by =None,
                   axis =0,
                   level  =  None,
                   as_index =True,
                   sort =True,
                   group_keys =True,
                   squeeze =False,
                   observed =  False)
```

参数说明如下。

(1)by：映射、字典或 Series 对象、数组、标签或标签列表。如果 by 是一个函数，则对象索引的每个值调用它。如果传递了一个字典或 Series 对象，则使用该字典或

Series 对象值来确定组。如果传递了数组 ndarray，则按原样使用这些值来确定组。

(2) axis：axis=1 表示行，axis=0 表示列，默认值为 0。

(3) slevel：表示索引层级，默认无。

(4) as_index：布尔型，默认为 True，返回以组标签为索引的对象。

(5) sort：对组进行排序，默认为 True。

(6) group_keys：默认为 True，调用 apply 函数时，将分组的键添加到索引以标识片段。

(7) squeeze：默认为 False，如果可能，减少返回类型的维度，否则返回一致类型。

(8) observed：当以石斑鱼为分类时，才会使用该参数。如果参数值为 True，则仅显示分类石斑鱼的观测值。如果为 False，则显示分类石斑鱼的所有值。

分组可以更清晰地了解数据的组成及规律，groupby 的方式包括下面几种。

(1) 使用 Series。

(2) 使用列名。

(3) 使用外部的数据。

(4) 使用多个列。

(5) 使用字典。

(6) 使用函数。

(7) 使用索引。

groupby 函数返回包含有关组的信息的 groupby 对象利用 groups 属性可以用来查看分组的信息，从返回的结果中可以看到不同分组的样本在原数据框中的索引，groups 属性函数见表 4-12。

表 4-12　groups 属性函数

函数	说明
get_group()	获得指定分组的数据
head() tail()	获得分组后每个组头尾的若干元素
nth ()	获得每个分组的若丁元素

2. agg 函数

分组最主要的作用就是对各个组别进行分组描述，简单来说就是将一系列复杂的数据用几个有代表性的数据进行描述，进而能够直观的解释数据的规律。agg 函数用来分别计算分组后每个组的最大值、最小值、和，数据计算函数见表 4-13。

表 4-13　数据计算函数

函数	说明	函数	说明
max	计算分组后，每个组的最大值	sun	计算分组后，每个组的和
min	计算分组后，每个组的最小值	prod	来计算分组后，每个组的乘积

任务评价

评价内容	评价标准	分值	自评	师评
数据提取	掌握数据提取的方法	25		
数据分类	掌握数据分类的方法	25		
数据排序	掌握数据排序的方法	25		
统计分组	掌握统计分组的方法	25		
总分		100		

任务 5　数据统计分析

任务描述

小刘发现数据的统计只能得到基本的数字，无法对数据进行针对性分析。那么，针对性的统计分析有哪些？哪些参数可以体现这些分析结果？

任务分析

本任务全面讲解 Pandas 中的数据统计分析。首先讲解集中趋势分析；然后讲解离散程度分析；其次讲解频数分析。通过本任务的学习，读者能够掌握 Pandas 中用于数据统计分析的基本方法。这些方法能够帮助读者深入了解数据的内在特征和分布规律，为后续的数据分析和数据挖掘工作提供有力支持。

任务重点与实施

数据的统计分析包括数据的集中趋势分析、离散程度分析、频数分析，以及一些基本的统计图形。

4.5.1　集中趋势分析

集中趋势分析是用各种起代表值作用的量度来反映变量数值趋向中心位置的一种资料分析方法。最常用的指标有算术平均值、几何平均值、和中位数和众数等。

1. 中位数

中位数是按顺序排列的一组数据中居于中间位置的数．平均数是通过计算得到的，因此它会因每一个数据的变化而变化。中位数是通过排序得到的，不受最大、最小两个极端数值的影响。当一组数据中的个别数据变动较大时，常用中位数来描述这组数据的集中趋势。Pandas 使用 median 函数计算分组后的中位数。

2. 众数

众数是样本观测值在频数分布表中频数最多的那一组的组中值．在统计实践中，常利用众数来近似反映社会经济现象的一般水平，反映了一组数据的集中程度。日常生活中诸如“最佳”、“最受欢迎”、“最满意”等，都与众数有关系，它反映了一种最普遍的倾向。例如，说明某次考试读者成绩最集中的水平，说明城镇居民最普遍的生活水平等。

案例　已知员工医疗费用表，试进行集中趋势分析，计算平均值、中位数和众数

PyCharm 程序如下。

```
print('*' * 10, '员工医疗费用集中趋势分析', '*' * 10)
#定义分析的的参数
datagr = data[['性别', '医疗费用', '报销金额']]
print('平均值', datagr. groupby('性别'). mean())          # 计算平均值
print('中位数', datagr. groupby('性别'). median())        # 计算中位数
print('众数', datagr[['医疗费用','报销金额']]. mode())     # 计算众数
```

扫码看视频

运行结果如下。

```
********** 员工医疗费用集中趋势分析 **********
平均值        医疗费用   报销金额
性别
女        695.0      518.5
男        465.0      347.0
中位数        医疗费用   报销金额
性别
女        675.0      520.0
男        290.0      232.0
众数    医疗费用   报销金额
0       150        120
1       180        144
2       200        160
```

```
3     250    200
4     320    256
5     330    264
6     380    304
7     550    440
8     800    600
9     900    675
10    1400   980
11    1500   1050
```

4.5.2 离散程度分析

离散程度是指通过数据间的差异程度，用来衡量风险大小的指标。最常用的指标有方差和标准差等。

1. 标准差

标准差是最常用的反映随机变量分布离散程度的指标。标准差越大，数据波动越大；标准差越小，数据波动越小。在 Pandas 中，std 函数用来计算分组数据的标准差。

2. 方差分析

方差不仅仅表达了样本偏离均值的程度，更揭示了样本内部彼此波动的程度，在许多实际问题中，研究方差即偏离程度有着重要意义。在样本容量相同的情况下，方差越大，说明数据的波动越大，越不稳定。在 Pandas 中，var 函数用来计算数据的方差。

3. 协方差分析

系统的方差分析存在明显的弊端，无法控制分析中存在的某些随机因素，使之影响了分析结果的准确度。协方差分析主要是在排除了协变量的影响后再对修正后的主效应进行方差分析，是将线性回归与方差分析结合起来的一种分析方法。在 Pandas 中，cov 函数用来计算分组数据的协方差。

4. 相关性分析

协方差仅能进行定性的分析，并不能进行定量的分析，因此引出相关系数的概念。当需要比较不同两组数据离散程度大小的时候，若两组数据测量尺度太大，或者数据的量纲不同，不能直接使用标准差来进行比较，需要使用相关系数。在 Pandas 中，corr 函数用来计算分组数据的相关系数。

相关性分析是研究现象之间是否存在某种依存关系，对具体有依存关系的现象探讨相关方向及相关程度。

随机变量 X 和 Y 的(Pearson)相关系数的定义为

$$\mathrm{Corr}(X, Y)=\frac{\mathrm{Cov}(X, Y)}{\sqrt{\mathrm{Var}(X)}\sqrt{\mathrm{Var}(Y)}}=\frac{\mathrm{Cov}(X, Y)}{\sigma_x\sigma_y}$$

其中，Var(*X*)为 *X* 的方差，Var(*Y*)为 *Y* 的方差。

案例 读取某公司产品的报价单，进行离散程度分析

PyCharm 程序如下。

扫码看视频

```
#! /usr/bin/env python3
# -* - coding: UTF-8 -* -
import numpy as np                    # 导入 numpy 模块
import pandas as pd                   # 导入 pandas 模块
import openpyxl                       # 导入 openpyxl 模块
#数据可全部显示
pd. set_option('expand_frame_repr', False)
#输出数据列名与数据对齐方式
pd. set_option('display. unicode. east_asian_width', True)
#读取 xlsx 文件
data = pd. read_excel('D:\\NewPython\\报价单 . xlsx')
print('*  '* 10, '报价单', '*  '* 10)
print(data)
print ('根据制作工艺分组')
datagr = data. groupby('制作工艺')       # 根据制作工艺分组
#查看分组信息
for name,  num in datagr:
     print (name)
     print (num)
print('* ' * 10, '离散程度分析', '* ' * 10)
#定义分析的参数
print('标准差', datagr. std(), sep ='\n')    # 计算标准差
print('方差', datagr. var(), sep ='\n')      # 计算方差
print('协方差', datagr. cov(), sep ='\n')    # 计算协方差
print('相关系数', datagr. corr(), sep ='\n')  # 计算相关系数
```

运行结果如下。

```
********** 离散程度分析 **********
标准差
单价
制作工艺
标准       18333. 200303
特殊         848. 528137
方差
单价
制作工艺
标准       3. 361062e+08
```

```
特殊          7.200000e+05
协方差
单价
制作工艺
标准      单价   3.361062e+08
特殊      单价   7.200000e+05
相关系数
单价
制作工艺
标准      单价    1.0
特殊      单价    1.0
```

4.5.3 频数分析

频数是指变量值中代表某种特征的数(标志值)出现的次数。频数分析用于计算定类数据的选择频数和比例，例如调查研究对象的性别、年龄，通过这些问题可以了解研究对象的背景。频数分析既可以用表的形式表示，也可以用图形的形式表示。

在 Pandas 中，count 函数用来计算每个分组样本的个数，value_counts 函数用于计算一个 Series 中各值的出现频率。

案例 读取某公司产品的报价单，进行频数列表分析

PyCharm 程序如下。

```
print ('根据单价分组')
datacut = pd.cut(data['单价'], bins=3, labels=['低', '中', '高'])# 分成 3 箱并指定标签
print('数据分类', datacut, sep='\n')
cocounts = pd.value_counts(datacut)        # 计算频数
print('分类数据', cocounts, sep='\n')
```

运行结果如下。

```
根据单价分组
数据分类
0     高
1     低
2     低
3     低
4     低
5     低
Name:单价, dtype: category
Categories (3, object): ['低'<'中'<'高']
分类数据
低     5
高     1
中     0
Name:单价, dtype: int64
```

任务评价

评价内容	评价标准	分值	自评	师评
集中趋势分析	掌握集中趋势分析的方法	30		
离散程度分析	掌握离散程度分析的方法	40		
频数分析	掌握频数分析的方法	30		
总分		100		

项目小结

本项目主要介绍了数据分析库 Pandas 相关知识。首先介绍了一维数组 Series 和二维数组 DataFrame；其次介绍了读取和写入 Excel 文件；最后介绍了数据的提取、分类和排序，集中趋势分析等内容。通过本项目的学习，读者能了解 Pandas 在数据分析中的强大功能，提高数据分析的水平。

项目习题

一、简答题

1. Pandas 中的 Series 是(　　)数据结构。

A. 一维数组结构　　B. 二维数组结构

C. 三维数组结构　　D. 四维数组结构

2. csv 文件的主要特点是？(　　)

A. 只能通过机器读取

B. 存储数据最为紧凑和快速

C. 为了实现简单的数据存储，纯文本且能在程序之间转移表格数据

D. 适合随机访问文件中的数字

3. 数据处理的主要目标是什么？(　　)

A. 生成新的数据

B. 从大量、杂乱无章的数据中抽取出有意义的数据

C. 删除所有数据

D. 仅保留完整的数据

4. 数据统计是数据分析的(　　)。

A. 前提　　B. 结果　　C. 过程　　D. 无关步骤

5. 以下哪个不属于数据的统计分析内容？(　　)

A. 数据的离散程度分析　　B. 数据的关联规则挖掘

C. 集中趋势分析　　D. 频数分析

二、上机操作题

温度调节器液体温度分析，4 个温度调节器放置在贮存着某种液体的容器内，调节器整定在 d ℃，液体的温度 X_1、X_2、X_3、X_4(以℃计)是随机变量，服从正态分布，其中 $X_1 \sim X_1(100, 0.5^2)$，$X_2 \sim X_2(100, 2^2)$，$X_3 \sim X_3(80, 2^2)$，$X_4 \sim X_4(80, 0.5^2)$。

操作提示如下。

(1)获取数据。

```
#! /usr/bin/env python3
# -* - coding: UTF-8 -* -
import numpy as np                                  # 导入 numpy 模块
import pandas as pd                                 # 导入 pandas 模块
#设置随机种子
print("-------设置种子 seed -------")
np. random. seed(10)
#定义参数
size = [1, 100]                                     # 定义数组大小

#生成正态分布的随机数组
X1 = np. squeeze(np. random. normal(100, 0. 5, size))
X2 = np. random. normal(100, 2, size)
X3 = np. random. normal(80, 2, size)
X4 = np. random. normal(80, 0. 5, size)
# squeeze 函数将二维数组转换为一维数组
X1 = np. squeeze(X1)
X2 = np. squeeze(X1)
X3 = np. squeeze(X1)
X4 = np. squeeze(X1)
lst = [X1, X2, X3, X4]
#定义列索引
index = ['温度调节器 A', '温度调节器 B', '温度调节器 C', '温度调节器 D']
df = np. transpose(pd. DataFrame(lst, index=index))# 创建转置数组
#输出数据列名与数据对齐方式
pd. set_option('display. unicode. east_asian_width', True)
```

(2)输出数据。

```
print('* ' * 10, '温度调节器液体温度', '* ' * 10)
print(df)
#创建 xlsx 文件
data = df. to_excel('D:\\NewPython\\温度调节器液体温度 . xlsx')
```

(3)液体的温度集中趋势分析，计算平均值、中位数和众数。

```
print('* ' * 10, '液体的温度集中趋势分析', '* ' * 10)
df1 = np. transpose(df. mean())                     # 计算平均值
df2 = np. transpose(df. median())                   # 计算中位数
#合并数据
df0 = pd. concat([df1, df2], axis =1)
print(df0)
```

(4)计算最大值、最小值、和。

```
print('计算分组后每个组的最大值、最小值、和')
print (df. agg(['max', 'min', 'prod', 'sum']))
```

(5)运行程序。

项目 5　数据可视化库 Matplotlib

项目导读

随着大数据时代的到来，由于数据分析的重要性，将可视化与数据分析结合，又形成了可视分析学这一新的学科。面对着规模越来越庞大的数据，数据可视化可以为大数据分析的结果提供了一种更加直观、更加丰富的展示手段，从而让大数据以一种更易于理解、更有意义的方式呈现给大家。

学习目标

◆ 知识目标

- 了解数据可视化的作用。
- 熟悉图表的结构和类型。
- 了解图表属性参数。

◆ 技能目标

- 掌握创建图表窗口、绘制基本图形以及管理子图的方法。
- 学会设置坐标系和标注图形的方法。
- 学会绘制多种复杂图表。

◆ 素质目标

- 注重培养读者的数据分析能力。
- 在图表设计和美化过程中，激发读者创新思维，探索不同的呈现方式和视觉效果。

◆ 思政目标

- 引导读者坚守道德底线，树立和增强思想修养意识。
- 在数据可视化项目中融入社会热点、国家政策等元素，引导读者关注社会、服务国家。

任务 1 数据可视化

任务描述

小白汇总完成的项目数据，发现全是一对对的指标数据分析，他认为不够直观，于是让组员添加可视化数据分析。数据可视化分析实质上是可视化图表的创建，可视化图表可将数据之间的复杂关系用图形表示出来，能够更加直观、形象地反映数据的趋势和对比关系，使数据易于阅读和评价。那么，如何实现可视化分析？可视化分析工具有哪些？

任务分析

本任务全面讲解数据可视化分析。首先讲解数据可视化的作用，然后介绍数据分析图表；其次介绍图表结构；最后介绍图表类型。通过本任务的学习，读者能够掌握数据可视化的基本概念和原理，熟悉常见的数据分析图表类型和结构，并能够根据数据的特性和分析需求选择合适的图表进行可视化分析。这将为读者对未来数据的分析和数据挖掘工作提供有力的支持。

任务重点与实施

数据可视化是对数据的一种形象直观的解释、实现从不同的角度来观察数据，从而得到更有价值的信息。数据可视化可以将抽象的、复杂的、不易理解的数据转化为人眼可以识别的图形、图像、符号等，这些转化后的数据通常能够更有效地传达数据本身所包含的有用信息。

5.1.1 数据可视化的作用

数据反映着现实的世界，可人们更希望在这些数据中寻找规律，从而解决现实中的各种问题，进而掌握未来的发展趋势。在现实生活中，如果仅仅给人们提供纯粹的数据，这样会感到枯燥、乏味，而且难以提炼出所需要的信息，这时就需要提供给他具有生动性和表现力的图形或图像。不仅如此，对于有的信息，如果仅仅通过数字和文字来表达，可能需要几百字、几千字，甚至可能无法表达，但是如果通过图形，却能够很简单的把这些信息传达给他人，因此人们常说“一图胜千言”。现在科学家证实，人的大脑分左脑和右脑两部分。左脑主要具备语言、数学、逻辑性思考等功能，一般被称为“学术脑”；而右脑主要具备观察、空间、想象、图画等功能，一般被称为“艺术脑”。

由于人类对图形、图像等可视化符号的阅读会激活右脑，因此对图形的处理效率要比对数字、文本的处理效率要高得多。

数据可视化的目的，是为了更明确、更有效地传达信息而对数据进行可视化处理。数据可视化可以利用计算机图形和图像处理技术，将数据转换成图形或图像在屏幕上显示出来，并进行交互处理，从而增强了人类对这些数据所蕴含现象或规律的理解和认知。

一般来讲，数据可视化是为了从数据中寻找以下 3 个方面的信息：模式、关系和异常。

(1)模式。模式指数据中的规律。例如，每月乘坐某段铁路的旅客人数都不一样，通过几年的数据对比，可以查看哪些月份的旅客数量偏低，哪些月份的旅客数量居高不下，寻找旅客人数的周期性的变化。

(2)关系。关系指数据之间的相关性，通常代表关联性和因果关系。不管数据的总量和复杂程度如何，数据间的关系大多可分为 3 类：数据间的比较、数据的构成，以及数据的分布或联系。例如，根据某商品的销售数据，寻找某商品在价格调节范围内的价格与销售量之间的关系。

(3)异常。异常指有问题的数据。异常的数据不是专门指错误的数据，有些异常数据可能是设备出错或者人为错误输入，有些可能就是正确的数据。通过异常分析，用户可以及时发现各种异常情况。

5.1.2 数据分析图表

十九世纪上半叶，随着各种工艺技术的完善，统计图形和专题绘图领域出现了迅猛的发展，目前大多数形式的统计图形都是在此时出现的。在此期间，数据的收集整理范围明显扩大，大量社会管理方面的数据被收集用于分析。

数据分析一般会应用到图表，但不可以把数据可视化简单地看作绘制图表。数据分析的处理对象是数据，根据所处理的数据对象的不同，数据可视化可分为科学可视化与信息可视化。科学可视化面向科学和工程领域数据，如三维空间测量数据、计算模拟数据和医学影像数据等，重点探索如何以几何、拓扑和形状特征来呈现数据中蕴含的规律。信息可视化的处理对象则是非结构化的数据，如金融交易、社交网络和文本数据，其核心是如何从大规模高维复杂数据中提取出有用信息。

Matplotlib 是第一个 Python 可视化程序库，经过十几年，它仍然是 Python 使用者最常用的画图库。它的设计和在 20 世纪 80 年代设计的商业化程序语言 MATLAB 非常接近。由于 Matplotlib 是第一个 Python 可视化程序库，所以许多其他程序库都是建立在它的基础之上或者直接调用它。

如图 5-1 所示的工资表数据，数据较多，无法进行统计分析。如图 5-2 所示的柱形图简明、醒目，是一种常用的数据分析图表。方便理解大量数据，以及数据之间的关系。让人们透过视觉化的符号，更快速的读取原始数据。

工资表

单位名称：　　　　年　月　日

工号	姓名	性别	所属部门	职工类别	基本工资	岗位工资	奖金	补贴	应发工资	养老金	请假扣款	所得税	实发工资
sw001	王梓	男	销售部	管理人员	¥ 3,000.00	¥ 2,000.00	¥ 3,200.00	¥ 500.00	¥ 8,700.00	¥ 696.00	¥ 200.00	¥ 560.80	¥ 7,243.20
sw002	安娜	女	销售部	普通职员	¥ 2,500.00	¥ 1,500.00	¥ 2,500.00	¥ 300.00	¥ 6,800.00	¥ 544.00	¥ -	¥ 251.20	¥ 6,004.80
sw003	肖晓米	女	销售部	普通职员	¥ 2,500.00	¥ 1,500.00	¥ 2,800.00	¥ 300.00	¥ 7,100.00	¥ 568.00	¥ -	¥ 306.40	¥ 6,225.60
sw004	张扬	男	销售部	普通职员	¥ 2,500.00	¥ 1,500.00	¥ 2,000.00	¥ 300.00	¥ 6,300.00	¥ 504.00	¥ 100.00	¥ 139.20	¥ 5,556.80
sw005	东方雪	女	销售部	普通职员	¥ 2,500.00	¥ 1,500.00	¥ 2,200.00	¥ 300.00	¥ 6,500.00	¥ 520.00	¥ -	¥ 196.00	¥ 5,784.00
sw006	李妮	女	人事部	管理人员	¥ 3,000.00	¥ 1,800.00	¥ 2,000.00	¥ 500.00	¥ 7,300.00	¥ 584.00	¥ -	¥ 343.20	¥ 6,372.80
sw007	苏秀雅	女	人事部	普通职员	¥ 2,500.00	¥ 1,600.00	¥ 1,600.00	¥ 200.00	¥ 5,900.00	¥ 472.00	¥ -	¥ 85.60	¥ 5,342.40
sw008	高尚	男	研发部	管理人员	¥ 6,000.00	¥ 4,500.00	¥ 4,000.00	¥ 400.00	¥14,900.00	¥ 1,192.00	¥ -	¥ 1,741.60	¥11,966.40
sw009	颜真真	女	研发部	普通职员	¥ 5,000.00	¥ 4,000.00	¥ 3,200.00	¥ 200.00	¥12,400.00	¥ 992.00	¥ -	¥ 1,281.60	¥10,126.40
sw010	刘峥嵘	男	研发部	普通职员	¥ 5,000.00	¥ 4,000.00	¥ 3,000.00	¥ 200.00	¥12,200.00	¥ 976.00	¥ 300.00	¥ 1,184.80	¥ 9,739.20
sw011	李想	男	研发部	普通职员	¥ 5,000.00	¥ 4,000.00	¥ 3,800.00	¥ 200.00	¥13,000.00	¥ 1,040.00	¥ -	¥ 1,392.00	¥10,568.00
sw012	欧阳春	男	研发部	普通职员	¥ 5,000.00	¥ 4,000.00	¥ 3,100.00	¥ 200.00	¥12,300.00	¥ 984.00	¥ -	¥ 1,263.20	¥10,052.80
sw013	上官琳	女	研发部	普通职员	¥ 5,000.00	¥ 4,000.00	¥ 3,200.00	¥ 200.00	¥12,400.00	¥ 992.00	¥ 200.00	¥ 1,241.60	¥ 9,966.40
sw014	林子墨	男	研发部	普通职员	¥ 5,000.00	¥ 4,000.00	¥ 3,400.00	¥ 200.00	¥12,600.00	¥ 1,008.00	¥ -	¥ 1,318.40	¥10,273.60
sw015	孟美云	女	财务部	管理人员	¥ 4,000.00	¥ 1,800.00	¥ 2,000.00	¥ 350.00	¥ 8,150.00	¥ 652.00	¥ -	¥ 499.60	¥ 6,998.40
sw016	胡子琪	女	财务部	普通职员	¥ 3,600.00	¥ 1,600.00	¥ 1,800.00	¥ 300.00	¥ 7,300.00	¥ 584.00	¥ -	¥ 343.20	¥ 6,372.80
sw017	安敏	男	生产部	管理人员	¥ 4,500.00	¥ 4,000.00	¥ 3,800.00	¥ 480.00	¥12,780.00	¥ 1,022.40	¥ -	¥ 1,351.52	¥10,406.08
sw018	杨光	男	生产部	普通职员	¥ 4,000.00	¥ 3,600.00	¥ 3,000.00	¥ 300.00	¥10,900.00	¥ 872.00	¥ 100.00	¥ 985.60	¥ 8,942.40
sw019	孙尚林	男	生产部	普通职员	¥ 4,000.00	¥ 3,600.00	¥ 3,200.00	¥ 300.00	¥11,100.00	¥ 888.00	¥ -	¥ 1,042.40	¥ 9,169.60
sw020	张玉峰	男	生产部	普通职员	¥ 4,000.00	¥ 3,600.00	¥ 2,900.00	¥ 300.00	¥10,800.00	¥ 864.00	¥ -	¥ 987.20	¥ 8,948.80
sw021	张若水	女	质量部	管理人员	¥ 3,500.00	¥ 3,000.00	¥ 2,000.00	¥ 200.00	¥ 8,700.00	¥ 696.00	¥ -	¥ 600.80	¥ 7,403.20
sw022	李怡然	女	质量部	普通职员	¥ 3,000.00	¥ 2,800.00	¥ 1,800.00	¥ 160.00	¥ 7,760.00	¥ 620.80	¥ -	¥ 427.84	¥ 6,711.36
sw023	张晓	男	质量部	普通职员	¥ 3,000.00	¥ 2,800.00	¥ 1,800.00	¥ 160.00	¥ 7,760.00	¥ 620.80	¥ -	¥ 427.84	¥ 6,711.36
sw024	肖林	男	质量部	普通职员	¥ 3,000.00	¥ 2,800.00	¥ 1,800.00	¥ 160.00	¥ 7,760.00	¥ 620.80	¥ -	¥ 427.84	¥ 6,711.36
sw025	高军	男	质量部	普通职员	¥ 3,000.00	¥ 2,800.00	¥ 1,800.00	¥ 160.00	¥ 7,760.00	¥ 620.80	¥ -	¥ 427.84	¥ 6,711.36
sw026	苏羽	女	企划部	管理人员	¥ 4,500.00	¥ 3,000.00	¥ 2,500.00	¥ 300.00	¥10,300.00	¥ 824.00	¥ -	¥ 895.20	¥ 8,580.80
sw027	王朝	男	企划部	普通职员	¥ 4,000.00	¥ 2,500.00	¥ 2,200.00	¥ 200.00	¥ 8,900.00	¥ 712.00	¥ -	¥ 637.60	¥ 7,550.40
sw028	高宵林	男	企划部	普通职员	¥ 4,000.00	¥ 2,500.00	¥ 2,200.00	¥ 200.00	¥ 8,900.00	¥ 712.00	¥ -	¥ 637.60	¥ 7,550.40
sw029	周茉	女	企划部	普通职员	¥ 4,000.00	¥ 2,500.00	¥ 2,200.00	¥ 200.00	¥ 8,900.00	¥ 712.00	¥ 200.00	¥ 597.60	¥ 7,390.40
sw030	毛莱莱	女	企划部	普通职员	¥ 4,000.00	¥ 2,500.00	¥ 2,200.00	¥ 200.00	¥ 8,900.00	¥ 712.00	¥ 100.00	¥ 617.60	¥ 7,470.40
sw031	谢梅	女	办公室	管理人员	¥ 3,000.00	¥ 2,500.00	¥ 1,800.00	¥ 200.00	¥ 7,500.00	¥ 600.00	¥ -	¥ 380.00	¥ 6,520.00
sw032	李小萌	女	办公室	普通职员	¥ 2,600.00	¥ 2,200.00	¥ 1,500.00	¥ 160.00	¥ 6,460.00	¥ 516.80	¥ -	¥ 188.64	¥ 5,754.56
sw033	孟思凡	女	办公室	普通职员	¥ 2,600.00	¥ 2,200.00	¥ 1,500.00	¥ 160.00	¥ 6,460.00	¥ 516.80	¥ -	¥ 188.64	¥ 5,754.56
sw034	林若尘	男	办公室	普通职员	¥ 2,600.00	¥ 2,200.00	¥ 1,500.00	¥ 160.00	¥ 6,460.00	¥ 516.80	¥ -	¥ 188.64	¥ 5,754.56
sw035	丁敏敏	女	办公室	普通职员	¥ 2,600.00	¥ 2,200.00	¥ 1,500.00	¥ 160.00	¥ 6,460.00	¥ 516.80	¥ -	¥ 188.64	¥ 5,754.56
sw036	唐明昊	男	广告部	管理人员	¥ 3,800.00	¥ 3,200.00	¥ 2,800.00	¥ 500.00	¥10,300.00	¥ 824.00	¥ -	¥ 895.20	¥ 8,580.80
sw037	林宇轩	男	广告部	普通职员	¥ 3,200.00	¥ 2,800.00	¥ 2,500.00	¥ 380.00	¥ 8,880.00	¥ 710.40	¥ -	¥ 633.92	¥ 7,535.68

图 5-1　工资表数据

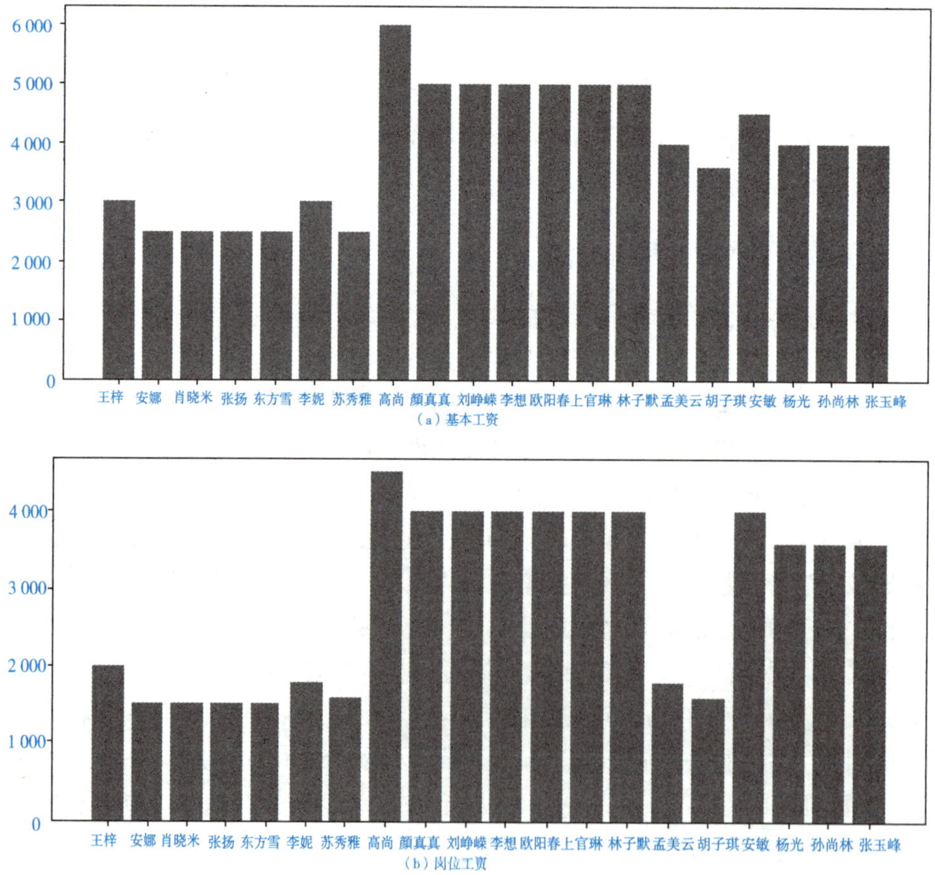

图 5-2　柱形图

5.1.3　图表结构

在开始学习 Matplotlib 可视化图表之前，有必要先对图表的结构有一个初步的认识。图表的基本组成示例如图 5-3 所示。

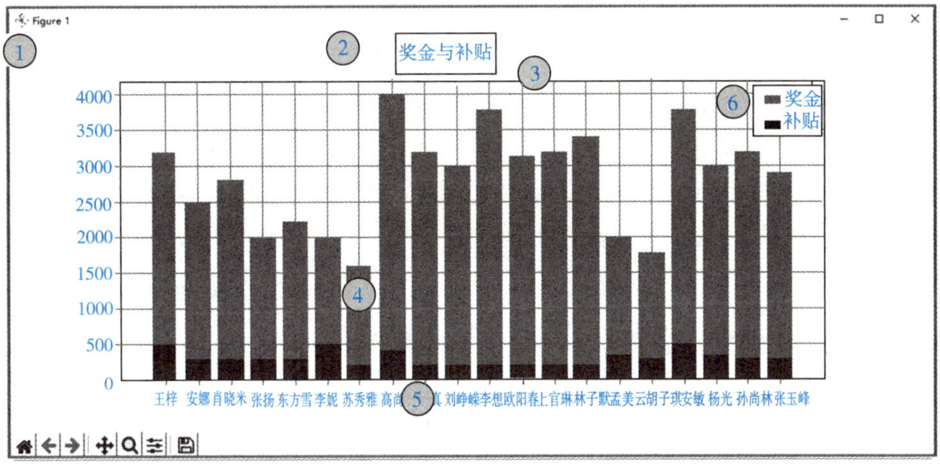

图 5-3　图表的基本组成示例

(1) **图表区①**：整个图表及其包含的元素。

(2) **绘图区②**：以坐标轴为界并包含全部数据系列的区域。

(3) **图表标题③**：用来概况图表内容的文字，常用功能有设置字体、字号及颜色位置等。

(4) **数据系列④**：在数据区域内，同一列或同一行数值数据的集合构成一组到多组的数据系列，也就是图表中相关数据点的集合。

(5) **坐标轴及坐标标签⑤**：坐标轴是表示数值大小及分类的垂直组合水平线，上面有标定的数据值的标示。一般情况下，水平轴（x 轴）表示数据的分类；坐标轴标题用来说明坐标轴的分类及内容，分为水平坐标轴和垂直坐标轴。

(6) **图例⑥**：指示图表中系列区域的符号、颜色或形状定义数据系列所代表的内容。图例由两部分构成：图例表示和图例项。

(7) **文本标签**：用于为数据系列添加说明文字。

(8) **网格线**：贯穿绘图区的线条。可添加到图表中以易于查看和计算数据的线条，是坐标轴上刻度线的延伸，并穿过绘图区。主要网格线标出了轴上的主要间距，用户还可在图表上显示次要网格线，用以标示主要间距之间的间隔。

5.1.4　图表类型

Matpalotlib 提供了丰富的图表类型，每种图表类型还包含一种或多种子类型。数据分析图表要根据数据的特性，找到合适的可视化方式，将数据直观地展现出来，以帮助人们理解数据。数据分析图表分为条形图、柱状图、折线图、饼图、散点图、面积图、环形图、雷达图等。

1. 条形图

条形图使用长度作为视觉暗示，有利于直接进行比较。每个矩形代表一个分类，矩形越长，数值就越大。条形图的局限性在于每个矩形都要从零坐标开始，而且只能横向或向上径直延伸。条形图在视觉上等同于一个列表，每一个条形都代表一个数值，设计者可以用不同的矩形和图表来区分，如图 5-4 所示。在使用条形图时，为了让用户更容易抓住重点，要尽可能去掉可有可无的元素，如图 5-4 所示，删除了 x 轴和网格线，使图表更简洁。条形图的条目数一般要求不超过 30 条，否则容易带来视觉和记忆上的负担。

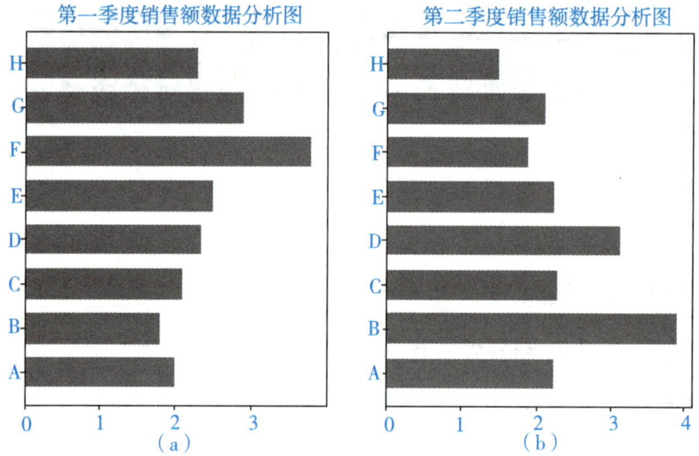

图 5-4　条形图

2. 饼图

在饼图中，完整的圆表示整体，每个扇形都是其中的一部分。所有扇形的总和等于 100%。在使用饼图时，分类不宜过多，不然饼图就会乱成一团，由于一个圆的空间有限，所以小数值往往就成了细细的一条线。由于人眼对面积的大小不敏感，所以饼图不适合数据的精确比较，当饼图各个分量的比例相差不大时，应考虑用柱状图来代替饼图。如图 5-5 所示。

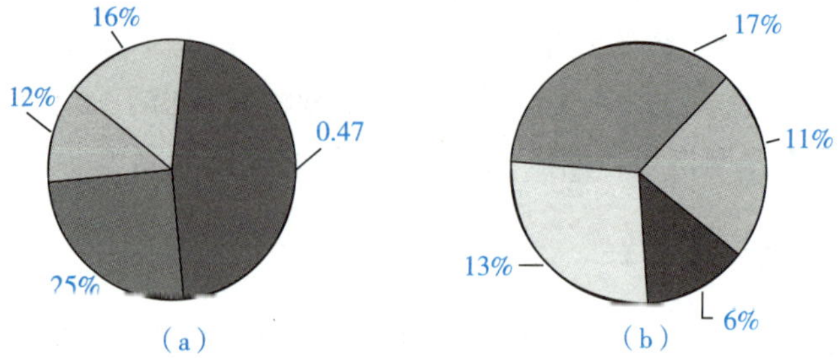

图 5-5　饼图

3. 柱形图

柱形图又称长条图、柱状统计图，是一种以长方形的长度为变量的统计图表，通常利用于较小的数据集分析。

当数据较多时，为了区分数据而需要为每个柱形设置一个颜色，多颜色虽然会吸引用户的眼球，但用户的关注点可能会被吸引到颜色上，而不是数据及数据之间的关系。因此，建议在同一色系内选定不同的颜色，或者相同颜色，不同的明度或饱和度。为了强调某一个数据，可以使用对比色或图案填充等方法来突出显示某个柱形，如图 5-6 所示。

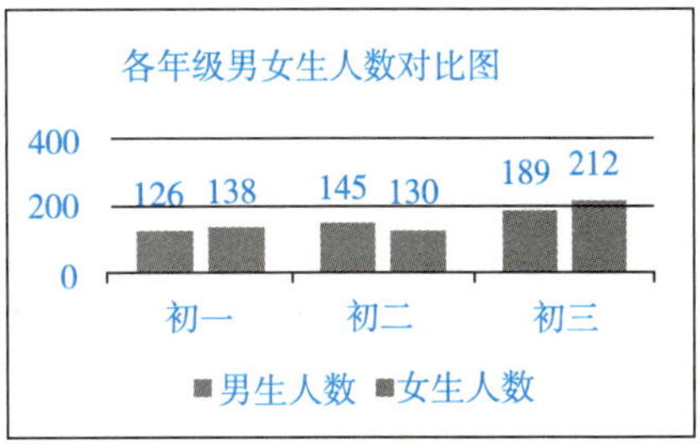

图 5-6　柱形图

4. 折线图

折线图是用直线段将各数据点连接起来而组成的图形，以折线的方式来显示数据的变化趋势。在折线图中，沿水平轴分布的是时间，沿垂直轴分布的是需要表达的数据。由于线条可以使数据的变化趋势更加明显，所以折线图更适合用于表现趋势。

折线图不适合显示 4 条以上的折线，否则交织在一起的折线让人无法看出数据之间的对比和差异，凌乱的折线反而干扰了可读性。折线图必须包含零点，即 x 轴和 y 轴都必须包含零值，否则容易造成理解的偏差。另外，在使用折线图时，要注意横轴长度会影响展现的曲线趋势，如果图中的横轴过短，会使整个曲线比较夸张；如果横轴过长，则用户又有可能看不清楚数据的变化。图 5-7 展示了设置横轴长度对视觉效果的影响。

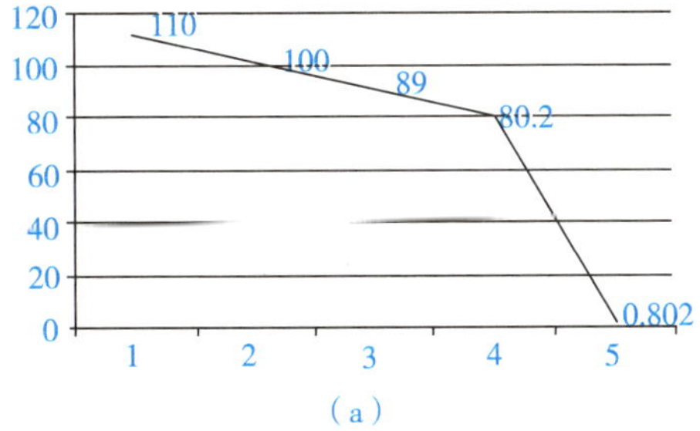

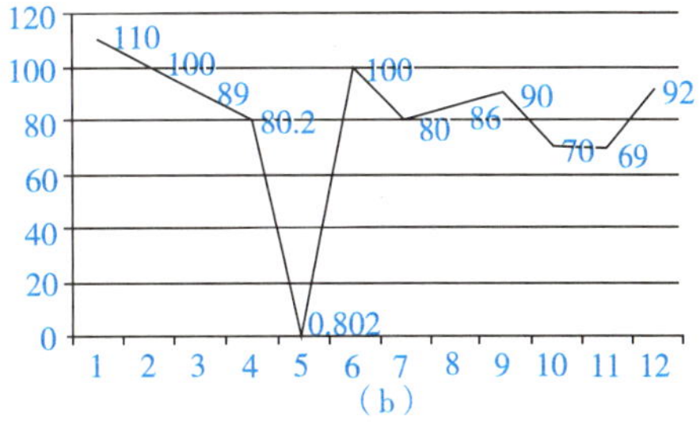

图 5-7　不同的横轴长度对视觉效果的影响

5. 雷达图

雷达图是通过从同一点开始的轴表示的三个或更多个定量变量的二维图形的形式来显示多变量数据的图形方法。可以将雷达图看作是平行坐标的极坐标的形式，轴的相对位置和角度通常不具有信息。数据对象的各个属性值与各属性最大值的比例决定了每个坐标轴上点的位置，将这些坐标轴上的点用折线进行连接，其大小形状则反映了数据对象的属性。如图 5-8 所示，该雷达图显示了上半年与下半年产品销售的对比。

雷达图不适合显示 3 组以上的数据序列，因为一个数据序列产生一个多边形(数据对象的维数就是多边形的边数)，大量的多边形容易产生填充区域的覆盖或者边的交叉。虽然可以使用颜色来区分多个多边形，但总体容易让人视觉混乱，很难快速对比数据的优劣。

雷达图适合比较 3 ~6 维变量的数据序列，既适合查看单个类别的发展均衡情况，也便于对比两个或更多类别的优劣。因为每个类别都有一根从中心向外发射的轴线，如果类别超过 6 个，则产生的轴线太多容易导致用户难以阅读和区分数据；如果类别过少，则多边形的边数过于稀少，图表简单，美观度又不足。雷达图同样不适用于对数据的精确比较。

6. 散点图

对多变量数据进行可视化，一个常用的方法是使用散点图。对于 2 个以上维度的数据，可以使用散点图矩阵。这些散点图根据它们所表示的属性，沿横轴和纵轴按一定的顺序排列，组成一个矩阵。图 5-9 显示了 15 家工厂生产的某类产品的两个质量指标抽样数据的散点图。

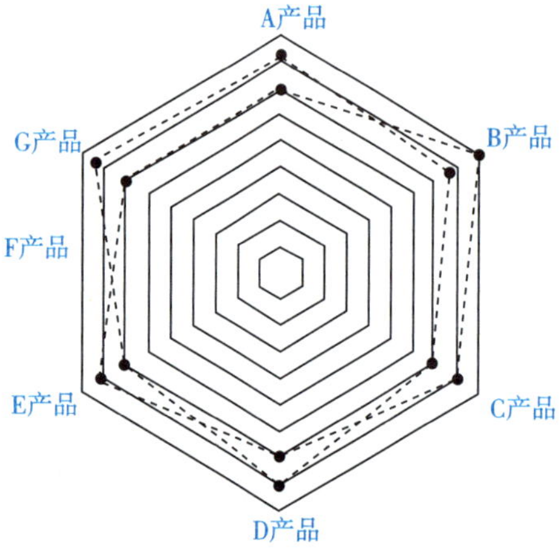

图 5-8 雷达图示例

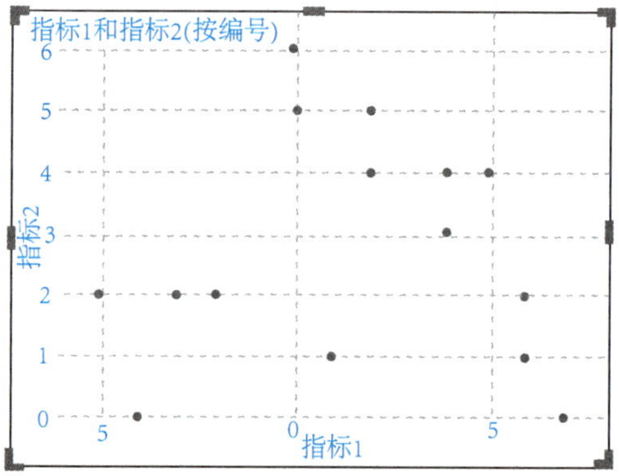

图 5-9 散点图示例

任务评价

评价内容	评价标准	分值	自评	师评
数据可视化的作用	理解数据可视化的作用	25		
数据分析图表	掌握数据分析图表的概念	25		
图表结构	掌握图表结构的基本组成	25		
图表类型	掌握图表类型的分类	25		
总分		100		

任务2　图表的基本设置

任务描述

小刘收到组长小白的反馈意见后，根据统计结果绘制可视化图表。那么如何绘制图表？又如何实现数据可视化？

任务分析

本任务全面讲解图表的基本设置。首先讲解创建图表窗口的方法，然后讲解绘制折线图的方法，接下来讲解创建子图的方法，最后讲解图表属性参数。通过本任务的学习，读者能够全面掌握图表的基本设置技能。这些技能是进行数据可视化和分析的基础，能够帮助读者更好地理解和呈现数据。

任务重点与实施

Matplotlib 提供了与 MATLAB 类似的绘图 API—Pyplot，Pyplot 包含一系列绘图函数的相关函数，能很方便让用户绘制 2D 图表。

在数据可视化分析中，为了让图表显示更好的效果，少不了对图表进行设置，下面简单介绍一下图表的常见设置，给图表加上标记、网格、图例和注释等。

5.2.1　创建图表窗口

在 Pyplot 中，figure 函数用来创建图表窗口，该函数的调用格式如下。

```
plt. figure(num =None,
           figsize =None,
           dpi =None,
           facecolor =None,
           edgecolor =None,
           frameon =True)
```

参数说明如下。

(1) num：指定图表编号或名称，数字为编号，字符串为名称。

(2) figsize：指定 figure 的宽和高，单位为英寸。

(3) dpi：指定绘图对象的分辨率，即每英寸多少个像素，缺省值为 80 。1 英寸等于 2.5 cm，A4 纸是 21 cm×30 cm 的纸张。

(4)facecolor：背景颜色。

(5)edgecolor：边框颜色。

(6)frameon：是否显示边框。

当执行 figure 函数时，不显示图表窗口，需要执行 plt. show 函数，系统会自动创建一个新的图表窗口，如图 5-10 所示。若之前已经有图形窗口打开，那么系统会将图形画在最近打开过的图表窗口上，原有图形也将被覆盖。

案例 创建图形窗口

PyCharm 程序如下。

```
#! /usr/bin/env python3
# -* - coding: UTF-8 -* -
import numpy as np                              # 导入 numpy 模块
import pandas as pd                             # 导入 pandas 模块
import openpyxl                                 # 导入 openpyxl 模块
import matplotlib. pyplot as plt                # 导入 matplotlib. pyplot 模块
plt. rcParams['font. sans-serif'] = ['SimHei']  # 解决中文乱码
#创建图形窗口
#设置图表编号、背景颜色,边框颜色,不显示边框
pl = plt. figure(num='图书销售额分析图')
pl. facecolor = 'red'
pl. edgecolor = 'green'
pl. frameon = False
plt. show()
```

扫码看视频

运行程序，结果如图 5-11 所示。

savefig 函数用来保存图形窗口，可以将当前的图形以指定文件的形式存到用户所希望的目录下。

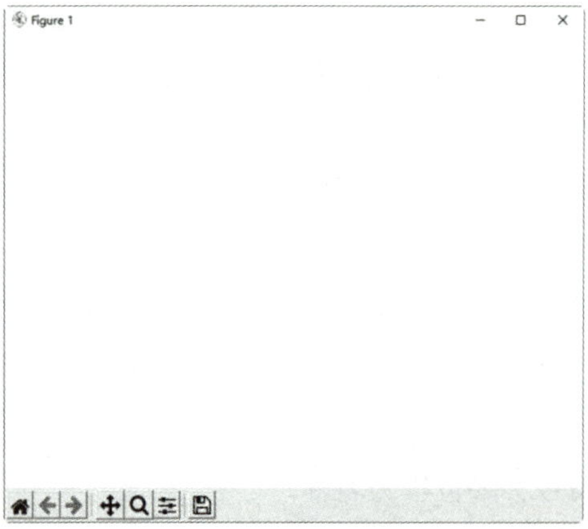

图 5-10 图形窗口

图 5-11 显示图形窗口

5.2.2 绘制折线图

折线图连接各个单独的数据点，以等间隔显示数据的变化趋势。通常情况下，类别数据或时间的推移沿水平轴均匀分布，数值数据沿垂直轴均匀分布。

plot 函数是最基本的绘图命令，用来绘制折线图，该函数的调用格式如下。

```
plt.plot(x, y, format_string, ** Kwargs)
```

参数说明如下。

(1)x：x 轴上的值。

(2)y：y 轴上的值。

(3)format_string：控制曲线的格式字符串，包括线型、颜色、标记。

(4) ** kwargs：(x，y，format_string)。

① color：表示颜色，color = 'green'。

② linestyle：线条风格，linestyle = 'dashed'。

③ marker：标记风格，marker = 'o'。

④ markerfacecolor：标记颜色，markerfacecolor = 'blue'。

⑤ markersize：标记尺寸，markersize = 20。

format_string 为用单引号标记的字符串，用来设置所画数据点的类型、大小、颜色以及数据点之间连线的类型、粗细、颜色等。实际应用中，format_string 是某些字母或符号的组合，format_string 可以省略，此时将由系统默认设置，即曲线一律采用“实线”线型，不同曲线将按表 5-2 所给出的前 7 种颜色(蓝、绿、红、青、品红、黄、黑)顺序着色。

format_string 的合法设置参见表 5-1、表 5-2 和表 5-3。

表 5-1　线型符号及说明

线型符号	符号含义	线型符号	符号含义
-	实线(默认值)	:	点线
--	虚线	-.	点画线

表 5-2　颜色控制字符表

字符	色彩	RGB 值
b(blue)	蓝色	001
g(green)	绿色	010
r(red)	红色	100
c(cyan)	青色	011
m(magenta)	品红	101

(续表)

字符	色彩	RGB 值
y(yellow)	黄色	110
k(black)	黑色	000
w(white)	白色	111

表 5-3 标记控制字符表

字符	数据点	字符	数据点
+	加号	>	向右三角形
o	实心小圆圈	<	向左三角形
*	星号	s	正方形
.	实点	h	竖六边形
x	交叉号	p	正五角星
d	棱形	v	向下三角形
^	向上三角形	,	像素标记(极小点)
1	下花三角标记	2	上花三角标记
3	左花三角标记	4	右花三角标记
H	横六边形	|	垂直线标记

案例1 测温度随时间的变化关系

在某次工程实验中，测得时间 t 与温度 T 的数据见表 5-4。

扫码看视频

表 5-4 时间与温度的关系

时间 t/s	0	1	2	3	4	5	6	7	8	9	10	11	12
温度 T/℃	0	32.5	46.3	78.8	85.5	96.6	107.3	110.4	115.7	118	119.2	119.8	120

描绘出这些点，以观察温度随时间的变化关系。在 PyCharm 命令窗口中输入如下命令。

```
#! /usr/bin/env python3
# -*- coding: UTF-8 -*-
import numpy as np                                    # 导入 numpy 模块
```

```
import pandas as pd                                  # 导入 pandas 模块
import openpyxl                                      # 导入 openpyxl 模块
import matplotlib.pyplot as plt                      # 导入 matplotlib.pyplot 模块
plt.rcParams['font.sans-serif'] = ['SimHei']         # 解决中文乱码
t = np.arange(0,13)                                  # 输入时间 t 的数据
#输入温度 T 的数据
T = [0, 32.5, 46.3, 78.8, 85.5, 96.6, 107.3, 110.4, 115.7, 118, 119.2, 119.8, 120]
plt.plot(t, T, marker='o', ms=20, mec='r')  # 用红色的'* '描绘出相应的数据点
plt.show()
```

输出结果如图 5-12 所示。

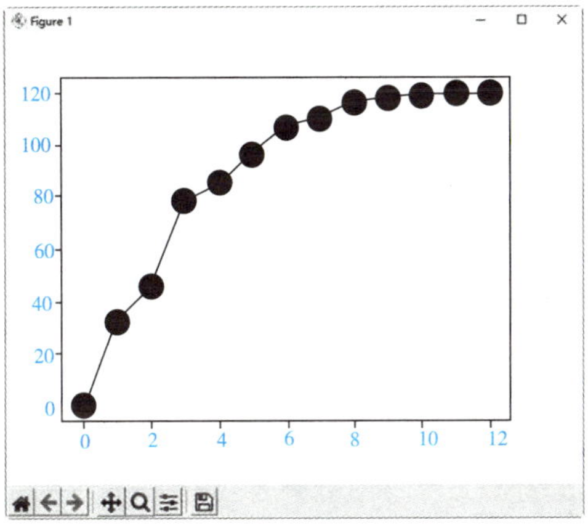

图 5-12　温度随时间的变化关系

案例2　在同一图中作出不同摩擦系数情况下路程随时间的变化曲线

在某次物理实验中，测得摩擦系数不同情况下路程与时间的数据见表 5-5。

扫码看视频

表 5-5　不同摩擦系数时路程和时间的关系

时间/s	路程 1/m	路程 2/m	路程 3/m	路程 4/m
0	0	0	0	0
0. 2	0. 58	0. 31	0. 18	0. 08
0. 4	0. 83	0. 56	0. 36	0. 19
0. 6	1. 14	0. 89	0. 62	0. 30

(续表)

时间/s	路程 1/m	路程 2/m	路程 3/m	路程 4/m
0. 8	1. 56	1. 23	0. 78	0. 36
1. 0	2. 08	1. 52	0. 99	0. 49

此问题可以将时间 t 写为一个列向量，相应测得的路程的数据写为一个 6×4 的矩阵，然后利用 plot 函数，需要将路程 s 的数据转换为向量，具体的程序如下。

```
#! /usr/bin/env python3
# -* - coding: UTF-8 -* -

import numpy as np                                          # 导入 numpy 模块
import pandas as pd                                         # 导入 pandas 模块
import openpyxl                                             # 导入 openpyxl 模块
import matplotlib. pyplot as plt                            # 导入 matplotlib. pyplot 模块
plt. rcParams['font. sans- serif'] = ['SimHei']             # 解决中文乱码
t = np. linspace(0, 1, 6)                                   # 创建时间
s = [[0, 0, 0, 0],\
     [0. 58, 0. 31, 0. 18, 0. 08],\
     [0. 83, 0. 56, 0. 36, 0. 19],\
     [1. 14, 0. 89, 0. 62, 0. 30],\
     [1. 56, 1. 23, 0. 78, 0. 36],\
     [2. 08, 1. 52, 0. 99, 0. 49]]                          # 创建路程列表
s = np. transpose(s)                                        # 转置运算
plt. plot(t, s[0], 'b:', t,s[1], 'd- ', t,s[2], 'm>:', t, s[3], 'rh- ')
plt. show()
```

运行结果如图 5-13 所示。

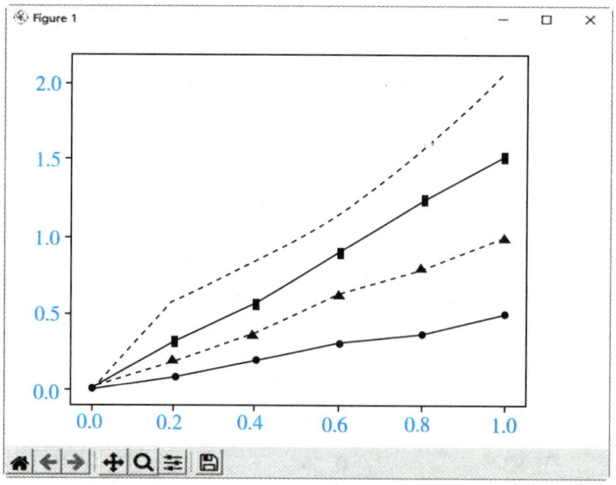

图 5-13　绘制多条线

5.2.3　创建子图

子图也就是在同一绘图区中分割出所需要的几个绘图区，可以使用 subplot( ) 和 subplots( ) 函数来实现。

subplots 函数可以一次生成多个绘图区，该函数的调用格式如下。

```
plt. subplots(nrows =1, ncols =1, * ,
              sharex =False,
              sharey =False,
              squeeze =True,
              subplot_kw =None,
              gridspec_kw =None,
              ** fig_kw)
```

参数说明如下。

(1) nrows：默认为 1，设置子图的行数。

(2) ncols：默认为 1，设置子图的列数。

(3) sharex、sharey：设置 x、y 轴是否共享属性，默认为 false，可设置为'none'、'all'、'row'或'col'。False 或 none 每个子图的 x 轴或 y 轴都是独立的，True 或'all'：所有子图共享 x 轴或 y 轴，'row'设置每个子图行共享一个 x 轴或 y 轴，'col'：设置每个子图列共享一个 x 轴或 y 轴。

(4) squeeze：布尔值，默认为 True，表示额外的维度从返回的 Axes(轴)对象中挤出，对于 N×1 或 1×N 个子图，返回一个一维数组，对于 N×M，N>1 和 M>1 返回一个二维数组。如果设置为 False，则不进行挤压操作，返回一个元素为 Axes 实例的二维数组，即使它最终是 1×1。

(5) subplot_kw：把字典的关键字传递给 add_subplot( )来创建每个子图。

(6) gridspec_kw：把字典的关键字传递给 GridSpec 构造函数创建子图放在网格里(grid)。

(7) ** fig_kw：把详细的关键字参数传给 figure 函数。

subplot 函数在绘图时需要指定位置，该函数的调用格式见表 5-6。

表 5-6　subplot 函数的调用格式

调用格式	说明
subplot(nrows, ncols, index, ** kwargs)	将整个绘图区域分成 nrows 行和 ncols 列，按照从左到右，从上到下的顺序对每个子区域进行编号 1... N，左上的子区域的编号为 1、右下的区域编号为 N，编号可以通过参数 index 来设置

（续表）

调用格式	说明
subplot(pos, ** kwargs)	pos 表示在指定的位置创建绘图区
subplot(** kwargs)	** kwargs 表示第二组或更多数据
subplot(ax)	在指定的坐标区绘制绘图区

坐标区属性及相应的值都可以通过 get 函数来查看，以及用 set 函数来修改。

案例 画出 $y=\sin x$、$y=\cos x$ 的图像，作出大小不同的子图图像

在 PyCharm 命令行窗口中输入如下命令。

扫码看视频

```
#! /usr/bin/env python3
# -* - coding: UTF-8 -* -
import numpy as np                                      # 导入 numpy 模块
import pandas as pd                                     # 导入 pandas 模块
import openpyxl                                         # 导入 openpyxl 模块
import matplotlib. pyplot as plt                        # 导入 matplotlib. pyplot 模块
plt. rcParams['font. sans-serif'] = ['SimHei']          # 解决中文乱码
x = np. linspace(0,2* np. pi,20)                        # 创建取值点向量
y1 = np. sin(x)                                         # 定义函数表达式
y2 = np. cos(x)
plt. subplot(2, 2, 1)                                   # 创建四个子图,绘制第一个子图
plt. plot(x, y1, 'r')                                   # 用红色线条绘制表达式 y1 的图形
plt. subplot(2, 2, 2)                                   # 创建四个子图,绘制第二个子图
plt. plot(x, y2, 'g')                                   # 用绿色线条绘制表达式 y2 的图形
plt. subplot(2, 2, 3)                                   # 创建四个子图,合并子图 3 和子图 4
#设置线宽为 3,标记为五角星,标记填充颜色为绿色,标记轮廓颜色为红色,绘制 y1 和 y2 的
图形
plt. plot(x, y1, '3:', x, y2, 'd- ')
plt. show()
```

运行后所得的图像如图 5-14 所示。

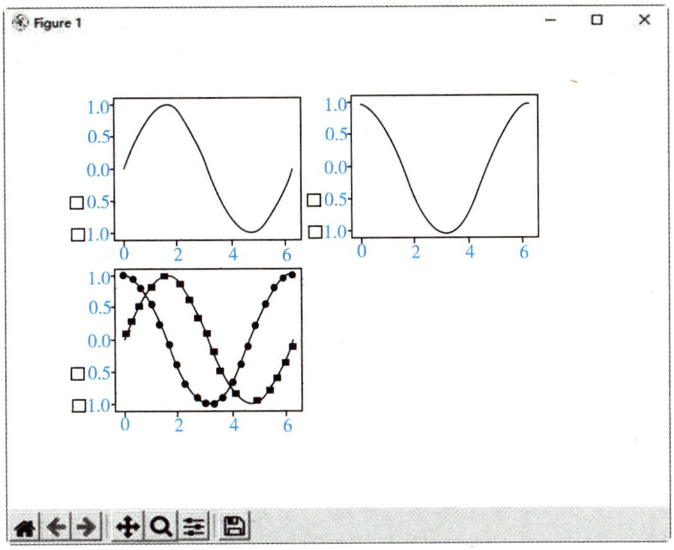

图 5-14　大小不同的子图

5.2.4　图表属性参数

pylot 使用 rc 配置文件来自定义图表的各种默认属性，称之为 rc 配置或 rc 参数。通过 rc 参数可以修改默认的属性，包括窗体大小、每英寸的点数、线条宽度、颜色、样式、坐标轴、坐标和网络属性、文本、字体等，例如：

```
plt. rcParams[ "1ines. color'] ='r'          # 更改线默认颜色
```

1. 自定义属性配置

rcParams 函数定义图形的默认属性，该函数的调用格式如下。

```
plt. rcParams. keys()
```

其中 key 表示可以设置的属性见表 5-7。

表 5-7　自定义属性

属性名		说明	可选值
线条	lines. linewidth	线条线宽	默认为 1. 0
	lines. linwstyle	线条线型	实线
	lines. color	线条颜色	默认为 blue
	lines. marker	线条标记	默认标记为 None
	lines. markeredgewidth	在线条标记附近的线宽	默认为 0. 5
	lines. markersize	标记大小	默认为 6

(续表)

属性名		说明	可选值
图形对象	patch. linewidth	图形对象线宽	默认为 1.0
	patch. facecolor	图形对象面颜色	默认为 blue
	patch. edgecolor	图形对象边颜色	默认为 blue
	patch. antialiased:	使用抗锯齿渲染	默认为 True
字体	font. family	每个字体家族都有默认一些列以优先级下降的顺序排列的字体	"serif" (如 Times) "sans-serif" (如 Helvetical) "cursive" (如 Zapf-Chancery) "fantasy" (如 Western) "monospace" (如 Courier)
字体	font. style	字体类型	normal(或者 roman), italic, oblique
	font. variant	字体变形，可缩放字形，大写字母的小写形式	normal, small-caps
	font. weight	字体粗细	normal, bold, bolder, lighter, 100, 200, 300, ..., 900
	font. size	为文本设置默认字体大小，以磅为单位	标准值是 12 pt

Pyplot 默认并不支持中文显示，汇总图形时，不可避免的需要使用中文填写 x 轴、y 轴代表的含义，设置中文往往会出现乱码现象，原因是 matplotlib. pyplot 在显示时无法找到合适的字体。先把需要的字体(在系统盘 C 盘的 windows 下的 fonts 目录内)添加到 FontProperties 中。

输入下面的程序即可解决中文最示问题。

```
plt. rcParams['font. sans-serif'] = ['SimHei']          # 解决中文乱码
plt. rcParams["axes. Unicode_minus'] =False             # 负号的正常显示
```

2. 指定配置文件

使用 Matplotlib 画图的时候，除了可以针对每一个样式自己定义外，还可以使用系统定义好的样式快速配置。

style 是 Pyplot 的一个子模块，方便进行风格转换，它里面定义了很多预设风格。本质上来说，每一个预设的风格 style 都是一个 style 文件，它是以 . mplstyle 为后缀的文件。在 Anaconda3 安装路径下 Anaconda3 \ Lib \ site-packages \ matplotlib \ mpl-data \ stylelib 有很多的 . mplstyle 文件。

任务评价

评价内容	评价标准	分值	自评	师评
创建图表窗口	掌握创建图表窗口的方法	25		
绘制折线图	掌握绘制折线图的方法	25		
创建子图	掌握创建子图的方法	25		
图表属性参数	掌握修改图表属性参数的方法	25		
总分		100		

任务 3　图形修饰处理

任务描述

小刘完成图表绘制后，想完善图表，根据数据调整坐标系显示，添加标注文字，实现图形合一。那么，如何实现坐标轴与坐标系的设置？标注文字如何添加？

任务分析

本任务全面讲解图形的修饰处理。首先讲解坐标系的设置；其次讲解图形标注。通过本任务的学习，读者能够全面掌握图形的修饰处理技能。这些技能对于提升数据可视化的专业度和可读性至关重要。

任务重点与实施

通过上几节的学习，读者可能会感觉到简单的绘图命令并不能满足对可视化的要求。为了让所绘制的图形让人看起来舒服并且易懂，Pyplot 提供了许多图形控制的函数。本节主要介绍一些常用的图形控制函数。

5.3.1　坐标系设置

坐标系是被横竖坐标轴围起来的部分，坐标系包括中间的数据系列区、坐标轴、坐标刻度、坐标标签等部分。

1. 创建坐标系

Pyplot 中的绘图函数可根据要绘制的曲线数据的范围自动选择合适的坐标系，使得曲线尽可能清晰地显示出来，所以一般情况下用户不必自己选择绘图坐标。但是有些图形，如果用户感觉自动选择的坐标不合适，则可以利用 axes 函数设置新的坐标系。该函数的调用格式如下。

```
plt. axes(arg =None, **  kwargs)
```

参数说明如下。

(1) arg：包含 None(nothing)或 4 个 float 类型的元组，none 表示新的坐标轴，4 个元组表示新坐标轴的位置，即左、底部、宽度、高度。

(2) ** kwargs：多个关键字参数(kwargs)，最常见的包括 facecolor、gid、inlayout、label、position、xlim、ylim 等。

案例1 读取某公司办公用品领用记录表，绘制折线图

PyCharm 程序如下。

扫码看视频

```
#! /usr/bin/env python3
# -*- coding: UTF-8 -*-
import numpy as np                                  # 导入 numpy 模块
import pandas as pd                                 # 导入 pandas 模块
import openpyxl                                     # 导入 openpyxl 模块
import matplotlib. pyplot as plt                    # 导入 matplotlib. pyplot 模块
plt. rcParams['font. sans-serif'] = ['SimHei']      # 解决中文乱码
#读取 xlsx 文件
data = pd. read_excel('D:\\NewPython\\办公用品领用记录表 . xlsx')
x = data['用品']
y = data['销售部']
#设置坐标系参数
plt. plot(x, y, 'g3-')                               # 绘制折线图
#创建新的坐标系,设置坐标系大小及颜色
a = plt. axes([.2, .5, .5, .3], facecolor='y')
plt. plot(x, y, 'ro-')
plt. show()
```

运行结果如图 5-15 所示。

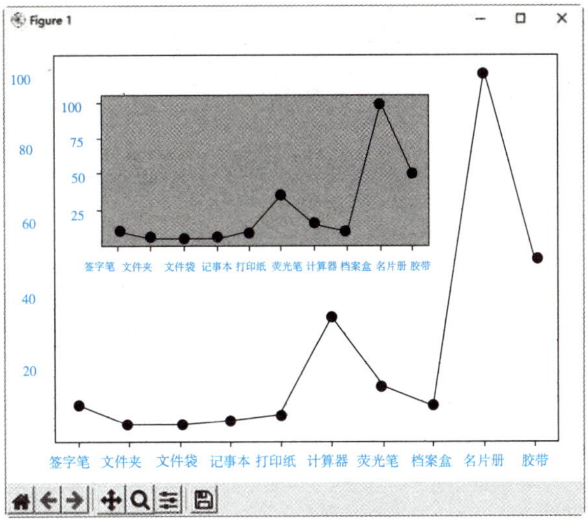

图 5-15　运行结果

2. 坐标轴控制

axis 函数用于控制坐标轴的显示、刻度、长度等特征，它有很多种使用方式，表 5-8 列出了一些常用的使用格式。该函数与 axes. Axes. set_xlim、axes. Axes. set_ylim 类似。

表 5-8　axis 函数的使用格式

调用格式	说明
xmin，xmax，ymin，ymax=axis( )	返回当前坐标轴的 x 轴与 y 轴的范围
xmin，xmax，ymin，ymax=axis([xmin，xmax，ymin，ymax])	设置新的坐标轴的 x 轴与 y 轴的范围
xmin，xmax，ymin，ymax = axis(option)	根据指定的选项 option 设置坐标轴属性，见表 5-9

表 5-9　选项 option 参数

参数值	说明
'on'	显示坐标轴上的标记、单位和格栅
'off'	关闭所用坐标轴上的标记、格栅和单位标记
'equal'	使在每个方向的数据单位都相同，其中 x 轴、y 轴与 z 轴将根据所给数据在各个方向的数据单位自动调整其纵横比
'scaled'	通过更改坐标轴的尺寸设置相等的缩放
'tight'	把坐标轴的范围定为数据的范围
'auto'	自动计算当前轴的范围

(续表)

参数值	说明
'image'	效果与命令'scaled'相同，只是图形区域刚好紧紧包围图像数据
'square'	设置当前图形为正方形，并且 x 轴和 y 轴范围相同，即 $y_{max}-y_{min}=x_{max}-x_{min}$

案例2 设置利润统计表折线图坐标轴样式

PyCharm 程序如下。

```
#! /usr/bin/env python3
# -* - coding: UTF-8 -* -
import numpy as np                                    # 导入 numpy 模块
import pandas as pd                                   # 导入 pandas 模块
import openpyxl                                       # 导入 openpyxl 模块
import matplotlib. pyplot as plt                      # 导入 matplotlib. pyplot 模块
plt. rcParams['font. sans-serif'] = ['SimHei']        # 解决中文乱码
#读取 xlsx 文件
data = pd. read_excel('D:\\NewPython\\利润统计 . xlsx')
x = data['月份']
y = data['月利润']
#设置坐标轴参数
plt. subplot(1, 3, 1)                                 # 创建 3 子图
plt. plot(x, y, 'gp-')                                # 绘制折线图
plt. subplot(1, 3, 2)                                 # 创建 3 子图
plt. plot(x, y, 'ro-')
plt. axis('square')                                   # 设置正方形坐标系
plt. subplot(1, 3, 3)                                 # 创建 3 子图
plt. plot(x, y, 'bo-')
plt. axis('off')                                      # 关闭坐标系
plt. show()
```

扫码看视频

运行结果如图 5-16 所示。

3. 坐标轴刻度范围

在 Python 中还可以对坐标轴刻度范围进行设置或查询，x 轴、y 轴相应的函数为 xlim、ylim，调用格式都是一样的，与 axes 函数相同，这里不再赘述。

4. 双 y 轴坐标系

在数据分析过程中，有时需要同时展示两组数据，因此需要建立双坐标轴，在 Python 中，ax. twinx 用于创建产生一个双坐标轴坐标系。

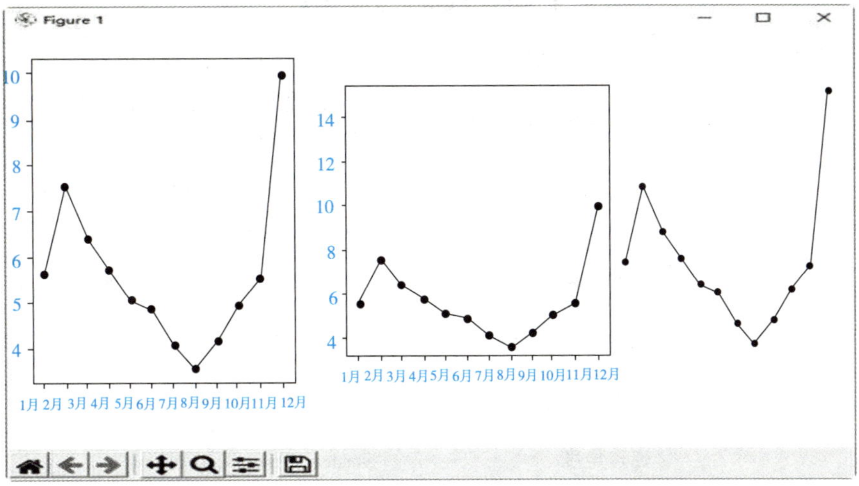

图 5-16 运行结果

5.3.2 图形标注

Python 中提供了一些常用的图形标注函数，利用这些函数可以为图形添加标题、为图形的坐标轴加标注、为图形加图；也可以把说明、注释等文本放到图形的任何位置。本小节的内容是图形控制中最常用的，也是实际中应用最多的地方，因此读者要仔细学习本节内容，并上机调试本节所给出的实例。

1. 标注标题

默认的图表没有标题，这种形式不能很好的体现图表的作用，也不美观，所以需要添加该图表标题。在 Pyplot 绘图函数中，title 函数用于给图形对象加标题，该函数的调用格式如下。

```
plt. title (label, fontdict =None, loc ='center', pad =None, ** kwargs)
```

参数说明如下。

(1) label：标题文本。

(2) fontdict：控制标题的字体样式，字典形式。

(3) loc：标题水平样式可为{'center', 'left', 'right'}，分别表示居中，水平居左和居右，默认为水平居中。

(4) pad：表示标题离图表顶部的距离，默认为 None。

(5) ** kwargs：可以设置一些其他的文本属性见表 5-10。

表 5-10　kwargs 文本属性

属性名	说明	可选值
fontsize	设置字体大小，默认 12	'xx-small'，'x-small'，'small'，'medium'，'large'，'x-large'，'xx-large'
fontweight	设置字体粗细	'light'，'normal'，'medium'，'semibold'，'bold'，'heavy'，'black'
fontstyle	设置字体类型	'normal'，'italic'(斜体)，'oblique'(倾斜)
verticalalignment	设置水平对齐方式	'center'，'top'，'bottom'，'baseline'
horizontalalignment	设置垂直对齐方式	left，right，center
rotation	旋转角度	vertical，horizontal
alpha	透明度	0 ~ 1
backgroundcolor	标题背景颜色	—
bbox	给标题增加外框	boxstyle 方框外形
		facecolor(简写 fc)背景颜色
		edgecolor(简写 ec)边框线条颜色
		edgewidth 边框线条大小

案例1　使用游标卡尺对同一零件进行测量，根据多次测量结果的变化关系绘制折线图并添加标题

进行 12 次独立测量，测得次数 t 与测量结果 L 的数据见表 5-11。

表 5-11　次数 t 与测量结果 L 的关系

次数 t	1	2	3	4	5	6	7	8	9	10	11	12
测量结果 L/mm	6.24	6.28	6.28	6.20	6.22	6.24	6.24	6.26	6.28	6.20	6.20	6.24

PyCharm 程序如下。

```
#! /usr/bin/env python3
# -* - coding: UTF-8 -* -
import numpy as np                                  # 导入 numpy 模块
import pandas as pd                                 # 导入 pandas 模块
```

扫码看视频

```
import openpyxl                                      # 导入 openpyxl 模块
import matplotlib. pyplot as plt                     # 导入 matplotlib. pyplot 模块
plt. rcParams[ 'font. sans-serif'] = [ 'SimHei']     # 解决中文乱码
x = np. linspace(1, 13, 12)
y = [6. 24, 6. 28, 6. 28, 6. 20, 6. 22, 6. 24, 6. 24, 6. 26, 6. 28, 6. 20, 6. 20, 6. 24]
#设置坐标系参数
plt. plot(x, y, 'bo- ')                              # 绘制折线图
label ='次数 t 与测量结果 L 的关系'                   # 定义标题名称
#字典形式定义字体样式 font_dict = {'fontsize': 20,\
            'fontweight': 'heavy',\
            'backgroundcolor': 'y'}
#设置标题边框样式,背景色为绿色,边颜色为红色,透明度为 0. 62
dict1 = dict(facecolor ='g', edgecolor ='r', alpha =0. 65 )
plt. title(label, fontdict =font_dict, loc ='center', bbox =dict1)  # 添加标题
plt. show()
```

运行结果如图 5-17 所示。

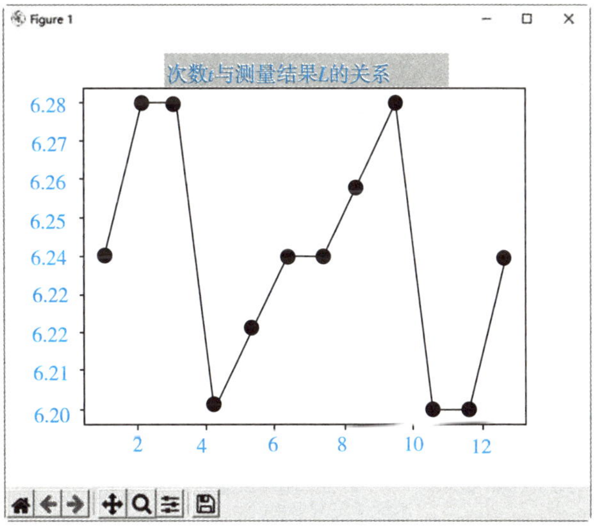

图 5-17 运行结果

2. 标注轴名称

用户还可以对坐标轴进行标注，相应的函数为 xlabel、ylabel，作用分别是对 x 轴、y 轴进行标注，调用格式都是一样的，以 xlabel 为例进行说明，该函数的调用格式如下。

```
plt. xlabel(fontsize = ' large',
        verticalalignment = ' top',
        horizontalalignment = ' center',
        rotation = ' horizonta' l)
```

参数说明如下。

(1)fontsize：字体大小，为数字或'small'，'large'，'medium'。

(2)verticalalignment：上下平移向 figure 与 axis 之间的中间线对齐，可以简写为 va，可选值为'top'，'bottom'，'center'，'baseline'。

(3)horizontalalignment：左右平移向中间对齐，可以简写为 ha，可选值为'center'，'right'，'left'。若为 xlabel 则标识最左边对齐 figure 的中垂线，若为 ylabel 则标识最左边对齐 figure 的中横线。

(4)rotation：文字旋转角度，可选参数为'vertical'，'horizontal'。

案例2　使用游标卡尺对同一零件进行测量，根据多次测量结果的变化关系绘制折线图并添加坐标轴名称

PyCharm 程序如下。

```
#X 轴添加名称
plt. xlabel("游标卡尺测量次数", fontsize =14, rotation ='horizontal',\
            verticalalignment ='top', horizontalalignment ='left')
```

扫码看视频

运行结果如图 5-18 所示。

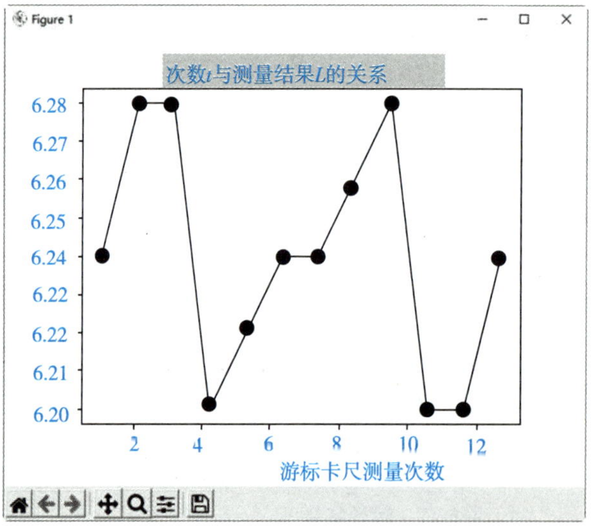

图 5-18　运行结果

3. 标注坐标轴刻度

在 Python 中还可以对坐标轴刻度样式进行设置或查询，x 轴、y 轴相应的函数为 xticks、yticks，调用格式都是一样的，xticks 函数的调用格式如下。

```
plt. xticks(ticks, [labels], ** kwargs)
```

参数说明如下。

(1) ticks：数组类型，用于设置 x 轴刻度间隔。

(2) [labels]：数组类型，用于设置每个间隔的显示标签。

(3) ** kwargs：用于设置标签字体倾斜度和颜色等外观属性。Python 里的双星号代表这个位置接收任意多个关键字参数。

案例3　观察使用游标卡尺对同一零件不同次数测量结果的变化关系，为折线图添加坐标轴名称

PyCharm 程序如下。

```
#定义坐标轴刻度名称
xt = ['次数1', '次数2', '次数3', '次数4', '次数5', '次数6',\
     '次数7', '次数8', '次数9', '次数10', '次数11', '次数12']
#设置X轴刻度样式
#第一个参数设置X轴的间隔,
#第二个参数控制每个间隔显示的文本,后面两个参数控制标签的颜色和旋转角度
plt.xticks(x, xt, color='blue', rotation=60)
```

扫码看视频

运行结果如图 5-19 所示。

plt. tick_params 可以同时设置 x 轴、y 轴相应的属性。PyCharm 程序如下。

```
#设置刻度的大小,both代表xy同时设置
plt.tick_params(axis='both', labelsize=14)
```

运行结果如图 5-20 所示。

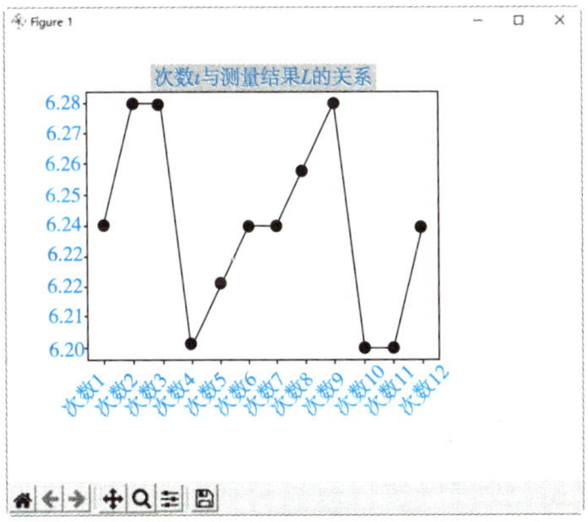

图 5-19　运行结果

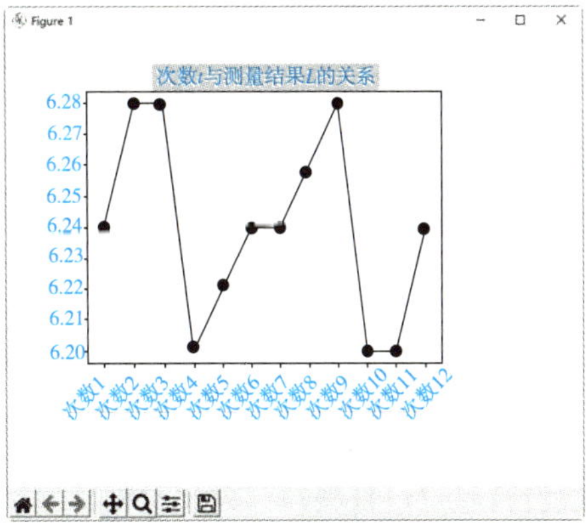

图 5-20　运行结果

4. 标注图形

在给所绘得的图形进行详细的标注时，最常用的两个函数是 text 与 annotate，均可以在图形的具体部位进行标注。

text 可以在任意位置增加文本，该函数的使用格式如下。

```
plt. text(x, y, string, weight ="bold", color ="b")
```

参数说明如下。

（1）x：注释文本内容所在位置的横坐标。

（2）y：注释文本内容所在位置的纵坐标。

（3）string：注释文本内容。

（4）weight：注释文本内容的粗细风格。

（5）color：注释文本内容的字体颜色。

案例4 观察使用游标卡尺对同一零件不同次数测量结果的变化关系，为折线图添加注释

PyCharm 程序如下。

```
#添加注释
plt. text(x[0], y[0]-0. 01, '坐标点 1', ha ='left')
plt. text(x[4], y[4]-0. 01, '坐标点 5', ha ='left')
```

扫码看视频

运行结果如图 5-21 所示。

annotate 函数在图形中增加带箭头的注释，它的使用格式如下。

```
plt. annotate(s,xy = arrow_crd, xytext =text_crd, ** kwargs)
```

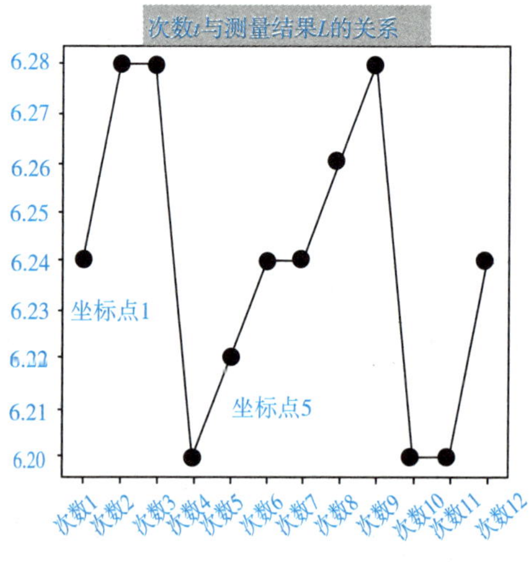

图 5-21　运行结果

参数说明如下。

（1）s：为注释文本内容。

（2）xy：为被注释的坐标点。

（3）xytext：为注释文字的坐标位置。

(4) ** kwargs：用于设置带箭头注释的属性。

① Xycoords：坐标轴位置，参数见表 5-12。

② extcoords：设置注释文字偏移量，参数见表 5-13。

③ arrowprops：箭头参数，参数见表 5-14。

④ bbox：给标题增加外框 ，参数见表 5-15。

表 5-12 xycoords 参数

参数值	说明
figure points	图左下角的点
figure pixels	图左下角的像素
figure fraction	图的左下部分
axes points	坐标轴左下角的点
axes pixels	坐标轴左下角的像素
axes fraction	左下轴的分数
data	使用被注释对象的坐标系统(默认)

表 5-13 extcoords 参数

参数值	说明
'figure points'	距离图形左下角的点数量
'figure pixels'	距离图形左下角的像素数量
'figure fraction'	0，0 是图形左下角，1，1 是右上角
'axes points'	距离轴域左下角的点数量
'axes pixels'	距离轴域左下角的像素数量
'axes fraction'	0，0 是轴域左下角，1，1 是右上角
'data'	使用轴域数据坐标系

表 5-14 arrowprops 参数

参数值	说明
width	箭头的宽度(以点为单位)
headwidth	箭头底部以点为单位的宽度
headlength	箭头的长度(以点为单位)
shrink	总长度的一部分，从两端“收缩”
facecolor	箭头颜色

表 5-15　bbox 参数

参数值	说明
boxstyle	方框外形
facecolor(简写 fc)	背景颜色
edgecolor(简写 ec)	边框线条颜色
edgewidth	边框线条大小

案例5　绘制报价单的单价折线图

PyCharm 程序如下。

扫码看视频

```
#! /usr/bin/env python3
# -* - coding: UTF-8 -* -
import numpy as np                                    # 导入 numpy 模块
import pandas as pd                                   # 导入 pandas 模块
import openpyxl                                       # 导入 openpyxl 模块
import matplotlib. pyplot as plt                      # 导入 matplotlib. pyplot 模块
plt. rcParams['font. sans-serif'] = ['SimHei']        # 解决中文乱码
#读取 xlsx 文件
data = pd. read_excel('D:\\NewPython\\报价单 . xlsx')
x = data['品名']
y = data['单价']
#设置坐标系参数
plt. plot(x, y, 'bo- ')                               # 绘制折线图
#定要以标注文字的边框字典
bbox = dict(boxstyle='round, pad=0. 5',\
          fc='yellow', ec='k', lw=1, alpha=0. 5)
forxy in zip(x, y):
    plt. annotate("(% s,' \n',% s)" % xy, xy=xy, xytext=(-20, 10), \
                 textcoords='offset points', bbox=bbox)
plt. show()
```

运行结果如图 5-22 所示。

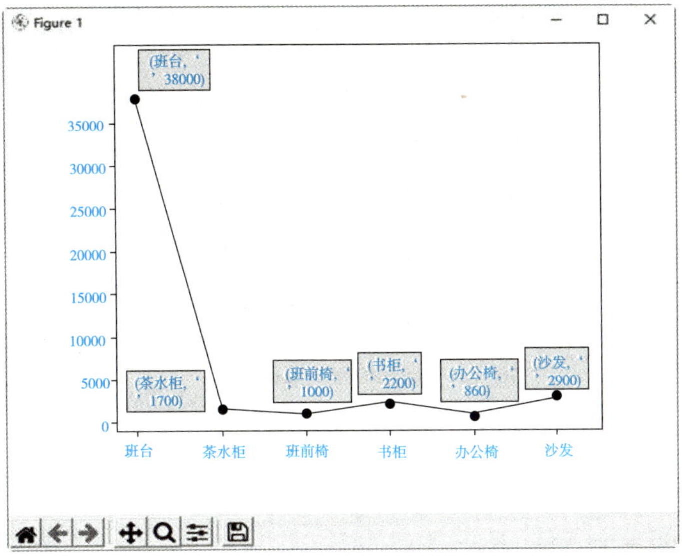

图 5-22　运行结果

5. 标注图例

当在一幅图中出现多种曲线时，用户可以根据需要，利用 legend 函数对不同的图例进行说明。使用格式如下。

```
plt. legend (handles,labels,loc)
```

参数说明如下。

(1) handles：线条对象。

(2) labels：图例的名称，用指定的文字 string1，string2，…在当前坐标轴中对所给数据的每一部分显示一个图例。

(3) loc：图例在整个坐标轴平面中的位置，默认为'best'，使用字符串或数字表示图例的就中位置见表 5-16。

表 5-16　los 取值

属性名	说明	可选值
best	0	自动把图例置于最佳位置，使其与图中曲线的重复最少
upper right	1	坐标轴的右上角
upper left	2	坐标轴的左上角
lower left	3	坐标轴的左下角

(续表)

属性名	说明	可选值
lower right	4	坐标轴的右下角
right	5	坐标轴的右侧
center left	6	坐标轴的左侧中间位置
lower center	8	坐标轴的下方中间位置
upper center	9	坐标轴的上方中间位置
center	10	坐标轴的正中间位置

案例6 绘制销售业绩表的折线图

PyCharm 程序如下。

扫码看视频

```
#! /usr/bin/env python3
# -* - coding: UTF-8 -* -
import numpy as np                                  # 导入 numpy 模块
import pandas as pd                                 # 导入 pandas 模块
import openpyxl                                     # 导入 openpyxl 模块
import matplotlib.pyplot as plt                     # 导入 matplotlib.pyplot 模块
plt.rcParams['font.sans-serif'] = ['SimHei']        # 解决中文乱码
#读取 xlsx 文件
data = pd.read_excel('D:\\NewPython\\销售业绩表.xlsx')
x = data['员工编号']
y1 = data['基本工资']
y2 = data['收入提成']
y3 = data['住房补助']
y4 = data['实发工资']
#绘制折线图
plt.plot(x, y1, 'ro-', lw=2)
plt.plot(x, y2, '^k-', lw=2)
plt.plot(x, y3, 'og-', lw=2)
plt.plot(x, y4, '* b-', lw=2)
#在右上角添加图例
plt.legend(["基本工资", "收入提成", "住房补助", "实发工资"], loc=1)
plt.show()
```

运行结果如图 5-23 所示。

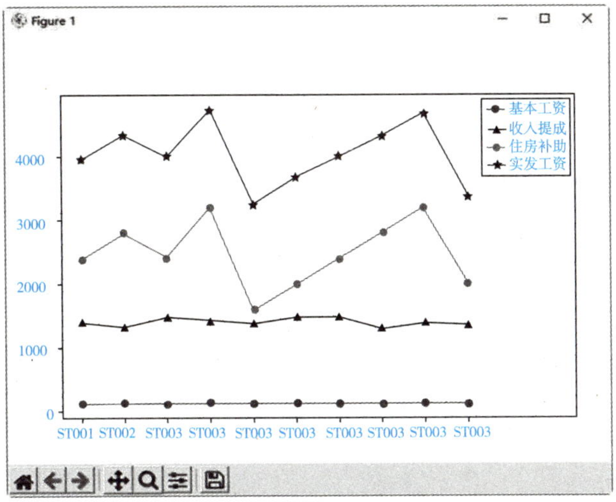

图 5-23 运行结果

6. 控制网格线

为了使图像的可读性更强，可以利用 grid 函数给二维图形的坐标面增加网格线，使用格式如下。

```
plt. grid(b, which, axis, color, linestyle, linewidth,** kwargs)
```

参数说明如下。

(1) b：布尔值。是否显示网格线。

(2) which：选择显示网格的轴，取值为'major'、'minor'、'both'，默认为'major'。

(3) axis：生成网格的轴，取值为'both'、'x'、'y'。

(4) color：设置网格线的颜色，可以直接用 c 来代替 color。

(5) linestyle：设置网格线的风格，也可以用 ls 来代替 linestyle。

案例7 为销售业绩表的折线图添加网格线

PyCharm 程序如下。

```
# 显示 X 轴网格线,颜色为黑色,显示为虚线
plt. grid(axis="y", which="major", c='b', ls=':')
```

扫码看视频

运行结果如图 5-24 所示。

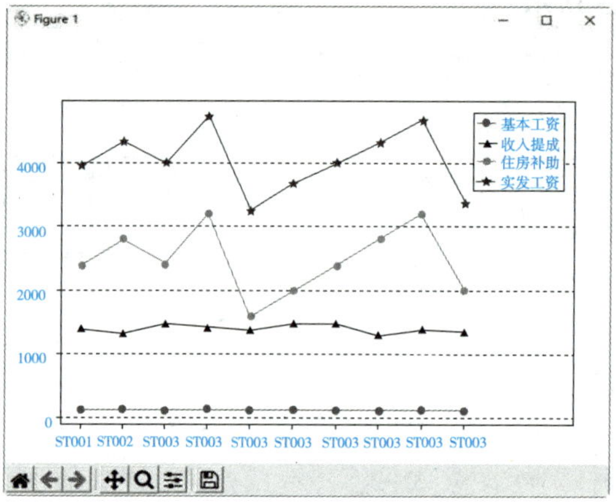

图 5-24　运行结果

任务评价

评价内容	评价标准	分值	自评	师评
坐标系设置	掌握坐标系设置的方法	50		
图形标注	掌握图表标注的方法	50		
总分		100		

任务 4　常用图表的绘制

任务描述

小白发现大家上交的图表多种多样，根据实际情况选择最实用的形式，完美的完成了项目，得到甲方的高度赞扬。那么，不同的数据需要使用什么样的图表？

任务分析

本任务全面讲解常用图表的绘制，包括柱形图、直方图、饼形图、散点图、面积图、箱形图和极坐标图。通过本任务的学习，读者能够全面掌握常用图表的绘制方法。每种图表都有其独特的应用场景和优势，能够帮助读者更好地理解和展示数据。

任务重点与实施

数据分析图表多种多样，常用的包括折线图、柱形图、饼形图、散点图。不同图表之间也可以进行组合分析，如将柱状图和折线图组合，折线图反应的是整体变化趋势，柱状图反应的是关键节点的数据差异，可以从一张图标上观察到两个维度的数据对比。

5.4.1　绘制柱形图

柱形图采用长方形的形状和颜色编码数据的属性，柱形图用于显示一段时间内的数据变化，柱形越矮则数值越小，柱形越高则数值越大。柱形图简明、醒目，是一种常用的统计图表。

柱形图主要有二维柱形图、三维柱形图、圆柱图、圆锥图和棱锥图。堆积柱形图是特殊的柱形图，不仅可以显示同类别中每种数据的大小，还可以显示总量的大小。例如需要表示各个支付方式的人数及总人数时。

在 pyplot 中，bar 函数用来绘制各种柱形图，使用格式如下。

```
plt. bar(x, height, width =0. 8, bottom =None, align ='center', data =None, ** kwargs)
```

参数说明如下。

(1)x：柱形图的 x 轴数据。

(2)height：柱形图的高度。

(3)width：柱形图的宽度。

(4)bottom：底座的 y 坐标，默认 0。

(5)align：柱形图与 x 坐标的对齐方式，'center'以 x 位置为中心，这是默认值。'edge'：将柱形图的左边缘与 x 位置对齐。要对齐右边缘的条形，可以传递负数的宽度值及 align ='edge'。

(6) ** kwargs：其他参数，常用参数见表 5-17。

表 5-17　参数及说明

参数值	说明
bottom	用于绘制堆叠条形图
align	x 轴刻度标签的对齐方式
color	指定条形图的颜色
edgecolor	指定条形图边框的颜色
linewidth	指定条形图边框的宽度
tick_label	指定条形图的刻度标签
xerr，yerr	指定条形图误差线的

(续表)

参数值	说明
ecolor	指定条形图误差线的颜色
capsize	误差线的长度
error_kw	将 kwargs 改为误差棒图 errorbar
log	是否对坐标轴进行 log 变换
orientation	柱状图的形式(垂直或水平) 'vertical', 'horizontal', 默认为'vertical'(垂直)

案例 绘制销售业绩表的柱形图

PyCharm 程序如下。

扫码看视频

```
#! /usr/bin/env python3
# -*- coding: UTF-8 -*-
import numpy as np                                  # 导入 numpy 模块
import pandas as pd                                 # 导入 pandas 模块
import openpyxl                                     # 导入 openpyxl 模块
import matplotlib.pyplot as plt                     # 导入 matplotlib.pyplot 模块
#读取 xlsx 文件
data = pd.read_excel('D:\\NewPython\\销售业绩表.xlsx')
plt.rcParams['font.sans-serif'] = ['SimHei']        # 解决中文乱码
x = np.linspace(1, 11, 10)
xt = data['员工编号']
y1 = data['基本工资']
y2 = data['收入提成']
y3 = data['住房补助']
y4 = data['实发工资']
width = 0.25                                        # 柱形图的宽度
#绘制柱形图
plt.bar(x, y1, width=width)
plt.bar(x+width, y2, width=width)
plt.bar(x+2*width, y3, width=width)
plt.bar(x+3*width, y4, width=width)
#添加数字标签
```

```
for a,b in zip(x,y1):
    plt. text(a,b,b,ha ='center', va ='bottom',\
            fontsize =8, color =(0. 1, 0. 2, 0. 5),\
            backgroundcolor ='y', alpha =0. 5)
for a,b in zip(x,y2):
    plt. text(a+width, b, b, ha ='center', va ='bottom',\
            fontsize =8, color =(0. 1, 0. 2, 0. 5),\
            backgroundcolor ='y', alpha =0. 5)
for a,b in zip(x,y3):
    plt. text(a+2*  width,b, b, ha ='center', va ='bottom',\
            fontsize =8, color =(0. 1, 0. 2, 0. 5),\
            backgroundcolor ='y', alpha =0. 5)
for a,b in zip(x,y4):
    plt. text(a+3*  width, b, b,ha ='center', va ='bottom',\
            fontsize =8, color =(0. 1, 0. 2, 0. 5),\
            backgroundcolor ='y', alpha =0. 5)
#在右上角添加图例
plt. legend(["基本工资", "收入提成", "住房补助", "实发工资"], loc =1)
#添加标题
label  = '销售业绩表数据分析柱形图'
plt. title(label, fontsize =20,\
        fontweight ='heavy', loc  ='center')
#设置坐标轴刻度
plt. xticks(x, xt, color ='blue', rotation =60)
plt. show()
```

运行结果如图 5-25 所示。

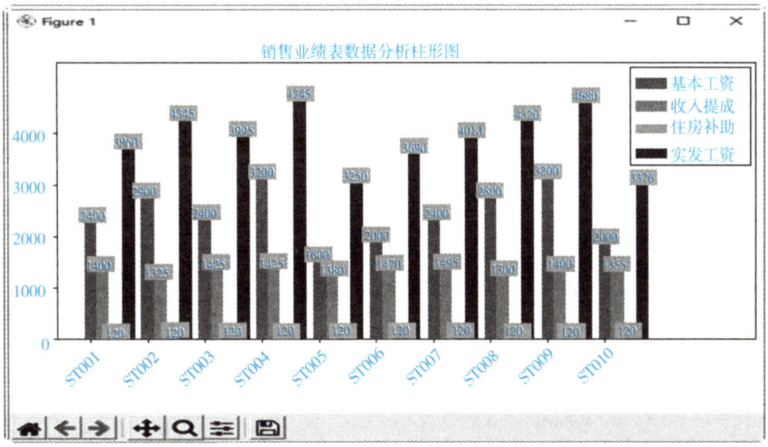

图 5-25　运行结果

barh 函数用来生成水平柱形图，上面的实例使用该函数，运行结果如图 5-26 所示。

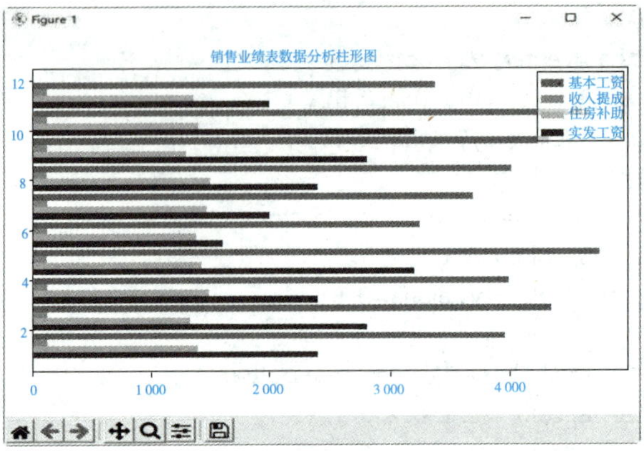

图 5-26　水平柱形图

5.4.2　绘制直方图

直方图又称质量分布图，表示资料变化情况的一种主要工具。用直方图可以解析出资料的规则性，比较直观地看出产品质量特性的分布状态，对于资料分布状况一目了然，便于判断其总体质量分布情况。

在 Pyplot 中，hist 函数用来绘制各种直方图，使用格式如下。

```
plt. hist(x,bins =None,range =None,
          density =None,
          bottom =None,
          histtype ='bar',
          align ='mid',
          log =False,
          color =None,
          label =None,
          stacked =False,
          normed =None)
```

参数说明如下。

(1)x：指定每个 bin(箱子)分布的 x 轴数据。

(2)bins：统计的区间分布。

(3)range：显示的区间，在没有给出 bins 时生效。

(4)density：默认为 false，显示的是频数统计结果，为 True 则显示频率统计结果。频率统计结果=区间数目/(总数 * 区间宽度)。

(5)histtype：条状形状，可选'bar'(柱状)、'barstacked'(堆叠柱状图)、'step'(梯状)、'stepfilled'(填充梯状)，默认为 bar。

(6)align：条状分布，可选'left'(靠左分布)、'mid'(水平分布)、'right'(靠右分布)。

(7)log：y 坐标轴是否选择指数刻度，默认 False。

(8) stacked：是否为堆积状图，默认为 False。

(9) normed：指定密度，也就是每个条状图的占比例比，默认为 1。

(10) color：指定条状图的颜色。

案例　绘制电子产品月销量表的直方图

PyCharm 程序如下。

```
#! /usr/bin/env python3
# -*- coding: UTF-8 -*-
import numpy as np                          # 导入 numpy 模块
import pandas as pd                         # 导入 pandas 模块
import openpyxl                             # 导入 openpyxl 模块
import matplotlib.pyplot as plt          # 导入 matplotlib.pyplot 模块
#读取 xlsx 文件
data = pd.read_excel('D:\\NewPython\\电子产品月销量表.xlsx')
plt.rcParams['font.sans-serif'] = ['SimHei']          # 解决中文乱码
plt.rcParams["axes.unicode_minus"] = False            # 负号的正常显示
xt = data['商品']
y1 = data['1 月销量']
y2 = data['2 月销量']
y3 = data['3 月销量']
#直方图进行统计各个区间的数值
bins = [50, 60, 70, 80, 90, 100]
#设置坐标轴参数
plt.subplot(1, 3, 1)                                  # 创建第一个子图
plt.hist(y1, bins)
#添加标题
plt.title('1 月销量', fontsize=15,\
        fontweight='heavy', loc ='center')
plt.subplot(1, 3, 2)                                  # 创建第二个子图
plt.hist(y2, bins, alpha=0.5)
#添加标题
plt.title('2 月销量', fontsize=15,\
        fontweight='heavy', loc='center')
plt.subplot(1, 3, 3)                                  # 创建第三个子图
plt.hist(y3, bins, alpha=0.5)
#添加标题
plt.title('3 月销量', fontsize=15,\
        fontweight='heavy', loc='center')
plt.show()
```

扫码看视频

运行结果如图 5-27 所示。

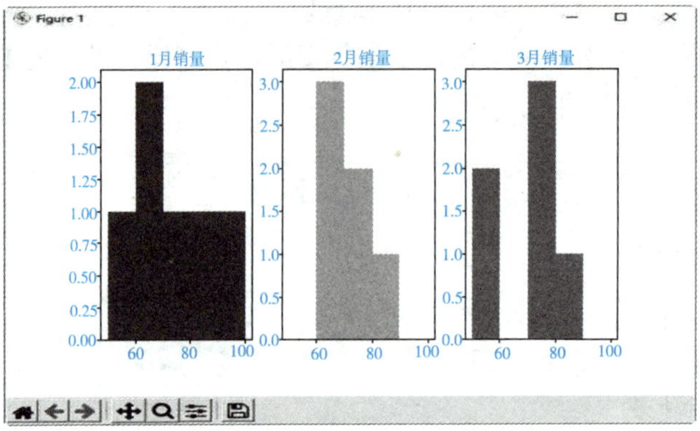

图 5-27　运行结果

5.4.3　绘制饼形图

饼图以圆心角不同的扇形显示某一数据系列中每一项数值与总和的比例关系，每个扇形用一种颜色进行填充，在各个部分之间的比例差别较大，需要突出某个重要项时十分有用。

在 pyplot 中，pie 函数用来绘制各种柱形图，使用格式如下。

```
plt. pie(x, explode=None, labels=None, colors=None, autopct=None,
        pctdistance=0. 6, shadow=False, labeldistance=1. 1, startangle=None,
        radius=None, counterclock=True, wedgeprops=None, textprops=None,
        center=(0, 0), frame=False, rotatelabels=False, hold=None, data=None)
```

参数说明如下。

(1)x：(每一块)的比例，如果 sum(x)>1，使用 sum(x)归一化。

(2)labels：(每一块)饼图外侧显示的说明文字。

(3)explode：(每一块)间隔中心距离。

(4)startangle：起始绘制角度，默认图是从 x 轴正方向逆时针起，如设定=90 则从 y 轴正方向画起。

(5)shadow：在饼图下面画一个阴影。默认值：False，即不画阴影。

(6)labeldistance：label 标记的绘制位置，相对于半径的比例，默认值为 1. 1，如<1 则绘制在饼图内侧。

(7)autopct：控制饼图内百分比设置，可以使用 format 字符串或者 format function '%1. 1f'指小数点前后位数(没有用空格补齐)。

(8)pctdistance：类似于 labeldistance，指定 autopct 的位置刻度，默认值为 0. 6。

(9)radius：控制饼图半径，默认值为 1。

(10)counterclock：指定指针方向；默认为：True，即逆时针；为 False 即可改为顺时针。

(11)wedgeprops：传递给 wedge 对象的字典参数。默认值为 None。例如，wedgeprops={'linewidth'：3}设置 wedge 线宽为 3。

(12) textprops：设置标签(labels)和比例文字的格式，传递给 text 对象的字典参数。

(13) center：图标中心位置，默认值：(0，0)。

(14) frame：默认值：False。如果是 True，绘制带有表的轴框架。

(15) rotatelabels：默认为：False。如果为 True，旋转每个 label 到指定的角度。

案例　绘制概率分布饼形图

设一汽车在开往目的地的道路上需经过四组信号灯，每组信号灯以 1/2 的概率允许或禁止汽车通过。以 X 表示汽车首次停下时，它已通过的信号灯的组数(设各组信号灯的工作是相互独立的)，求 X 的概率分布饼形图。

扫码看视频

以 p 表示每组信号灯禁止汽车通过的概率，易知 X 的分布律为

X	0	1	2	3	4
P_k	p	$(1-p)p$	$(1-p)^2p$	$(1-p)^3p$	$(1-p)^4p$

或写成 $P(X=k)=(1-p)^kp$，$k=0，1，2，3$，$p(X=4)=(1-p)^4$

以 $p=1/2$ 代入得

X	0	1	2	3	4
p_k	0.5	0.25	0.125	0.062 5	0.062 5

PyCharm 程序如下。

```
#! /usr/bin/env python3
# -*- coding: UTF-8 -*-
import numpy as np                                  # 导入 numpy 模块
import pandas as pd                                 # 导入 pandas 模块
import openpyxl                                     # 导入 openpyxl 模块
import matplotlib.pyplot as plt                     # 导入 matplotlib.pyplot 模块
plt.rcParams['font.sans-serif'] = ['SimHei']        # 解决中文乱码
plt.rcParams["axes.unicode_minus"] = False          # 负号的正常显示
x = [0.5, 0.25, 0.125, 0.0625, 0.0625]              # 定义概率数据
labels = ['p=0', 'p=1', 'p=2','p=3', 'p=4']         # 定义标签
explode = (0, 0.2, 0, 0.1, 0)                       # 将第二块和第四块分离出来
plt.pie(x, explode, autopct = '%1.2f%%')
#绘制饼形图
#分立第二块和第四块,添加文本标签,设置标签字体与线宽,添加立体阴影
plt.pie(x,explode,autopct = '%1.2f%%',\
        labels=labels, shadow=True,\
        textprops={'fontsize': 15},\
        wedgeprops={'linewidth': 3})
```

```
#添加标题
plt.title('信号灯禁止汽车通过的概率', fontsize =20,\
        fontweight ='heavy', loc ='center')
plt.show()
```

运行结果如图 5-28 所示。

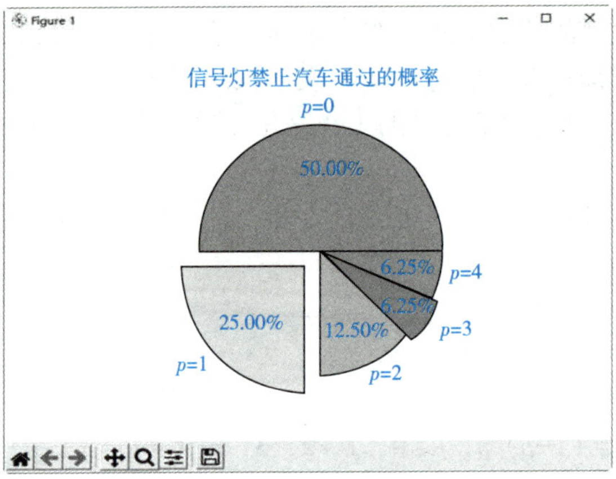

图 5-28 运行结果

5.4.4 绘制散点图

散点图是用于研究两个变量之间关系的经典图表，有两个数值轴，沿水平轴(x 轴)方向显示一组数值数据，沿垂直轴(y 轴)方向显示另一组数值数据，在 x 轴和 y 轴数值的交叉处显示散点(坐标点)，利用散点的分布形态反映变量统计关系。

在 pyplot 中，scatter 函数用来绘制散点图，使用格式如下。

```
plt.scatter(x, y, s =None, c =None,
        marker =None, cmap =None,
        norm =None, vmin =None, vmax =None,
        alpha =None, linewidths =None, verts =None,
        edgecolors =None, data =None, ** kwargs)
```

参数说明如下。

(1)x，y：绘制散点图的数据点，大小为(n,)的数组。

(2)s：定义数组大小为(n,)。

(3)c：表示散点图的颜色，默认是蓝色'b'，表示的是标记的颜色。

(4)marker：散点图的标记的样式，默认的是'o'。

(5)cmap：散点图的颜色图，默认是是 image. cmap。

(6)normed：指定密度。

(7)vmin、vmax：用来进行亮度数据的归一化。

(8) alpha：设置透明度，数值为 0 ~ 1。

(9) linewidths：标记点的长度。

(10) ** kwargs：其他参数，常用。

案例　散点图分析我国 8 年间钢材消耗量与国民收入之间的的相关性

PyCharm 程序如下。

```
#! /usr/bin/env python3
# -* - coding: UTF-8 -* -
import numpy as np                              # 导入 numpy 模块
import pandas as pd                             # 导入 pandas 模块
import openpyxl                                 # 导入 openpyxl 模块
import matplotlib. pyplot as plt                # 导入 matplotlib. pyplot 模块
#读取 xlsx 文件
data = pd. read_excel('D:\\NewPython\\钢材消耗与国民经济表 . xlsx')
plt. rcParams['font. sans-serif'] = ['SimHei']  # 解决中文乱码
plt. rcParams["axes. unicode_minus"] = False    # 负号的正常显示
x = data['国民收入']
y = data['A 钢材消费量']
#绘制散点图,设置标记样式、边颜色、透明度、线宽
plt. scatter(x, y1, marker='H', alpha=0. 5,\
          linewidths=5,edgecolors='r')
#添加标题
plt. title('钢材消耗量与国民收入之间的的相关性', fontsize=20,\
       color='r', fontweight='heavy', loc='center')
plt. xlabel('国民收入')
plt. ylabel('钢材消耗量')
plt. show()
```

运行结果如图 5-29 所示。

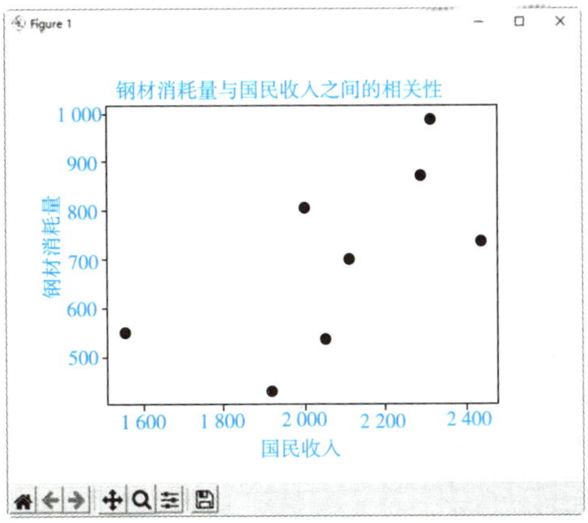

图 5-29　运行结果

扫码看视频

5.4.5 绘制面积图

面积图是一种随时间变化而改变范围的图表，主要强调数量与时间的关系。例如，用某企业每个月销售额绘制面积图，从整个年度上分析，其面积图所占据的范围累计就是该企业的年效益。面积图能够直观地将累计的数据，呈现给读者。

面积图比折线图看起来更加美观；能够突出每个系别所占据的面积，把握整体趋势；不仅可以表示数量的多少，而且可以反映同一事物在不同时间里的发展变化的情况；可以纵向与其他系别进行比较，能够直观地反映出差异；可以用于商务报表、数据汇报等场景。

面积图根据强调的内容不同，又可以分为以下 3 类。

(1)普通面积图：显示各种数值随时间或类别变化的趋势线。

(2)堆积面积图：显示每个数值所占大小随时间或类别变化的趋势线。可强调某个类别交于系列轴上的数值的趋势线。

(3)百分比堆积面积图：显示每个数值所占百分比随时间或类别变化的趋势线。可强调每个系列的比例趋势线。

在 pyplot 中，stackplot 函数用来绘制面积图，使用格式如下。

```
plt. stackplot (x,* args,labels =(), colors =None, baseline ='zero', data =None, ** kwargs)
```

参数说明如下。

(1)x：面积图的 x 轴数据。

(2) * args：面积图的多组数据。

(3)labels：图表中各项数据的标签。

(4)colors：每项数据的颜色。

(5) ** kwargs：其他参数，常用。

案例　面积图分析我国 4 年间电动车不同型号的使用情况

PyCharm 程序如下。

```
#! /usr/bin/env python3
# -* - coding: UTF-8 -* -
import pandas as pd                                    #导入 pandas 模块
import matplotlib. pyplot as plt

#读取 xlsx 文件
data = pd. read_excel('D:\\NewPython\\电动车型号 . xlsx')
plt. rcParams['font. sans- serif'] = ['SimHei']        # 解决中文乱码
plt. rcParams["axes. unicode_minus"] = False           # 负号的正常显示
x = data['电动车']
y1 = data['智能型']
y2 = data['自动型']
```

```
y3 = data['机械型']
#绘制面积图
plt.stackplot(x, y1, y2, y3)
#添加标题
plt.title('电动车使用面积图', f ontsize =20,\
        color ='r', f ontweight ='heavy', loc ='center')
plt.xlabel('时间')
plt.ylabel('电动车型号')
#添加图例
plt.legend(["智能型", "自动型", "机械型"], fontsize =10, loc ='upper center')
plt.show()
```

运行结果如图 5-30 所示。

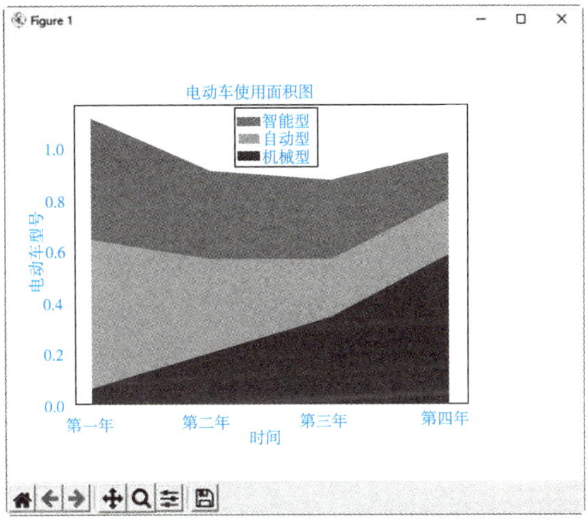

扫码看视频

图 5-30　运行结果

5.4.6　绘制箱形图

箱形图又称为盒须图、盒式图或箱线图，是一种用作显示一组数据分散情况资料的统计图。主要用于反映原始数据分布的特征，还可以进行多组数据分布特征的比较。

在 pyplot 中，boxplot 函数用来绘制箱形图，使用格式如下。

```
plt.boxplot(data, notch, position, ** kwargs):
```

参数说明如下。

(1) data：指定要绘制箱线图的数据。

(2) notch：指定要绘制箱线图的数据。

(3) position：指定要绘制箱线图的数据。

(4) ** kwargs：其他参数，包括 widths(箱线图的宽度)、patch_artist(是否填充箱体的颜色)等。

案例 箱形图分析 10 组某省高考分数

PyCharm 程序如下。

```
#! /usr/bin/env python3
# -* - coding: UTF-8 -* -
import numpy as np                                    # 导入 numpy 模块
import pandas as pd                                   # 导入 pandas 模块
import openpyxl                                       # 导入 openpyxl 模块
import matplotlib. pyplot as plt                      # 导入 matplotlib. pyplot 模块
#读取 xlsx 文件
data = pd. read_excel('D:\\NewPython\\高考分数 . xlsx')
plt. rcParams['font. sans- serif'] = ['SimHei']       # 解决中文乱码
plt. rcParams["axes. unicode_minus"] = False          # 负号的正常显示
y1 = data['语文']
y2 = data['数学']
y3 = data['英语']
#绘制面积图
plt. boxplot([y1, y2, y3], patch_artist ='r')
#添加标题
plt. title('高考分数箱形图', fontsize =20,\
        color ='r', fontweight ='heavy', loc ='center')
plt. show()
```

运行结果如图 5-31 所示。

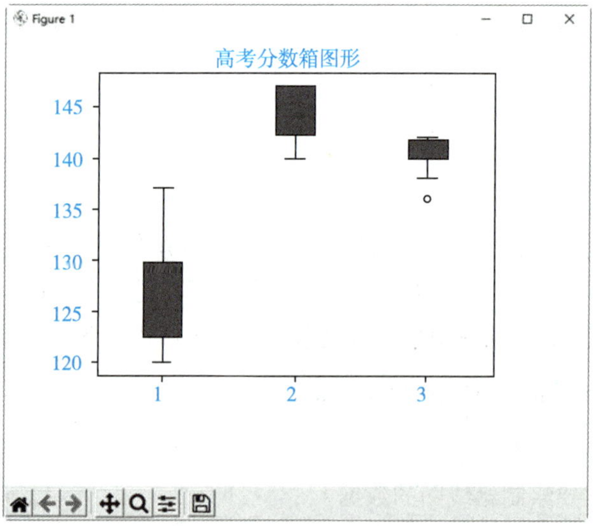

扫码看视频

图 5-31 运行结果

如果使用箱形图判断异常值，其判断标准是，当变量的数据值大于象形图的上限或小于箱线图的下限时，可以将这样的数据判定为异常值。

5.4.7 绘制极坐标图

雷达图也称网络图，蜘蛛图等，用于比较和评估多个指标之间的强弱关系，一方面可以发现不同群组用户的特征对比，另一方面可以总结不同用户的特征。

绘制雷达图需要先建立极坐标系，下面介绍两种创建极坐标系的方法。

在 pyplot 中，polar 函数用来绘制极坐标图(雷达图)，它的使用格式如下。

```
plt. polar(theta, r)
```

参数说明如下。

(1) theta：极坐标的极径。

(2) r：极坐标的极角。

案例 雷达图分析某公司求收益与利润情况

已知测得的某公司上半年的收益与利润为随时间的变化，见表 5-18。

表 5-18 收益与利润随时间的变化

t	1	2	3	4	5	6
收益 y(万元)	1	1.5	1.6	1.3	1.5	0.72
利润 y1(万元)	0.8	1.2	1.2	1	1.3	0.5

雷达图也称网络图，蜘蛛图等，用于比较和评估多个指标之间的强弱关系，一方面可以发现不同群组用户的特征对比，另一方面可以总结不同用户的特征。

PyCharm 程序如下。

```
#! /usr/bin/env python3
# -* - coding: UTF-8 -* -
import numpy as np                                    # 导入 numpy 模块
import pandas as pd                                   # 导入 pandas 模块
import openpyxl                                       # 导入 openpyxl 模块
import matplotlib. pyplot as plt                      # 导入 matplotlib. pyplot 模块
plt. rcParams['font. sans-serif'] = ['SimHei']        # 解决中文乱码
plt. rcParams["axes. unicode_minus"] = False          # 负号的正常显示
r1 = [1, 1.5, 1.6, 1.3, 1.5, 0.72]                    # 创建收益与利润列表数据
r2 = [0.8, 1.2, 1.2, 1, 1.3, 0.5]
theta = np. linspace(1, 6, 6, endpoint=True)          # 创建一维数组
#绘制极坐标图
plt. polar(theta, r1)
#设置颜色、线宽、标记大小、标记背景颜色、标记边颜色
plt. polar(theta, r2, color="chartreuse", linewidth=2,\
        marker="* ", mfc="b", ms=10)
#添加标题
```

```
plt.title('雷达图分析某公司求收益与利润情况',fontsize=20,\
        color = 'r',fontweight='heavy',loc ='center')
plt.show()
```

运行结果如图 5-32 所示。

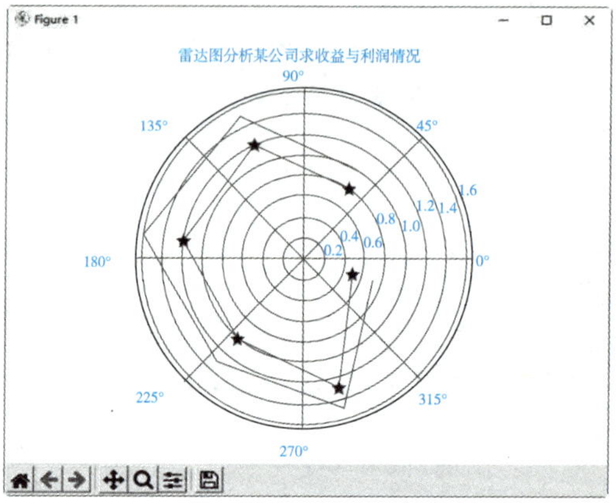

图 5-32　运行结果

扫码看视频

任务评价

评价内容	评价标准	分值	自评	师评
绘制柱形图	掌握绘制柱形图的方法	10		
绘制直方图	掌握绘制直方图的方法	15		
绘制饼形图	掌握绘制饼形图的方法	15		
绘制散点图	掌握绘制散点图的方法	15		
绘制面积图	掌握绘制面积图的方法	15		
绘制箱形图	掌握绘制箱形图的方法	15		
绘制极坐标图	掌握绘制极坐标图的方法	15		
总分		100		

项目小结

本项目主要介绍了数据可视化库 Matplotlib 的使用。首先介绍了数据可视化的作用和数据分析图表；其次介绍了创建图表窗口和创建子图；最后介绍了图形修饰处理和常用图表的绘制。通过本项目的学习，读者能够了解 Matplotlib 库的基本和高级功能，提升了数据分析和报告制作的能力，为数据分析和报告制作提供更加直观、易于理解的可视化支持。

项 目 习 题

一、简答题

1. 数据可视化的主要目的是(　　)。

A. 使数据更美观

B. 对数据进行加密

C. 形象直观地解释数据，得到更有价值的信息

D. 减少数据存储量

2. 在数据可视化分析中，为了让图表显示更好的效果，通常会对图表进行哪些设置？(　　)

A. 加上标记　　B. 加上网格　　C. 加上图例和注释　　D. 以上都是

3. 在 Pyplot 中，一般情况下用户是否需要自己选择绘图坐标？(　　)

A. 必须自己选择

B. 一定不能自己选择

C. 一般情况下不必自己选择，但可以用 axes 函数设置新坐标系

D. 完全随机决定是否选择

4. 柱形图主要用于显示什么？(　　)

A. 数据的分布情况　　B. 一段时间内的数据变化

C. 数据的占比情况　　D. 数据之间的关系

二、上机操作题

1. 气泡图

利用气泡图分析某家单位工资表，效果如图 5-33 所示。气泡图是可用于展示 3 个变量之间的关系，气泡图是对散点图的升级，通过散点图中点的大小来表现第三维数据。

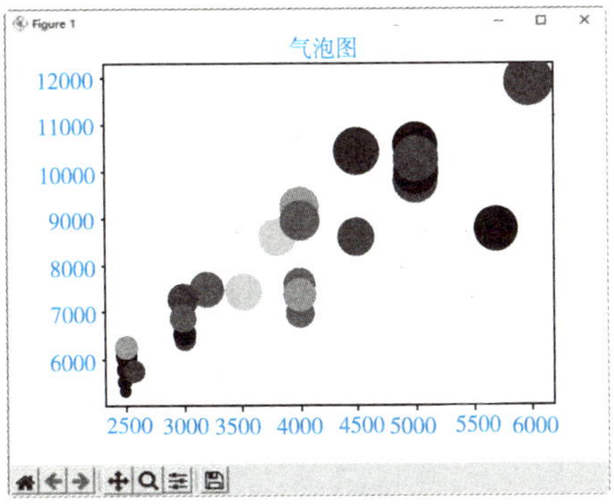

图 5-33　气泡图

操作提示如下。

(1)利用 read_excel 函数读取 xlsx 文件"单位工资表 . xlsx"。

```
#! /usr/bin/env python3
# -*- coding: UTF-8 -*-
import numpy as np                                    # 导入 numpy 模块
import pandas as pd                                   # 导入 pandas 模块
import openpyxl                                       # 导入 openpyxl 模块
import matplotlib. pyplot as plt                      # 导入 matplotlib. pyplot 模块
#读取 xlsx 文件
data = pd. read_excel('D:\\NewPython\\单位工资表 . xlsx')
plt. rcParams[ 'font. sans-serif'] = [ 'SimHei']      # 解决中文乱码
plt. rcParams[ "axes. unicode_minus"] = False         # 负号的正常显示
```

(2)获取数据。

```
y1 = data[ '基本工资']
y2 = data[ '实发工资']
y3 = data[ '所得税']
```

(3)定义气泡颜色。

```
color=np. random. rand(len(y1))
```

(4)绘制气泡图。

```
plt. scatter(y1, y2, s=y3, c=color)
plt. title('气泡图',fontsize=24, loc='center')
plt. show()
```

(5)运行程序。

2. 销售额达标图表分析

利用柱形图、折线图分析某家单位销售额,效果如图 5-34 所示。

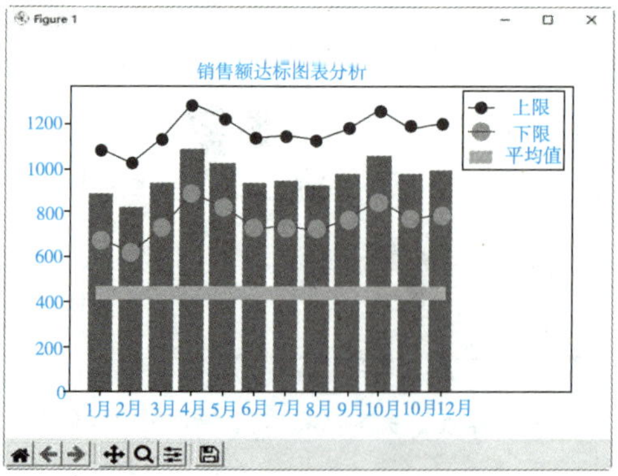

图 5-34　数据分析图

操作提示如下。

(1)利用 read_excel 函数读取表格文件"销售额表.xlsx"。

```
#! /usr/bin/env python3
# -* - coding: UTF-8 -* -
import numpy as np                                  # 导入 numpy 模块
import pandas as pd                                 # 导入 pandas 模块
import openpyxl                                     # 导入 openpyxl 模块
import matplotlib. pyplot as plt                    # 导入 matplotlib. pyplot 模块
#读取 xlsx 文件
data = pd. read_excel('D:\\NewPython\\销售额表 . xlsx')
plt. rcParams[ 'font. sans- serif'] = [ 'SimHei']   # 解决中文乱码
plt. rcParams[ "axes. unicode_minus"] = False       # 负号的正常显示
```

(2)获取数据。

```
y1 = data[ '时间']. head(12)
y2 = data[ '合计']. head(12)
y3 = data[ '上限']. head(12)
y4 = data[ '下限']. head(12)
y5 = data[ '平均值']. head(12)/5
```

(3)图表分析。抽取"时间""合计"数据，利用 bar 函数绘制柱形图，抽取"上限""下限"数据，利用 plot 函数绘制折线图，抽取"平均值"数据，利用 ploy 函数绘制折线图。

```
plt. bar(y1, y2)                                    # 绘制柱形图
plt. plot(y1, y3, 'b- ', marker ="o", markersize =10)   # 绘制折线图
plt. plot(y1, y4, color ="r", marker ="o", markersize =10,\
        markerfacecolor ="red", markeredgewidth =6, markeredgecolor ="grey")
plt. plot(y1, y5, color ="y", lw =10)
```

(4)添加图例。利用 title 函数添加标题、legend 函数添加图例。

```
plt. title('销售额达标图表分析', fontsize =24)
plt. legend([ "上限", "下限", "平均值"], fontsize =10, loc ='upper right')
plt. show()
```

(5)运行程序。

项目 6　数据分析库 SciPy

项目导读

SciPy 是 Python 基于 Numpy 的科学计算库，SciPy 包含的模块有最优化、线性代数、积分、插值、特殊函数、快速傅里叶变换、信号处理和图像处理、常微分方程求解和其他科学与工程中常用的计算，用于数学、科学、工程学等领域。

学习目标

知识目标

- 了解 SciPy 中常见的子模块。
- 了解 Linalg 模块中的相关函数。
- 了解 Stats 模块中的相关函数。

技能目标

- 熟练掌握相关性分析方法。
- 熟练掌握假设检验方法。
- 熟练掌握 T 检验方法。
- 熟练掌握方差分析方法。

素质目标

- 培养读者解决实际问题的能力，学会根据数据特点和业务需求，选择合适的分析方法和工具，提升数据分析的针对性和实效性。
- 培养读者持续学习与探索精神，保持对 SciPy 库新版本和更新内容的关注，学习新特性和优化方法，不断提升数据分析能力。

思政目标

- 引导读者抓住机遇，自信勤奋，培养热爱祖国的情感。
- 强化读者的诚信意识与职业道德，避免抄袭、剽窃等不端行为，维护学术研究的纯洁性和严肃性。

任务1　SciPy 基本知识

任务描述

到了月底，小明收到会计发过来的月底汇总，要求出具统计报表。那么，在 Python 中，使用什么模块库才能做到数据分析？怎么实现所需要求？

任务分析

本任务讲解 SciPy 模块。首先介绍 Linalg 模块，然后介绍 Stats 模块。通过本任务的学习，读者能够深入了解 SciPy 模块中的 Linalg 和 Stats 两个子模块的功能和应用场景，并能够运用这些工具进行科学的计算和统计分析。

任务重点与实施

SciPy 模块是 Python 常用的数据分析工具，SciPy 的 Stats 模块包含了多种概率分布的随机变量，用于数据统计分析，SciPy 中常用的子模块见表 6-1。

表 6-1　SciPy 中常用的子模块

模块名	功能	模块名	功能
scipy. cluster	向量量化	scipy. ndimage	N 维图像
scipy. constants	数学常量	scipy. odr	正交距离回归
scipy. fft	快速傅里叶变换	scipy. optimize	优化算法
scipy. integrate	积分	scipy. signal	信号处理
scipy. interpolate	插值	scipy. sparse	稀疏矩阵
scipy. io	数据输入输出	scipy. spatial	空间数据结构和算法
scipy. linalg	线性代数	scipy. special	特殊数学函数
scipy. misc	图像处理	scipy. /stats	统计函数

6.1.1　Linalg 模块

Linalg 模块用于进行线性代数计算，线性代数的基本操作对象是矩阵，与 NumPy 相同，Linalg 的基本数据类型为数组、矩阵，该模块包含各种相关函数。

norm 函数用来计算矩阵或向量的模，该函数的调用格式如下。

```
x_norm=np.linalg.norm(x, ord=None, axis=None, keepdims=False)
```

参数说明如下。

(1)ord：范数类型，对象为向量或矩阵时，计算的结果不同。

① 输入为向量，范数计算方法如下。

ord=2 二范数每个元素的平方的和再开方。

ord=1 一范数每个元素的绝对值的和。

ord=np.inf 无穷范数 max(｜xi｜)。

② 输入为矩阵，范数计算方法如下。

ord=1：列和范数，即所有矩阵列向量绝对值之和的最大值。

ord=2：谱范数，即 ATA 矩阵的最大特征值的开平方。

ord=inf：行和范数，即所有矩阵行向量绝对值之和的最大值。

(2)axis：处理类型。

① axis=1 表示按行向量处理，求多个行向量的范数。

② axis=0 表示按列向量处理，求多个列向量的范数。

③ axis=None 表示矩阵范数。

Linalg 模块还包括创建特殊矩阵函数见表 6-2。

表 6-2 特殊矩阵函数

函数名称	说明
block_diag(* ARRS)	从提供的数组创建块对角线矩阵
circulant(C)	构造循环矩阵
companion(A)	创建一个伙伴矩阵
convolution_matrix(a, n[, model])	构造卷积矩阵
dft(n[, scale])	离散傅里叶变换矩阵
fiedler(A)	返回对称 Fiedler 矩阵
fiedler_companion(A)	返回 Fiedler 同伴矩阵
hadamard(n[, dtype])	构造 Hadamard 矩阵
hankel(C[, r])	构造一个 Hankel 矩阵
helmert(n[, full])	创建一个 Helmert 有序矩阵 n
hilbert(N)	创建一个 N 阶 Hilbert 矩阵
invhilbert(n[, exact])	计算 N 阶 Hilbert 矩阵的逆 n
leslie(F)	创建莱斯利矩阵
pascal(n[, kind, exact])	返回 n×n 个 Pascal 矩阵

（续表）

函数名称	说明
invpascal(n[, kind, exact])	返回 n×n Pascal 矩阵的逆
toeplitz(C[, r])	构造一个 Toeplitz 矩阵
tri(n[, M, k, dtype])	构造(n, M)矩阵，在 KTH 对角线及其下方填充(n, M)矩阵

6.1.2 Stats 模块

SciPy 的 Stats 中包含一些比较基本的数据统计分析函数，例如，T 检验，正态性检验，卡方检验之类，statsmodels 提供了更为系统的统计模型，包括线性模型，时序分析，还包含数据集，做图工具等。

1. 概率分布

设 X 是一个随机变量，x 是任意实数，函数 $F(x)=p\{X\leqslant x\}$，$-\infty<x<\infty$ 称为 X 的分布函数。

对于任意实数 x_1，$x_2(x_1<x_2)$ 有

$$
\begin{aligned}
p(x_1<X\leqslant x_2) &= p(X\leqslant x_2)-p(X\leqslant x_1)\\
&= F(x_2)-F(x_1)
\end{aligned}
$$

因此，若已知 X 的分布函数，可以知道 X 落在任一区间$[x_1, x_2]$上的概率，从这个意义上说，分布函数完整地描述了随机变量的统计规律性。

若连续型随机变量的概率密度为

$$f(x)=\frac{1}{\sqrt{2\pi\sigma}}e-\frac{(x-\mu)^2}{2\sigma^2},\quad -\infty<x<\infty$$

其中，μ，$\sigma(\sigma 0)$为常数，则称 X 服从参数为 μ，σ 的正态分布或高斯(Gauss)分布，记为 $X\sim N(\mu, \sigma^2)$，即 X 服从均值为 μ，方差为 sigma 的正态分布。

在自然现象和社会现象中，大量随机变量都服从或近似服从正态分布。例如，一个地区的男性成年人的身高；测量某零件长度的误差，海洋波浪的高度，半导体器件中的热噪声电流或电压等，都服从正态分布，在概率论与数理统计的理论研究和实际应用中正态随机变量起着特别重要的作用。

在 scipy. stats 中，binom 函数实现二项分布，poisson. pmf 函数泊松分布，norm 函数可以实现正态分布，连续概率分布函数见表 6-3。

表 6-3 连续概率分布函数

函数	说明
stats. norm. rvs	对随机变量进行随机取值，可以通过 size 参数指定输出的数组的大小
stats. norm. moment	分布的非中心矩

(续表)

函数	说明
stats. norm. pdf	随机变量的概率密度函数
stats. norm. cdf	随机变量的累积分布函数，是概率密度函数的积分
stats. norm. sf	随机变量的生存函数 1-cdf(t)
stats. norm. ppf	累积分布函数的反函数
stats. norm. stats	计算随机变量的期望值和方差
stats. norm. fit	对一组随机采样进行拟合，找出最合适取样数据的概率密度函数的系数

案例 绘制概率密度曲线

PyCharm 程序如下。

扫码看视频

```
#! /usr/bin/env python3
# -* - coding: UTF-8 -* -
import numpy as np                              # 导入 numpy 模块
import pandas as pd                             # 导入 pandas 模块
import openpyxl                                 # 导入 openpyxl 模块
import matplotlib. pyplot as plt                # 导入 matplotlib. pyplot 模块
from scipy import stats                         # 导入 scipy. stats 模块
plt. rcParams['font. sans-serif'] = ['SimHei']  # 解决中文乱码
plt. rcParams["axes. unicode_minus"] = False    # 负号的正常显示
np. random. seed(10)
#计算随机变量的期望值和方差
s =stats. norm. stats(moments='mvsk')
print('统计数据',s)
#创建 0. 01 到 0. 99 组成的一维数组
x=np. linspace(stats. norm. ppf(. 01), stats. norm. ppf(0. 99), 100)
#绘制概率密度函数
plt. plot(x, stats. norm. pdf(x, 0,2), 'r-', lw=3)
plt. plot(x, stats. norm. pdf(x, 0,4), 'b-o')
plt. legend(['u=0, sigm=2', 'u=0, sigm=4'])
plt. text(-2. 5, 0. 19, '均值为 u,方差为 sigm', fontsize=12)
#添加标题
plt. title('概率密度函数', fontsize=20,
      color = 'r', fontweight='heavy', loc='center')
plt. show()
```

运行结果如图 6-1 所示。

2. 数据分析

在实际应用中，数据分析可帮助人们做出判断，以便采取适当行动。在数据分析过程中，选择适合的分析方法和工具是很重要的，下面介绍几种常用的数据统计分析方法。

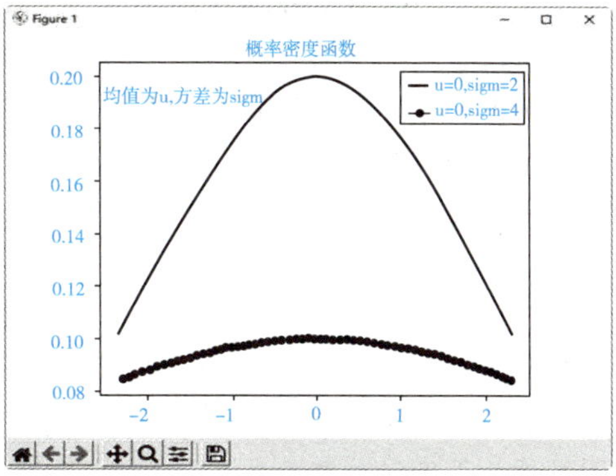

图 6-1　运行结果

(1) 相关性分析

相关性分析显示一个变量与另一个变量有何种相关关系。例如，它显示了计件工资是否会带来更高的生产率。

(2) 回归分析

回归分析是对一个变量值与另一个变量值间差异的定量预测。回归模拟因变量和解释变量之间的关系，这些变量通常绘制在散点图上，还能用回归线显示这些关系是强还是弱。

散点图上的异常值非常重要。例如，外围数据点可能代表公司最关键的供应商或最畅销产品的输入。但是，回归线的性质通常需要忽略这些异常值。

(3) 假设检验

假设检验是数理统计学中根据一定的假设条件，由样本推及总体的一种统计分析方法。主要针对问题的需要对所研究的总体提出某种假设。通常，比较两个统计数据集，或者将通过采样获得的数据集与来自理想化模型的合成数据集进行比较。针对两个数据集之间的统计关系提出了一个假设，并将其作为替代方案进行比较理想化的零假设，提出两个数据集之间没有关系。

(4) 方差分析

方差分析又称“变异数分析”，用于两个及两个以上样本均数差别的显著性检验。由于各种因素的影响，研究所得的数据呈现波动状。造成波动的原因可分成两类，一是不可控的随机因素，另一是研究中施加的对结果形成影响的可控因素。

(5) 单变量统计分析

统计量是统计理论中用来对数据进行分析、检验的变量，是大量微观量的统计平均值，具有统计平均的意义。

被分析的数据只包含一个变量，称之为单变量统计，它是数据分析中最简单的形式，单变量分析的主要目的是通过对数据的统计描述了解当前数据的基本情况，并找出数据的分布模型。

数据统计量从集中趋势上看，指标有：均值，中位数，分位数，众数；从离散程度上看，指标有：极差、四分位数、方差、标准差、协方差、变异系数，从分布上看，有偏度，峰度等。需要考虑的还有极大值，极小值(数值型变量)和频数，构成比(分类或等级变量)。

使用 describe 函数可以查看数据的统计特性信息，其参数如下。

① nobs — 观测次数。

② minmax — 最小值和最大值。

③ mean — 数学平均数。

④ variance — 方差。

⑤ skewness — 偏度。

⑥ kurtosis — 峰度。

统计学中把所有数值由小到大排列并分成四等份，处于三个分割点的数值，即如果将全部数据分为两等份，得出中位数，如果将全部数据分为四等份，得出四分位数，常用下界、下四分位数、中位数、上四分位数、上界 5 个指标描述数据整体分布情况。

数据使用理想的四分之四算法分为四个部分，idealfourths 函数用来计算下四分位数和上四分位数的估计数，它的使用格式如下。

```
scipy. stats. mstats. idealfourths(data, axis =None)
```

参数说明如下。

① data：表示输入的数值、矩阵或数组。

② axis：表示用来估计四分位数的轴。

此外，还可以用统计图直观展示数据分布特征，如柱状图、正方图、箱式图、频率多边形和饼状图。

任务评价

评价内容	评价标准	分值	自评	师评
Linalg 模块	熟悉 Linalg 模块包含的相关函数	50		
Stats 模块	熟悉 Stats 模块中的数据统计分析函数	50		
总分		100		

任务 2　相关性分析

任务描述

小明对不同产品销售进行分析，查找相关性。相关性分析是数据分析中经常使用的分析方法之一，通过对不同特征或数据间的关系进行分析，发现业务运营中的关键影响及驱动因素，并对业务的发展进行预测。那么，如何实现相关性分析？

任务分析

本任务全面讲解相关性分析。首先讲解图表相关性分析；其次讲解相关系数分析。通过本任务的学习，读者能够全面理解并掌握相关性分析的核心概念、图表应用、相关系数计算及其在实际数据分析中的应用。这将为他们未来的数据分析和科学研究打下坚实的基础。

任务重点与实施

相关分析的方法很多，初级的方法可以快速发现数据之间的关系，如正相关、负相关或不相关。中级的方法可以对数据间关系的强弱进行度量，如完全相关，不完全相关等。高级的方法可以将数据间的关系转化为模型，并通过模型对未来的业务发展进行预测。

数据的相关性关系主要分类如下，相关性的方向和强弱如图 6-2 所示。

(1) 正相关：两个变量值同时增长。

(2) 负相关：一个变量值增加另一个变量值下降。

(3) 不相关：随机分布的离散的点。

(4) 线性相关：线性正相关是由左下到右上的图形，线性负相关则是从左上到右下的图形。

(5) 非线性相关：例如指数相关、U 形相关。

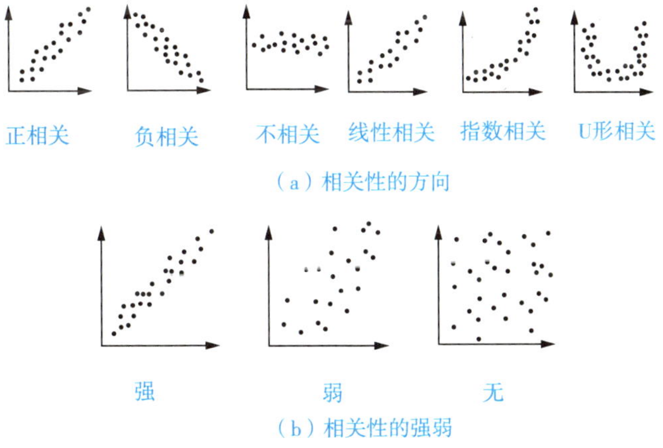

图 6-2　相关性的方向和强弱

6.2.1　图表相关性分析

最简单的相关分析方法是将数据进行可视化处理，简单的说就是绘制图表。单纯从数据的角度很难发现其中的趋势和联系，而将数据点绘制成图表后趋势和联系就会变的清晰起来。

1. 折线图

对于有明显时间维度的数据，可以选择使用折线图。

案例1 健康女性的数据的相关性分析

表 6-4 是对 10 位 25 ~ 34 周岁的健康女性的测量数据，试利用这些数据对身体脂肪与三头肌皮褶厚度的关系进行相关性分析。

扫码看视频

表 6-4 测量数据

受试验者 i	1	2	3	4	5	6	7	8	9	10
三头肌皮褶厚度 x_1	18.7	19.5	14.6	19.1	22.7	19.7	30.7	25.5	29.8	25.2
大腿围长 x_2	46.5	43.1	42.7	42.2	48.2	44.2	51.9	53.5	54.3	51
中臂围长 x_3	23	29.1	21.3	30.9	27.1	28.6	37	24.8	31.1	27.5
身体脂肪 y	11.7	11.9	12.8	12.9	14.8	17.8	18.7	19.3	20.1	21.1
受试验者 i	11	12	13	14	15	16	17	18	19	20
三头肌皮褶厚度 x_1	22.1	25.6	27.7	24.7	29.5	27.9	30.2	31.1	31.4	30.4
大腿围长 x_2	49.9	53.9	55.3	49.8	54.4	52.1	58.6	56.6	58.6	56.7
中臂围长 x_3	23.2	23.7	25.6	28.2	30.1	30.6	24.6	30	27.6	28.3
身体脂肪 y	21.3	21.7	22.6	22.8	23.9	25.4	25.4	25.4	27.1	27.2

PyCharm 程序如下。

```
#! /usr/bin/env python3
# -* - coding: UTF-8 -* -
import numpy as np                                    # 导入 numpy 模块
import pandas as pd                                   # 导入 pandas 模块
import openpyxl                                       # 导入 openpyxl 模块
import matplotlib. pyplot as plt                      # 导入 matplotlib. pyplot 模块
#读取 xlsx 文件
data = pd. read_excel('D:\\NewPython\\健康女性的测量数据 . xlsx')
plt. rcParams[ 'font. sans- serif'] = [ 'SimHei']     # 解决中文乱码
plt. rcParams[ "axes. unicode_minus"] = False         # 负号的正常显示
#获取数据
xt = data. columns
x = data. iloc[3]. drop('受试验者', axis =0)          # 删除 '受试验者'列 的身体脂肪数据
```

```
y1 = data.iloc[0].drop('受试验者', axis=0)           # 删除 '受试验者'列 的三头肌皮褶厚
                                                      度数据
y2 = data.iloc[1].drop('受试验者', axis=0)           # 删除 '受试验者'列 的大腿围长
plt.plot(x, y1,'b-', marker="o", markersize=10)     # 绘制三头肌皮褶厚度数据折线图
plt.plot(x, y2,'r-', marker="o", markersize=10)     # 绘制大腿围长度数据折线图
plt.xlabel("脂肪含量")                                # 设置坐标轴名称
#添加注释
plt.legend(['三头肌皮褶厚度', '大腿围长'])
plt.title("健康女性相关性分析", fontsize=20, fontweight='heavy')       # 设置坐标轴标题
plt.show()
```

运行结果如图 6-3 所示。

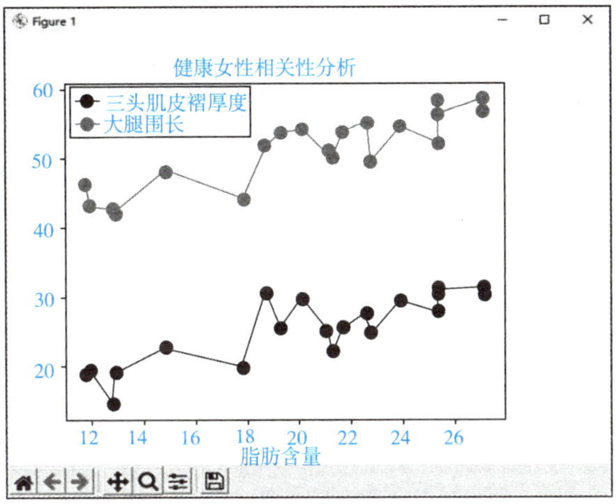

图 6-3 运行结果

经过以上这些对比，可以看到脂肪含量和三头肌皮褶厚度、脂肪含量和大腿围长之间有一些相关关系，为了更清晰的对比两组数据的变化和趋势，可以使用双坐标轴折线图。

案例2 健康女性的多组数据的相关性分析

表 6-4 是对 10 位 25～34 周岁的健康女性的测量数据，试利用这些数据对身体脂肪与大腿围长、三头肌皮褶厚度的关系进行相关性分析。

PyCharm 程序如下。

```
#! /usr/bin/env python3
# -*- coding: UTF-8 -*-
import numpy as np                          # 导入 numpy 模块
import pandas as pd                         # 导入 pandas 模块
import openpyxl                             # 导入 openpyxl 模块
import matplotlib.pyplot as plt             # 导入 matplotlib.pyplot 模块
```

```
# 读取 xlsx 文件
data = pd.read_excel('D:\\NewPython\\健康女性的测量数据.xlsx')
plt.rcParams['font.sans-serif'] = ['SimHei']                  # 解决中文乱码
plt.rcParams["axes.unicode_minus"] = False                    # 负号的正常显示
# 获取数据
xt = data.columns
x = data.iloc[3].drop('受试验者', axis=0)                      # 删除'受试验者'列 的身体脂肪数据
y1 = data.iloc[0].drop('受试验者', axis=0)                     # 删除'受试验者'列 的三头肌皮褶厚
                                                               度数据
y2 = data.iloc[1].drop('受试验者',axis=0)                      # 删除'受试验者'列 的大腿围长
fig = plt.figure()
# 定义坐标系
ax1 = fig.add_subplot(111)                                     # 定义坐标区
ax1.plot(x, y1, 'b-', marker="o" ,markersize=10,)              # 绘制三头肌皮褶厚度数据折线图
ax1.set_ylabel("三头肌皮褶厚度")                                # 设置坐标轴名称
# 添加注释
plt.annotate('三头肌皮褶厚度', xy=(18.6, 30.2), xytext=(14, 28), \
            arrowprops=dict(facecolor='black', shrink=0.05))
# 添加注释
plt.annotate('大腿围长', xy=(18, 16), xytext=(20, 15), \
            arrowprops=dict(facecolor='black', shrink=0.05))
ax1.set_title("健康女性相关性分析", fontsize=20, fontweight='heavy')# 设置坐标轴标题
ax2 = ax1.twinx()                                              # 创建双 Y 轴
ax2.plot(x, y2, "r-", marker="o", markersize=10,)              # 绘制大腿围长数据折线图
ax2.set_ylabel("大腿围长")
ax2.set_xlabel("身体脂肪")
plt.show()
```

运行结果如图 6-4 所示。

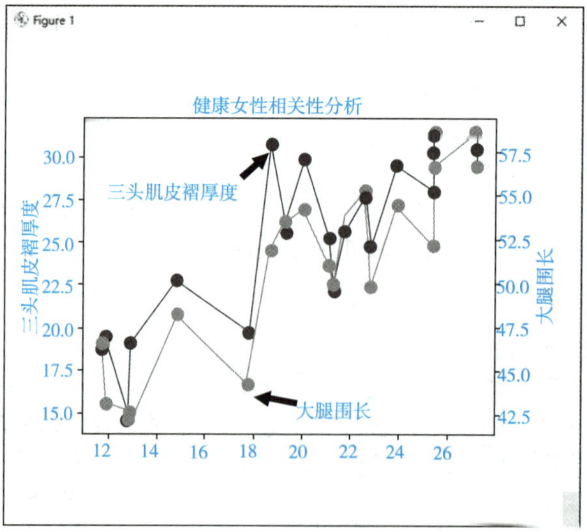

图 6-4　运行结果

扫码看视频

经过以上这些对比，大腿围长和三头肌皮褶厚度两组数据的变化和趋势大致相同，从整体的大趋势来看，大腿围长和三头肌皮褶厚度两组数据都呈现起伏趋势。从规律性来看大腿围长和三头肌皮褶厚度数据每次的最低点都出现在同一处。从细节来看，两组数据的短期趋势的变化略有不同。

同样可以看到大腿围长和三头肌皮褶厚度之间有一些相关关系，但这种方法在整个分析过程和解释上过于复杂，如果换成复杂一点的数据或者相关度较低的数据就会出现很多问题。

2. 散点图

比折线图更直观的是散点图，散点图去除了时间维度的影响，只关注数据间的关系。图的横轴是一个变量，纵轴是另一变量，散点图可以直观地看到相关性的方向和强弱。

通过观察散点图上数据点的分布情况，可以推断出变量间的相关性。如果变量之间不存在相互关系，那么在散点图上就表现为随机分布的离散的点，那些离点集群较远的点我们称为离群点或者异常点。如果存在某种相关性，那么大部分的数据点就相对密集并以某种趋势呈现。

案例3　健康女性的数据的相关性判断

表 6-4 是对 10 位 25～34 周岁的健康女性的测量数据，试利用这些数据对大腿围长、三头肌皮褶厚度的关系进行相关性分析判断。

扫码看视频

PyCharm 程序如下。

```
#! /usr/bin/env python3
# -* - coding: UTF-8 -* -
import numpy as np                                          # 导入 numpy 模块
import pandas as pd                                         # 导入 pandas 模块
import openpyxl                                             # 导入 openpyxl 模块
import matplotlib. pyplot as plt                            # 导入 matplotlib. pyplot 模块
#读取 xlsx 文件
data = pd. read_excel('D:\\NewPython\\健康女性的测量数据 . xlsx')
plt. rcParams['font. sans-serif'] = ['SimHei']              # 解决中文乱码
plt. rcParams["axes. unicode_minus"] = False                # 负号的正常显示
#获取数据
x = data. iloc[3]. drop('受试验者', axis =0)               # 删除 '受试验者'列的身体脂肪数据
y1 = data. iloc[0]. drop('受试验者', axis =0)# 删除 '受试验者'列的三头肌皮褶厚度数据
y2 = data. iloc[1]. drop('受试验者', axis =0)              # 删除 '受试验者'列的大腿围长
plt. subplot(1, 2, 1)                                       # 创建 2 个子图
plt. scatter(x, y1, c ='r', alpha =0. 3)
plt. title('脂肪含量和三头肌皮褶厚度相关性', loc ='center', fontsize =15)       # 添加标题
```

```
plt.subplot(1, 2, 2)                                          # 创建2个子图,
plt.scatter(x, y2, c='b', alpha=0.3)
plt.title('脂肪含量和大腿围长相关性', loc ='center', fontsize=15)# 添加标题
plt.show()
```

运行结果如图 6-5 所示。从图中可以看到，脂肪含量和三头肌皮褶厚度、脂肪含量和大腿围长都有明显的正相关趋势，两组数据相关性较弱，但脂肪含量和大腿围长正相关性程度比脂肪含量和三头肌皮褶厚度稍强。

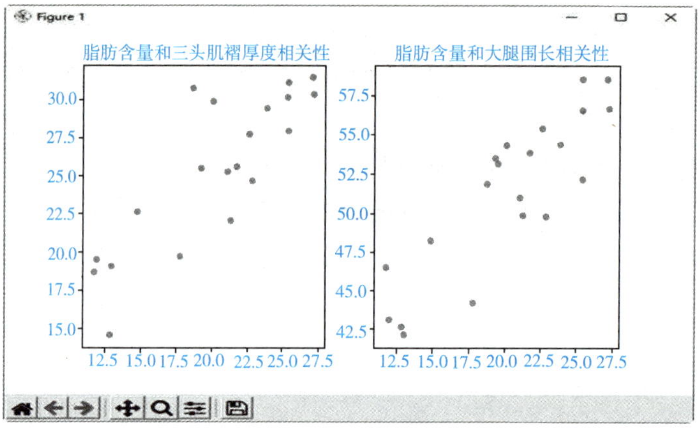

图 6-5　运行结果

6.2.2　相关系数分析

协方差用来衡量两个变量的总体误差，如果两个变量的变化趋势一致，协方差就是正值，说明两个变量正相关。如果两个变量的变化趋势相反，协方差就是负值，说明两个变量负相关。如果两个变量相互独立，那么协方差就是 0，说明两个变量不相关。

协方差的计算公式如下。

$$\mathrm{cov}(X,\ Y)=\frac{\sum_{i=1}^{n}(X_i-\overline{X})(Y_i-\overline{Y})}{n-1}$$

协方差的结果如果为正值，则说明两者是正相关的。

协方差矩阵计算的是不同维度之间的协方差，而不是不同样本之间的。协方差矩阵是一个对称的矩阵，而且对角线是各个维度上的方差。协方差矩阵的定义如下。

$C_{n\times n}=(c_{i,j},\ c_{i,j}=\mathrm{cov}(Dim,\ Dim_j))$

则协方差矩阵为

$$C=\begin{pmatrix}\mathrm{cov}(x,\ x) & \mathrm{cov}(x,\ y) & \mathrm{cov}(x,\ z)\\ \mathrm{cov}(y,\ x) & \mathrm{cov}(y,\ y) & \mathrm{cov}(y,\ z)\\ \mathrm{cov}(z,\ x) & \mathrm{cov}(z,\ y) & \mathrm{cov}(z,\ z)\end{pmatrix}$$

协方差通过数字衡量变量间的相关性，正值表示正相关，负值表示负相关。但无法对相关的密切程度进行度量。当面对多个变量时，无法通过协方差来说明那两组数据的相关性最高。要衡量和对比相关性的密切程度，就需要使用下一个方法：相关系数。

相关系数可以用来描述定量变量之间的关系。相关系数的符号(±)表明关系的方向(正相关或负相关)，其值的大小表示关系的强弱程度(完全不相关时为 0，完全相关时为 1)。Python 可以计算多种相关系数，包括 Pearson 相关系数、Spearman 相关系数、Kendall 相关系数等

1. 正态分布的相关分析

皮尔森相关系数(Pearson correlation coefficient)是反应两变量之间线性相关程度的统计量，用它来分析正态分布的两个连续型变量之间的相关性。常用于分析自变量之间，以及自变量和因变量之间的相关性。皮尔森相关系数在-1 和+1 之间变化，0 表示没有相关性，-1 或+1 的相关性暗示着一种精确的线性关系。

pearsonr 函数用来计算皮尔森相关系数和 p 值，检验非相关性，该函数的调用格式如下。

```
stats. pearsonr(x,y)
```

其中，x，y 为变量数据，输出结果为两个值，第一个值为相关系数表示线性相关程度，其取值范围在[-1，1]，绝对值越接近 1，说明两个变量的相关性越强，绝对值越接近 0 说明两个变量的相关性越差。当两个变量完全不相关时相关系数为 0。第二个值为 p-value，P 值表示不相关系统产生具有 Pearson 相关性数据集的概率，一般当 p-value<0. 05 时，认为两变量存在相关性。

案例1　男子的体能数据的相关性分析

Linnerud 曾经对男子的体能数据进行统计分析，他对某健身俱乐部的 20 名中年男子进行体能指标测量。被测数据分为两组，第一组是身体特征指标 x，包括体重、腰围、脉搏；第二组是训练结果指标 y，包括单杠、弯曲、跳高。表 6-5 就是测量数据。试利用皮尔森相关系数对这些数据进行相关性分析。

扫码看视频

表 6-5　男子体能数据

编号 i	1	2	3	4	5	6	7	8	9	10
体重 x_1	191	189	193	162	189	132	211	167	176	154
腰围 x_2	36	37	38	35	35	36	38	34	31	33
脉搏 x_3	50	52	58	62	46	56	56	60	74	56
单杠 y_1	5	2	12	12	13	4	8	6	15	17
弯曲 y_2	162	110	101	105	155	101	101	125	200	251

(续表)

跳高 y_3	60	60	101	37	58	42	33	40	40	250
编号 i	11	12	13	14	15	16	17	18	19	20
体重 x_1	169	166	154	247	193	202	176	157	156	138
腰围 x_2	34	33	34	46	36	37	37	32	33	33
脉搏 x_3	50	52	64	50	46	54	54	52	54	68
单杠 y_1	17	13	14	1	6	4	4	11	15	2
弯曲 y_2	120	210	215	50	70	60	60	230	225	110
跳高 y_3	33	115	105	50	21	25	25	80	73	43

PyCharm 程序如下。

```
#! /usr/bin/env python3
# -* - coding: UTF-8 -* -
import numpy as np                                  # 导入 numpy 模块
import pandas as pd                                 # 导入 pandas 模块
import openpyxl                                     # 导入 openpyxl 模块
import matplotlib. pyplot as plt                    # 导入 matplotlib. pyplot 模块
from scipy import stats                             # 导入 scipy. stats 模块
plt. rcParams[ 'font. sans-serif'] = [ 'SimHei']    # 解决中文乱码
plt. rcParams[ "axes. unicode_minus"] = False       # 负号的正常显示
#获取数据
x = pd. Series([191, 189, 193, 162, 189, 132, 211, 167, 176, 154,\
          169, 166, 154, 247, 193, 202, 176, 157, 156, 138]) # 定义体重数据
y1 = pd. Series([5, 2, 12, 12, 13, 4,8, 6, 15, 17,\
         17, 13, 14, 1, 6, 4, 4, 11, 15, 2])                # 定义单杠数据
plt. scatter(x, y1, c='r', alpha=0. 3)
plt. title('体重和单杠数据相关性', loc ='center', fontsize=15)  # 添加标题
plt. show()
```

运行结果如图 6-6 所示。

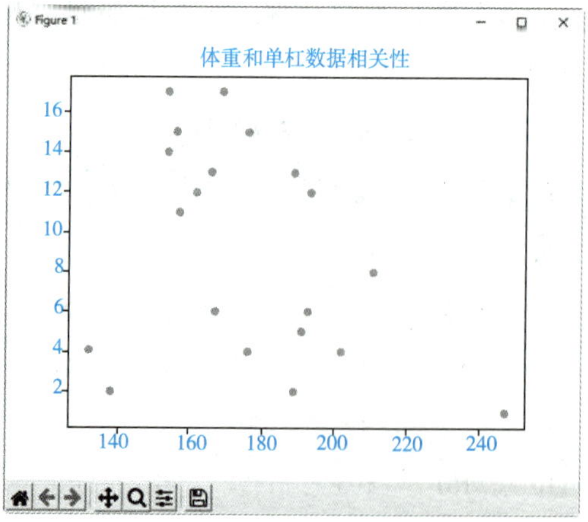

图 6-6 运行结果

从图 6-6 中，无法直接判断数据的相关性，计算皮尔森相关系数判断相关性。

```
p_value = stats. pearsonr(x, y1)
print(p_value)
```

运行结果如下。

```
(-0. 3289753973937185, 0. 15669515271739612)
```

从上面的运行结果可以看出，第二个值<0. 05 时，两变量存在相关性；第一个变量接近 0，说明两个变量的相关性较差。

2. 非正态分布的相关分析

斯皮尔曼等级相关系数(Spearman's correlation coefficient for ranked data)，它主要用于评价顺序变量间的线性相关关系，常用于计算类型变量的相关性。相关系数表示线性相关程度，correlation 趋近于 1 表示正相关。p-value 越小，表示相关程度越显著。

spearmanr 函数用来计算斯皮尔曼等级相关系数和 p 值，检验非相关性，该函数的调用格式如下。

```
stats. spearmanr(x[ ,y,AXIS,…])
```

x，y 为变量数据。

案例2 葡萄球菌存活时间相关性分析

实验室现有的菌种金黄色葡萄球菌，金黄色葡萄球菌暴露在空气中的存活时间约为 6 小时。分别滴相同含量稀释的金黄色葡萄球菌菌液，将样品都放在通风的室温环境中，经过 0、2、4、6、8、24、48 小时取出试验样品，通过缓冲液将细菌洗下来，在琼脂培养基中培养 12 小时，记每次分别记录细菌树龄，实验数据见表 6-6。试通过斯皮尔曼等级相关系数检验温度与葡萄球菌数量的非相关性。

扫码看视频

表 6-6 葡萄球菌存活数量数据

浸泡时间	0	2	4	6	8	24	48
细菌数量	1 005	1 100	1 200	1 356	1 436	2 986	4 233

PyCharm 程序如下。

```
#! /usr/bin/env python3
# -* - coding: UTF-8 -* -
import numpy as np                                  # 导入 numpy 模块
import pandas as pd                                 # 导入 pandas 模块
import openpyxl                                     # 导入 openpyxl 模块
import matplotlib. pyplot as plt                    # 导入 matplotlib. pyplot 模块
from scipy import stats                             # 导入 scipy. stats 模块
plt. rcParams['font. sans-serif'] = ['SimHei']      # 解决中文乱码
```

```
plt.rcParams["axes.unicode_minus"] = False                   # 负号的正常显示
#获取数据
x = pd.Series([0, 2, 4, 6, 8, 24, 48])                       # 定义浸泡时间
y = pd.Series([1005, 1100, 1200, 1356, 1436, 2986, 4233])   # 定义细菌数量据
plt.scatter(x, y, c='r', alpha=0.3)
plt.title('浸泡时间与葡萄球菌数量相关性', loc ='center', fontsize=15)    # 添加标题
p_value = stats.spearmanr(x, y)
print(p_value)
plt.show()
```

运行结果如下，散点图如图 6-7 所示。

```
SpearmanrResult(correlation=1.0, pvalue=0.0)
```

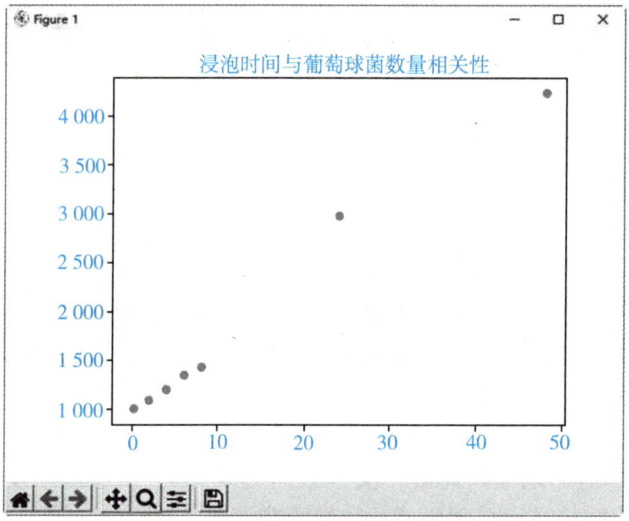

图 6-7　运行结果

通过上面的运行结果分析，correlation 为 1，表示正相关；pvalue 为 0，表示相关程度显著。

任务评价

评价内容	评价标准	分值	自评	师评
图表相关性分析	掌握用图表进行相关性分析的方法	50		
相关系数分析	掌握相关系数分析的方法	50		
总分		100		

任务3　假设检验

任务描述

小白发现销售数据涉及30个省100多个县区，数据太多，分析十分吃力，本着积极探索的精神，小白查找大样本观测数据分析方法，最终选择样本进行假设检验。假设检验(hypothesis testing)，又称统计假设检验，是用来判断样本与样本、样本与总体的差异是由抽样误差引起还是本质差别造成的统计推断方法。那么，如何进行假设检验?

任务分析

本任务全面讲解假设检验。首先讲解正态性检验，然后讲解方差齐性检验；其次讲解卡方检验。通过本任务的学习，读者能够全面理解并掌握假设检验的基本原理、步骤及其在数据分析中的应用。这将为未来的数据分析和科学研究提供有力的工具和方法。

任务重点与实施

显著性检验是假设检验中最常用的一种方法，也是一种最基本的统计推断形式，其基本原理是先对总体的特征做出某种假设，然后通过抽样研究的统计推理，对此假设应该被拒绝还是接受做出推断。

对假设检验问题做出判断可依据以下两种规则。

(1)P值规则：P值是检验统计量超过(大于或小于)具体样本观测值的概率。如果P值小于所给定的显著性水平，则认为原假设不太可能成立；如果P值大于所给定的标准，则认为没有充分的证据否定原假设。

(2)临界值规则：根据所提出的显著性水平标准(它是概率密度曲线的尾部面积)查表得到相应的检验统计量的数值，称作临界值，直接用检验统计量的观测值与临界值作比较，观测值落在临界值所划定的尾部(称之为拒绝域)内，便拒绝原假设；观测值落在临界值所划定的尾部之外(称之为不能拒绝域)的范围内，则认为拒绝原假设的证据不足。这种做出检验结论的方法，称之为临界值规则。

常用的假设检验方法有Z检验、T检验、卡方检验、F检验等。

6.3.1　正态性检验

利用观测数据判断总体是否服从正态分布的检验称为正态性检验，是统计判决中重要的一种特殊的拟合优度假设检验。正态性检验是数据分析的第一步，数据是否符合正态性决定了后续使用不同的分析和预测方法，当数据不符合正态性分布时，可以通过不同的转换方法把非正态数据转换成正态分布后再使用相应的统计方法进行下一步操作。

常用的正态性检验方法有正态概率纸法、夏皮罗维尔克检验法(Shapiro-Wilktest),科尔莫戈罗夫检验法,偏度-峰度检验法等。

1. 偏度-峰度检验法

正态性检验基于偏度和峰度,偏度系数和峰度系数同时也是分布特征分析统计量。

skew 函数用来计算数据的偏度系数,偏度系数(Skewness)是描述数据某变量取值分布的对称性。结果为0 为正态分布;大于0 为正偏或右偏,长尾在右边;小于0 为负偏或左偏,长尾在左边。

kurtosis 函数用来计算数据的峰度系数。峰度系数(Kurtosis)是描述其变量所有取值分布形态的陡峭程度,0 为正态分布,大于0 为陡峭,小于0 为平坦。

一般情况下,如果样本的偏度接近于0,而峰度接近于3,就可以判断总体的分布接近于正态分布。

normaltest 函数用来检验数据是否符合正态分布,计算零假设的 p 值,该函数的调用格式如下。

```
stats. normaltest(a[, axis])
```

其中,array 表示具有元素的输入数组或对象(样本数大于20);axis 表示正态分布测试将沿其计算的轴。默认情况下,axis= 0;返回假设检验的卡方统计量和 p-value。实际观测值与理论推断值之间的偏离程度就决定卡方值的大小,卡方值越大,越不符合;卡方值越小,偏差越小,越趋于符合,若两个值完全相等时,卡方值就为0,表明理论值完全符合。

案例1 某公司在全国有40 个销售点,试分析各销售点销售额是否符合正态分布

PyCharm 程序如下。

```
#! /usr/bin/env python3
# -* - coding: UTF-8 -* -
import numpy as np                              # 导入 numpy 模块
import pandas as pd                             # 导入 pandas 模块
import openpyxl                                 # 导入 openpyxl 模块
import matplotlib. pyplot as plt                # 导入 matplotlib. pyplot 模块
from scipy import stats                         # 导入 scipy. stats 模块
plt. rcParams['font. sans-serif'] = ['SimHei']  # 解决中文乱码
```

扫码看视频

```
plt.rcParams["axes.unicode_minus"] = False                    # 负号的正常显示
data = pd.read_excel('D:\\NewPython\\公司全国销售额.xlsx')
#获取数据
y = data['食品类销售额']/1000                                  # 食品类销售额数据
#绘制折线图,标记为三角形,设置标记大小、标记面颜色与边颜色
plt.plot(y, c='r', marker='v', ms=20, mfc='b', mec='g')
plt.title('各销售点销售额', loc='center', fontsize=15)          # 添加标题
plt.show()
#数据分析
print('偏度系数为：', stats.skew(y))
print('峰度系数为：', stats.kurtosis(y))
value = stats.normaltest(y)
print('检验数据是否符合正态分布')
print(value)
```

运行结果如下，如图 6-8 所示。

```
偏度系数为：  1.767674606287615
峰度系数为：  5.6387166500513874
检验数据是否符合正态分布
NormaltestResult(statistic=29.229466446713484, pvalue=4.496783788596873e-07)
```

通过上面的运行结果分析，偏度系数大于 0，这意味着数据是向右倾斜的；峰度为正峰度意味着倾斜度高。卡方统计量 statistic = 29.229 466 446 713 484，实际值与正态值偏离程度较大，pvalue = 4.496 783 788 596 873 e−07，比指定的显著水平(一般为 5%)小，则拒绝假设：x 不服从正态分布。

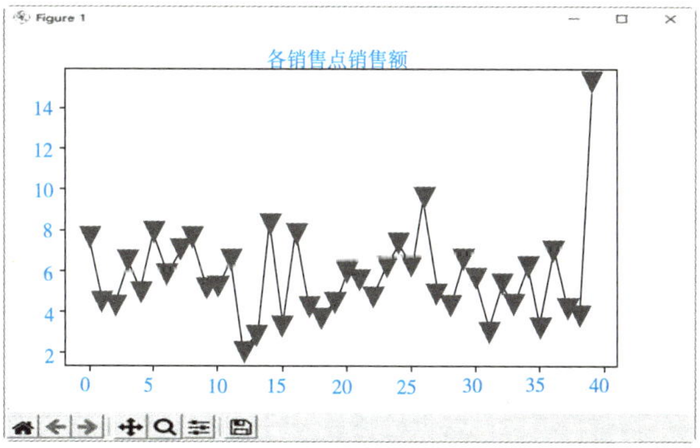

图 6-8　运行结果

2. 夏皮罗维尔克检验法

夏皮罗维尔克检验法(Shapiro-Wilk)用于检验参数提供的一组小样本数据是否符合正态分布，统计量越大则表示数据越符合正态分布，但是在非正态分布的小样本数据中也经常会出现较大的 W 值。需要查表来估计其概率。由于原假设是其符合正态分布，所以当 P 值小于指定显著水平时表示其不符合正态分布。

shapiro 函数用来检验数据是否符合正态分布，计算零假设的 p 值，该函数的调用格式如下。

```
stats. shapiro(x)
```

array 表示具有元素的输入数组或对象；axis 表示正态分布测试将沿其计算的轴。默认情况下，axis= 0；返回假。

案例2 通过夏皮罗维尔克检验法检验数据是否符合正态分布

已知某市小读者比赛分数，抽取绘画、钢琴、笛子、书法、古筝中的 40 组样本，试通过夏皮罗维尔克检验法测试绘画成绩是否符合正态分布。

PyCharm 程序如下。

```
#! /usr/bin/env python3
# -* - coding: UTF-8 -* -
import numpy as np                              # 导入 numpy 模块
import pandas as pd                             # 导入 pandas 模块
import openpyxl                                 # 导入 openpyxl 模块
import matplotlib. pyplot as plt                # 导入 matplotlib. pyplot
模块
from scipy import stats                         # 导入 scipy. stats 模块
plt. rcParams['font. sans-serif'] = ['SimHei']  # 解决中文乱码
plt. rcParams["axes. unicode_minus"] = False    # 负号的正常显示
data = pd. read_excel('D:\\NewPython\\比赛 . xlsx')
#获取数据
y = data['绘画']
#绘制折线图,标记为三角形,设置标记大小、标记面颜色与边颜色
plt. plot(y, c='r', marker='o', ms=20)
plt. title('绘画成绩', loc ='center', fontsize=15)      # 添加标题
plt. show()
#数据分析
value = stats. shapiro(y)
print('检验数据是否符合正态分布')
print(value)
```

扫码看视频

运行结果如下，如图 6-9 所示。

```
检验数据是否符合正态分布
ShapiroResult(statistic=0. 9782784581184387, pvalue=0. 09752202033996582)
```

对某市小读者比赛分数 40 组样本提出假设：x 服从正态分布。使用 Shapiro-Wilk 检验该数据是否服从正态分布，返回结果 pvalue=0. 097 522 020 339 965 82，比指定的显著水平(一般为 5%)大，则接受假设：x 服从正态分布。

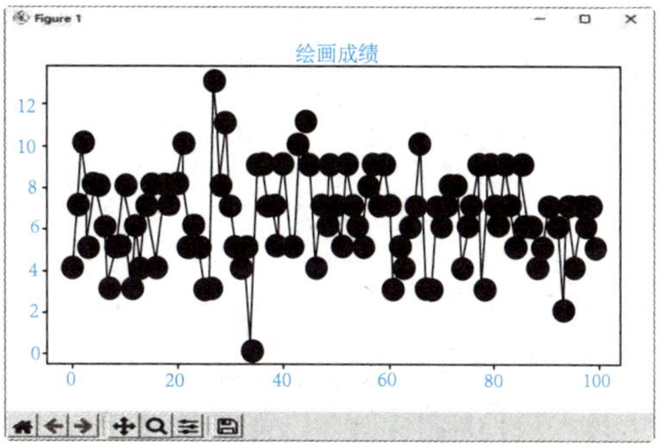

图 6-9　运行结果

3. 科尔莫戈罗夫检验

科尔莫戈罗夫检验(Kolmogorov-Smirnov test)，检验样本数据是否服从某一分布，仅适用于连续分布的检验。kstest 函数使用科尔莫戈罗夫检验法检验数据是否符合正态分布。

案例3　使用科尔莫戈罗夫检验检验数据是否符合正态分布

PyCharm 程序如下。

```
#! /usr/bin/env python3
# -* - coding: UTF-8 -* -
import numpy as np                                   # 导入 numpy 模块
import pandas as pd                                  # 导入 pandas 模块
import openpyxl                                      # 导入 openpyxl 模块
import matplotlib. pyplot as plt                     # 导入 matplotlib. pyplot 模块
from scipy import stats                              # 导入 scipy. stats 模块
plt. rcParams['font. sans-serif'] = ['SimHei']       # 解决中文乱码
plt. rcParams["axes. unicode_minus"] = False         # 负号的正常显示
#设置随机种子
np. random. seed(10)
#在正态分布样本中抽取 500 随机变量,均值为 5,方差为 10
x = stats. norm. rvs(loc =5, scale =10, size =500)
x =pd. DataFrame(x)
plt. plot(x)
plt. show()
#数据分析
value = stats. kstest(x,'norm')
print('检验数据是否符合正态分布')
print(value)
```

运行结果如下，如图 6-10 所示。

```
检验数据是否符合正态分布
KstestResult(statistic=1.0, pvalue=0.0)
```

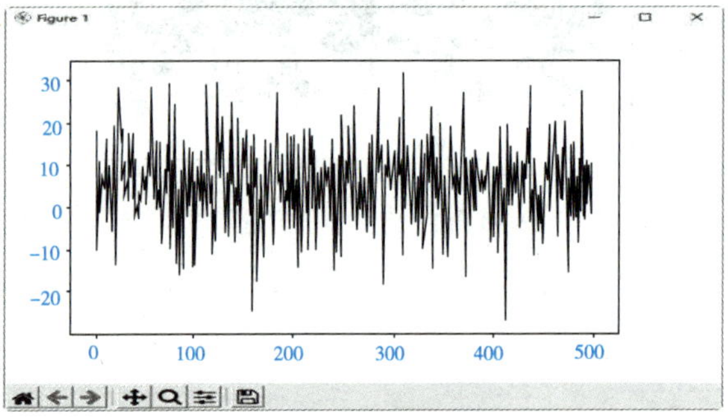

图 6-10　运行结果

生成 500 个服从正态分布的样本中选择随机数，提出假设：x 服从正态分布。使用 k-s 检验该数据是否服从正态分布，pvalue=0，比指定的显著水平(一般为 5%)小，则拒绝假设：x 不服从正态分布。

6.3.2　方差齐性检验

方差反映了一组数据与其平均值的偏离程度，计算公式如下。

$$F=\frac{组间平方和/(s-1)}{组内平方和/(n-s)}$$

方差齐性检验用以检验两组或多组数据与其均值偏离程度是否存在差异，也是很多检验和算法的先决条件。

当不确定两总体方差是否相等时，应先利用 levene 函数进行检验，检验两总体是否具有方差齐性。它的使用格式如下。

```
scipy.stats.levene (data1, data2)
```

data1、data2 是样本数据。p 值远大于 0.05，认为两总体具有方差齐性。如果两总体不具有方差齐性，需要将 equal_val 参数设定为“False”。

案例　通过布的缩水率，对其进行方差齐性分析

为了考查染整工艺对布的缩水率是否有影响，选用 5 种不同的染整工艺分别用 A1、A2、A3、A4、A5 表示，每种工艺处理 4 块布样，测得缩水率的百分数见表 6-7，试对其进行方差齐性分析。

扫码看视频

表 6-7　测量数据

	A1	A2	A3	A4	A5
1	4.3	6.1	6.5	9.3	9.5
2	7.8	7.3	8.3	8.7	8.8
3	3.2	4.2	8.6	7.2	11.4
4	6.5	4.1	8.2	10.1	7.8

PyCharm 程序如下。

```
#! /usr/bin/env python3
# -* - coding: UTF-8 -* -
import numpy as np                                    # 导入 numpy 模块
import pandas as pd                                   # 导入 pandas 模块
import openpyxl                                       # 导入 openpyxl 模块
import matplotlib. pyplot as plt                      # 导入 matplotlib. pyplot 模块
from scipy import stats                               # 导入 scipy. stats 模块
plt. rcParams['font. sans-serif'] = ['SimHei']        # 解决中文乱码
plt. rcParams["axes. unicode_minus"] = False          # 负号的正常显示
A1 = [4.3, 7.8, 3.2, 6.5]
A2 = [6.1, 7.3, 4.2, 4.1]
A3 = [6.5, 8.3, 8.6, 8.2]
A4 = [9.3, 8.7, 7.2, 10.1]
A5 = [9.5, 8.8, 11.4, 7.8]
#方差齐性检验
statistic,pvalue = stats. levene(A1, A2, A3, A4, A5)
print('检验数据是否符合正态分布')
print('统计量', statistic)
print('P 值', pvalue)
```

运行结果如下。

```
检验数据是否符合正态分布
统计量 1.3068481123792794
P 值 0.31204824195795583
```

结果分析如下。

返回结果 pvalue = 0.312 048 241 957 955 83，比指定的显著水平(假设为 5%)大，认为 5 组数据具有方差齐性。

6.3.3　卡方检验

卡方检验是一种非参数检验方法。相对来说，非参数检验对数据分布的要求比较宽松，并且也不要求太大数据量。

卡方检验是一种对计数资料的假设检验方法，主要是比较理论频数和实际频数的吻合程度，常用于特征选择。比如，检验男人和女人在是否患有高血压上有无区别，如果有区别，则说明性别与是否患有高血压有关，在后续分析时就需要把性别这个分类变量放入模型训练。

卡方检验就是统计样本的实际观测值与理论推断值之间的偏离程度，实际观测值与理论推断值之间的偏离程度就决定卡方值的大小，卡方值越大，越不符合；卡方值越小，偏差越小，越趋于符合，若两个值完全相等时，卡方值就为 0，表明理论值完全符合。

基本数据有 R 行 C 列，故通称 RC 列联表(contingency table)，简称 RC 表，它是观测数据按两个或更多属性(定性变量)分类时所列出的频数表。

chisquare 函数用来进行卡方检验，它的使用格式如下。

```
chisq ,p = scipy. stats. chisquare(f_obs[ ,f_exp,ddof,Axis])
```

参数说明如下。

(1)f_obs：在每个类别中观察到的频率。

(2)f_exp：每个类别中的预期频率。默认情况下，假定类别的可能性相同。

(3)ddof：调整 p-value 的自由度。p-value 使用 chi-squared 分布计算，其中 k - 1 - ddof 自由度，其中 k 是观察到的频率数。ddof 的默认值为 0。

(4)axis：f_obs 和 f_exp 的广播结果的轴，将沿该轴应用测试。如果 axis 为 None，则将 f_obs 中的所有值视为单个数据集。默认值为 0。

(5)chisq：chi-squared 测试统计信息，float 或 ndarray。如果轴为 None 或 f_obs 和 f_exp 为一维，则该值为 float。

(6)p：测试的 p-value，float 或 ndarray，如果 ddof 和返回值 chisq 是标量，则该值为 float。

案例 通过不同城市不同性别观看 NBA 比赛人次之间关系，对其进行卡方检验

为了研究不同性别观看 NBA 比赛人次之间的关系，2024 年在 10 个城市调查了 1 000 个样本，调查数据见表 6-8。试对其进行卡方检验。原假设是没有显著差异的。

扫码看视频

表 6-8　调查数据

城市	1	2	3	4	5	6	7	8	9	10
男	40	45	43	45	46	45	50	49	46	43
女	20	15	17	15	14	5	10	11	4	7

PyCharm 程序如下。

```
#! /usr/bin/env python3
# -* - coding: UTF-8 -* -
```

```
import numpy as np                              # 导入 numpy 模块
import pandas as pd                             # 导入 pandas 模块
import openpyxl                                 # 导入 openpyxl 模块
import matplotlib.pyplot as plt                 # 导入 matplotlib.pyplot 模块
from scipy import stats                         # 导入 scipy.stats 模块
plt.rcParams['font.sans-serif'] = ['SimHei']    # 解决中文乱码
plt.rcParams["axes.unicode_minus"] = False      # 负号的正常显示
#获取数据
data = [(40, 20), (45, 15), (43, 22), (45, 15), (46, 10), \
        (45, 9), (50, 15), (49, 13), (46, 12), (43, 10)]
#独立样本 t 检验
value = stats.chisquare(data)
print('数据进行卡方检验')
print('统计量')
print(value.statistic)
print('P 值')
print(value.pvalue)
```

运行结果如下。

```
数据进行卡方检验
统计量
[ 1.67256637 11.69503546]
P 值
[0.9956527    0.23105278]
```

卡方检验函数返回结果第一个值为统计量值，第二个结果为 pvalue 值，pvalue 比指定的显著水平(一般 5%)大，不能拒绝原假设，即相关性不显著。

任务评价

评价内容	评价标准	分值	自评	师评
正态性检验	掌握正态性检验的方法	40		
方差齐性检验	掌握方差齐性检验的方法	30		
卡方检验	掌握卡方检验的方法	30		
总分		100		

任务4 T 检验

任务描述

小白完成样本检验后，还需要对结果进行检验。T 检验是用 T 分布理论来推断差异发生的概率，从而判定两总体均数的差异是否有统计学意义，主要用于样本含量较小(如 $n<60$)，总体标准差 σ 未知，呈正态分布的计量数据。那么，样本是否适用 T 检验？如何进行 T 检验？

任务分析

本任务全面讲解 T 检验。首先讲解单样本 T 检验，然后讲解两独立样本 T 检验，接下来讲解配对样本 T 检验。通过本任务的学习，读者能够全面理解并掌握 T 检验的基本原理、步骤及其在数据分析中的应用。这将为他们未来的数据分析和科学研究提供有力的工具和方法。

任务重点与实施

T 检验主要用于检验定量数据，无论哪种 T 检验，都有以下的基本前提条件：样本数据符合正态分布，各个样本之间是独立的。

T 检验步骤如下。

(1)提出原假设和备择假设。

(2)构造 T 统计量。

(3)计算 T 统计量。

对于得到的 p 值进行分析，p 大于 0.05 则接受原假设，反之接受备择假设。

6.4.1 单样本 T 检验

单样本 T 检验用于检验数据是否来自一致均值的总体，T 检验主要是以均值为核心的检验。

标准误差计算公式为

$$\text{标准误差 } se=\frac{S(\text{样本标准差})}{\sqrt{n}(\text{样本大小})}$$

单样本 T 检验计算公式为

$$t=\frac{\text{样本均值}-\text{总值均值}}{\text{标准误差}}$$

在 stats 中，ttest_1samp 函数用来进行单样本 T 检验，使用格式如下。

```
scipy. stats. ttest_1samp(data,pop_mean)
```

data 是样本数据，pop_mean 是总体均值。

案例　对不同年龄段消费水平进行单样本 T 检验

从淘宝双十二消费信息中抽取不同年龄段消费水平样本，见表 6-9。其中，整体消费水平为 3 000。

表 6-9　不同年龄段消费水平

年龄段	0～18 岁	18～24 岁	24～30 岁	30～40 岁	40～50 岁	50～60 岁	60 岁以上
消费金额/元	1 000	5 000	6 000	4 500	2 000	2 500	500
退款金额/元	600	200	450	580	500	500	100

PyCharm 程序如下。

扫码看视频

```
#! /usr/bin/env python3
# -* - coding: UTF-8 -* -
import numpy as np                                   # 导入 numpy 模块
import pandas as pd                                  # 导入 pandas 模块
import openpyxl                                      # 导入 openpyxl 模块
import matplotlib. pyplot as plt                     # 导入 matplotlib. pyplot 模块
from scipy import stats                              # 导入 scipy. stats 模块
plt. rcParams['font. sans-serif'] = ['SimHei']       # 解决中文乱码
plt. rcParams["axes. unicode_minus"] = False         # 负号的正常显示
data = [(1000, 600), (5000, 200), (6000, 450), (4500, 580), (2000, 500),\
       (2500, 500), (500, 100)]
pop_mean = [(3000, 200)]
#单样本 t 检验
statistic,pvalue = stats. ttest_1samp(data, pop_mean)
print('数据进行单样本 T 检验')
print('统计量', statistic)
print('P 值',pvalue)
```

运行结果如下。

```
数据进行单样本 T 检验
统计量 [[0. 08956222 3. 00308048]]
P 值 [[0. 93154995 0. 02391296]]
```

本例中生成了 2 列 5 行的数组，ttest_1samp 的 2 个参数是分别对两列估计的均值，第 1 列 0. 931 549 95 大于指定显著水平，不能拒绝假设：消费金额服从正态分布。第 2 列 0. 023 912 96 比指定的显著水平(一般为 5%)小，认为差异显著，拒绝假设，退款金额不服从正态分布。

6. 4. 2　两独立样本 T 检验

独立样本 T 检验用于分析定类数据与定量数据之间的关系，例如男女生的身高是否有显著差异。

在 stats 中，ttest_ind 函数用来进行独立样本 T 检验，它的使用格式如下。

```
scipy. stats. ttest_ind (data1, data2)
```

data1、data2 是样本数据。

注意

独立样本 T 检验假设样本来自于两个不同的独立总体，但方差相同，除了要求单样本 T 检验的那些条件，还要求两个样本之间具有方差，需要进行方差齐性检验。levene 检验中，p 值大于 0. 05 认为是满足方差齐性的，如果要比较的两组数据 p 值小于 0. 05，不满足方差齐性，需要在 ttest_ind( ) 函数中添加参数 equal_var = False。

案例　根据清扫落叶的车数，对其进行独立样本 T 检验

为了考查气温对树木落叶是否有影响，选用 10 天不同的温度分别测得两个区环卫工人清扫落叶的车数见表 6-10，试对其进行独立样本 T 检验。

扫码看视频

表 6-10　测量数据

区域 \ 日期	10	12	14	16	18	20	22	24	26	28
区域 A	20	22	18	16	14	12	10	10	8	3
区域 B	22	22	28	26	24	18	13	10	10	6

PyCharm 程序如下。

```
#! /usr/bin/env python3
# -* - coding: UTF-8 -* -
import numpy as np                               # 导入 numpy 模块
import pandas as pd                              # 导入 pandas 模块
```

```
import openpyxl                                          # 导入 openpyxl 模块
import matplotlib. pyplot as plt                         # 导入 matplotlib. pyplot 模块
from scipy import stats                                  # 导入 scipy. stats 模块
plt. rcParams[ 'font. sans- serif'] = [ 'SimHei']          # 解决中文乱码
plt. rcParams[ "axes. unicode_minus"] = False             # 负号的正常显示
#获取数据
data1 = pd. Series([20, 22, 18, 16, 14, 12, 10, 10, 8,3])
data2 = pd. Series([22, 22, 28, 26, 24, 18, 13, 10, 10, 6])
#方差齐性检验
statistic,pvalue = stats. levene(data1, data2)
print('检验数据是否具有方差齐性')
print('统计量', statistic)
print('P 值', pvalue)
if pvalue>0. 05:
    print('*  '* 10, '两组数据之间具有方差齐性', '*  '* 10)
    var = True
else:
    print('*  '* 10, '两组数据之间不具有方差齐性', '*  '* 10)
    var = False
#独立样本 t 检验
statistic,pvalue = stats. ttest_ind (data1, data2, equal_var =var)
print('数据进行独立样本 T 检验')
print('统计量' ,statistic)
print('P 值' ,pvalue)
if pvalue>0. 05:
    print('*  '* 10, '两组数据之间无差异', '*  '* 10)
else:
    print('*  '* 10, '两组数据之间有差异', '*  '* 10)
```

运行结果如下。

```
检验数据是否具有方差齐性
统计量 1. 2221290863369652
P 值 0. 2835009851651965
********** 两组数据之间具有方差齐性 **********
数据进行独立样本 T 检验
统计量 -1. 508399422303091
P 值 0. 14880438373601387
********** 两组数据之间无差异 **********
```

ttest_ind 函数返回结果的第一个值为统计量，第二个值为 pvalue，pvalue = 0. 148 804 383 736 013 87，比指定的显著水平(一般为5%)大，不能拒绝假设，两组数据来自于同一总体，两组数据之间无差异。

6.4.3 配对样本 T 检验

配对样本 T 检验用于分析配对定量数据之间的差异对比关系，要求样本量相同且前后顺序要一一对应。配对样本 T 检验可视为单样本 T 检验的扩展，检验的对象由一群来自正态分布独立样本更改为二群配对样本观测值之差。配对样本 T 检验可以通过差值转化为单样本 T 检验，它常用于比较同一受试对象处理的前后差异，或者按照某一条件进行两两配对分别给与不同处理的受试对象之间是否存在差异。

在 stats 中，ttest_rel 函数用来进行配对样本 T 检验，使用格式如下。

```
scipy. stats. ttest_rel(data1,data2)
```

data1、data2 是样本数据。

案例 根据抽验结果，对其进行配对样本 T 检验

在某市普查某种疾病，为此要抽验 12 个人的血，可用两种检测方法进行检测，两种方法检测指标见表 6-11。试对其进行配对样本 T 检验。

表 6-11 测得数据

抽取次数	1	2	3	4	5	6	7	8	9	10	11	12
方法 1	200	210	220	230	240	250	260	270	280	290	300	310
方法 2	135	138	141	144	147	150	153	156	159	162	165	168

PyCharm 程序如下。

扫码看视频

```
#! /usr/bin/env python3
# -* - coding: UTF-8 -* -
import numpy as np                                          # 导入 numpy 模块
import pandas as pd                                         # 导入 pandas 模块
import openpyxl                                             # 导入 openpyxl 模块
import matplotlib. pyplot as plt                            # 导入 matplotlib. pyplot 模块
from scipy import stats                                     # 导入 scipy. stats 模块
plt. rcParams['font. sans-serif'] = ['SimHei']              # 解决中文乱码
plt. rcParams["axes. unicode_minus"] = False                # 负号的正常显示
#获取数据
data1 = pd. Series([200, 210, 220, 230, 240, 250, 260, 270, 280, 290, 300, 310])
data2 = pd. Series([135, 138, 141, 144, 147, 150, 153, 156, 159, 162, 165,1 68])
#独立样本 t 检验
```

```
statistic,pvalue = stats. ttest_rel(data1, data2)
print('数据进行配对样本 T 检验')
print('统计量', statistic)
print('P 值', pvalue)
if pvalue>0. 05:
    print('*  '* 10, '两组数据之间无差异', '*  '* 10)
else:
    print('*  '* 10, '两组数据之间有差异', '*  '* 10)
```

运行结果如下。

```
数据进行配对样本 T 检验
统计量 14. 205654787565587
P 值 2. 017974287492347e-08
********** 两组数据之间有差异 **********
```

ttest_re 返回结果的第一个值为统计量，第二个值为 pvalue，pvalue＝2. 017 974 287 492 347 e−08，比指定的显著水平(一般为5%)小，拒绝假设，两种检测方法存在显著差异。

任务评价

评价内容	评价标准	分值	自评	师评
单样本 T 检验	掌握单样本 T 检验的方法	30		
两独立样本 T 检验	掌握两独立样本 T 检验的方法	35		
配对样本 T 检验	掌握配对样本 T 检验的方法	35		
总分		100		

任务5　方差分析

任务描述

小白需要分析形成销售额差异额单因素。在工程实践中，影响一个事务的因素是很多的。比如在化工生产中，原料成分、原料剂量、催化剂、反应温度、压力、反应时间、设备型号以及操作人员等因素都会对产品的质量和数量产生影响。有的因素影响大些，有的因素影响小些。为了保证优质、高产、低能耗，必须找出对产品的质量和产量有显著影响的因素，并研究出最优工艺条件。为此需要做科学试验，以取得一系列试验数据。如何利用试验数据进行分析、推断某个因素的影响是否显著？在最优工艺条件中如何选用显著性因素？就是方差分析要完成的工作。方差分析已广泛应用于气象预报、农业、工业、医学等许多领域中，同时它的思想也渗透到了数理统计的许多方法中。

任务分析

本任务全面讲解方差分析。首先讲解单因素方差分析，然后讲解多因素方差分析。通过本任务的学习，读者能够掌握方差分析的基本原理和步骤。这将有助于读者更好地理解和应用方差分析来解决实际问题。

任务重点与实施

方差分析(analysis of variance，ANOVA)，又称 F 检验，联合假设检验、差比率检验、方差齐性检验，它是一种在零假设之下，统计值服从 F-分布的检验。用于两个及两个以上样本均数差别的显著性检验，方差分析主要是考虑各组之间的均数差别。

试验样本的分组方式不同，采用的方差分析方法也不同，一般常用的有单因素方差分析与双因素方差分析。

6.5.1 单因素方差分析

单因素方差分析，是检验由单一因素影响的多组样本某因变量的均值是否有显著差异。

当因变量 Y 是数值型，自变量 X 是分类值，通常的做法是按 X 的类别把实例成分几组，分析 Y 值在 X 的不同分组中是否存在差异。f_oneway 函数用来对数据进行单因素的方差分析，返回的是统计量和 P 值。

案例 试检验不同配比油漆对空气污染效果是否有显著影响

某油漆公司为了比较 5 种不同配比的油漆空气污染的效果，选取了条件基本相同的 20 套房间，随机分成 4 组，经一个月试验以后，房间内甲醛含量的测试结果见表 6-12 所示。

表 6-12 甲醛含量数据

	A	B	C	D	E
1	2.0	1.2	1.9	1.6	1.6
2	1.8	1.5	1.9	1.8	1.5
3	1.9	1.4	1.7	1.5	1.3
4	2.0	1.2	1.8	1.7	1.3

PyCharm 程序如下。

```
#! /usr/bin/env python3
# -*- coding: UTF-8 -*-
import numpy as np                              # 导入 numpy 模块
import pandas as pd                             # 导入 pandas 模块
import openpyxl                                 # 导入 openpyxl 模块
import matplotlib.pyplot as plt                 # 导入 matplotlib.pyplot 模块
from scipy import stats                         # 导入 scipy.stats 模块
plt.rcParams['font.sans-serif'] = ['SimHei']    # 解决中文乱码
plt.rcParams["axes.unicode_minus"] = False      # 负号的正常显示
#获取数据
data_A = [2.0, 1.8, 1.9, 2.0]
data_B = [1.2, 1.5, 1.4, 1.2]
data_C = [1.9, 1.9, 1.7, 1.8]
data_D = [1.6, 1.8, 1.5, 1.7]
data_E = [1.6, 1.5, 1.3, 1.3]
#独立样本 t 检验
value = stats.f_oneway(data_A, data_B, data_C, data_D, data_E)
print('*' * 10, '数据进行单因素方差分析', '*' * 10)
print('统计量')
print(value.statistic)
print('P 值')
print(value.pvalue)
if value.pvalue>0.05:
    print('*' * 10, '不同配比油漆对空气污染效果无影响', '*' * 10)
else:
    print('*' * 10, '不同配比油漆对空气污染效果有显著影响', '*' * 10)
```

运行结果如下。

```
********** 数据进行单因素方差分析 **********
统计量
16.281249999999996
P 值
2.474197099807309e-05
********** 不同配比油漆对空气污染效果有显著影响 **********
```

f_oneway 函数返回结果的第一个值为统计量，它由组间差异除以组间差异得到，上例中组间差异很大，第二个返回值 pvalue = 2.474 197 099 807 309 e-05 小于边界值

(一般为 0.05),拒绝原假设,即认为以上五组数据存在统计学差异,但并不能判断是哪两组之间存在差异。

6.5.2 多因素方差分析

当有两个或者两个以上自变量对因变量产生影响时,可以用多因素方差分析的方法来进行分析,它不仅要考虑每个因素的主效应,还要考虑因素之间的交互效应。

多因素方差分析需要加载 statsmodels 模块,在 statsmodels 中,ttest_rel 函数用来进行配对样本 T 检验,使用格式如下。

```
statsmodels.stats.anova.anova_lm(*args, **kwargs)
```

参数说明如下。

(1) *args:为一个或多个拟合线性模型。

(2) **kwargs:第二组或更多的属性。

(3) scale:方差的估计,默认从最大的模型估计。

(4) test:提供测试统计数据,可选值为"F" "ChiSq" "CP",默认值为"F"。

(5) typ:数据类型。

(6) robust:鲁棒性包括 None、"hc0" "hc1" "hc2" "hc3"。

案例 测试某新药进行多因素方差分析

研究者测试某新药对于血液粘稠是否有疗效,研究者共招募 100 名志愿者,男女分别为 50 名。以及男女分别再细分使用新药和普通药物;影响因素共分为两个,分别是药物(旧药和新药)、性别;Y 为血液粘稠水平。

PyCharm 程序如下。

扫码看视频

```
#! /usr/bin/env python3
# -*- coding: UTF-8 -*-
import numpy as np                              # 导入 numpy 模块
import pandas as pd                             # 导入 pandas 模块
import openpyxl                                 # 导入 openpyxl 模块
import matplotlib.pyplot as plt                 # 导入 matplotlib.pyplot 模块
from scipy import stats                         # 导入 scipy.stats 模块
#导入 statsmodels 中的 ols、anova_lm 函数
from statsmodels.formula.api import ols
from statsmodels.stats.anova import anova_lm
```

```
#解决中文乱码
plt.rcParams['font.sans-serif'] = ['SimHei']             #解决中文乱码
plt.rcParams["axes.unicode_minus"] = False               #负号的正常显示
#获取数据
file='D:\\NewPython\\新药对于血液粘稠度.xlsx'              #定义 excel 文件路径
data = pd.read_excel(file)
#同时对多个因素进行分析,
#定义了双因素 ANOVA 公式,
#"~"用于隔离因变量和自变量,
#"+"用于分隔各个自变量,
#":"表示两个自变量交互影响。
#Blood 为因变量,gender、drug 为自变量
formula ='Blood ~ gender + drug'
anova_results=anova_lm(ols(formula,data).fit())
print('进行双因素方差分析')
print(anova_results)
```

运行结果如下。

```
进行双因素方差分析
            df      sum_sq   mean_sq         F    PR(>F)
gender     1.0    0.716232  0.716232  0.334228  0.564520
drug       1.0    1.974634  1.974634  0.921458  0.339479
Residual  97.0  207.865666  2.142945       NaN       NaN
```

从返回结果的 P 值可以看出，gender 和 drug 两个因素的 P 值都大于 0.05，不能拒绝原假设，即两个影响因素影响结果不大。

任务评价

评价内容	评价标准	分值	自评	师评
单因素方差分析	掌握单因素方差分析方法	50		
多因素方差分析	掌握多因素方差分析方法	50		
总分		100		

项目小结

本项目主要介绍了数据分析库 SciPy 的核心功能和应用场景。首先介绍了 Linalg 模块和 Stats 模块；其次介绍了图表相关性分析；最后介绍了正态性检验、单样本 T 检验和单因素方差分析等内容。通过本项目的学习，读者能了解 SciPy 库的使用方法，将 SciPy 库应用于更多实际场景中，为数据分析和决策提供有力支持。

项 目 习 题

一、简答题

1. SciPy 模块在 Python 中主要用于什么?(　　)

A. 文本处理　　B. 数据分析

C. 图形绘制　　D. 数据库操作

2. 初级相关分析方法可以发现数据之间的哪种关系?(　　)

A. 正相关、负相关或不相关　　B. 完全相关、不完全相关

C. 线性相关、非线性相关　　D. 指数相关、U 形相关

3. P 值规则中，如果 P 值小于所给定的显著性水平，则认为(　　)。

A. 原假设一定成立　　B. 原假设不太可能成立

C. 没有充分的证据否定原假设　　D. 无法判断原假设的情况

4. T 检验主要用于检验(　　)。

A. 定性数据　　B. 定量数据　　C. 文本数据　　D. 图像数据

5. 方差分析又称(　　)。

A. Z 检验　　B. T 检验　　C. F 检验　　D. 卡方检验

二、上机操作题

遗失的信件数据分析

全省各地均有大量的爱国主义教育基地，走进这些基地，通过梳理历史文化资源，挖掘其中的道德教育价值，感悟道德的力量。某爱国主义教育基地收到全国各地的信件并抽取部分信件进行回复。在一天内回复的信件数服从泊松分布 $X \sim \pi(\lambda)$，泊松分布的均值和方差都是 λ，$\lambda=20$，每天送信 1 000，绘制回复的信件数的概率分布曲线，如图 6-11 所示。

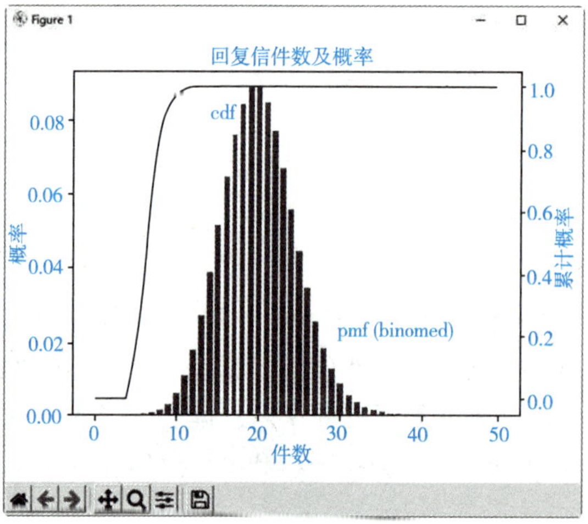

图 6-11　概率分布曲线

操作提示如下。

(1)定义数据。

```
#! /usr/bin/env python3
# -*- coding: UTF-8 -*-
import numpy as np                                    # 导入 numpy 模块
import pandas as pd                                   # 导入 pandas 模块
import openpyxl                                       # 导入 openpyxl 模块
import matplotlib. pyplot as plt                      # 导入 matplotlib. pyplot 模块
from scipy import stats                               # 导入 scipy. stats 模块
#导入 statsmodels 中的 ols、anova_lm 函数
from statsmodels. formula. api import ols
from statsmodels. stats. anova import anova_lm
#解决中文乱码
plt. rcParams['font. sans-serif'] = ['SimHei']        # 解决中文乱码
plt. rcParams["axes. unicode_minus"] = False          # 负号的正常显示
#定义数据
X = np. arange(50)                                    # 送信件数
Y=[]                                                  # 服从泊松分布邮递回复的信件数
landa = 20                                            # 泊松分布的均值和方差都为 lamda
for k inX:
    p=stats. poisson. pmf(k, landa)
    Y. append(p)
```

(2)绘制柱形图。

```
fig = plt. figure()
ax1 = fig. add_subplot(111)                           # 定义坐标区

ax1. bar(X, Y, color="g", width=0. 75, alpha=0. 75)
ax2 = ax1. twinx()                                    # 创建双 Y 轴
```

(3)绘制累积分布曲线 CDF。

```
ax2. plot(X,stats. poisson. cdf(X, 2, 5), color="#fc4f30")
#LEGEND 图例
ax2. text(x=30, y=0. 2, s="pmf(binomed)", alpha=0. 75,\
        weight="bold", color="b", fontsize=15)
ax2. text(x=14. 5, y=0. 9, s="cdf", rotation=. 75,\
        weight="bold" ,color="b", fontsize=15)
ax1. set_xlabel('件数')
ax1. set_ylabel('概率')
ax2. set_ylabel('累计概率')
plt. title("回复信件数及概率", fontsize=20, fontweight='heavy')
plt. show()
```

(4)运行程序。

参考文献

[1] 明日科技．Python 数据分析从入门到精通[M].2 版．北京：清华大学出版社，2023.

[2] 魏伟一，李晓红，高志玲．Python 数据分析与可视化[M].2 版．北京：清华大学出版社，2021.

[3] 骆焦煌．Python 数据分析可视化基础[M]．北京：清华大学出版社，2022.

[4] 明日科技．零基础学 Python 数据分析：升级版[M]．北京：电子工业出版社，2024.

[5] 董付国．Python 数据分析、挖掘与可视化：慕课版[M].2 版．北京：人民邮电出版社，2024.